权威·前沿·原创

皮书系列为
"十二五""十三五"国家重点图书出版规划项目

北极蓝皮书

BLUE BOOK OF
ARCTIC REGION

北极地区发展报告
（2019）

REPORT ON ARCTIC REGION DEVELOPMENT

(2019)

主　编／刘惠荣
副主编／陈奕彤　孙　凯

社会科学文献出版社
SOCIAL SCIENCES ACADEMIC PRESS（CHINA）

图书在版编目（CIP）数据

北极地区发展报告. 2019 / 刘惠荣主编. −− 北京：
社会科学文献出版社，2020.10
　（北极蓝皮书）
　ISBN 978 − 7 − 5201 − 7253 − 0

　Ⅰ. ①北…　Ⅱ. ①刘…　Ⅲ. ①北极 − 区域发展 − 研究
报告 − 2019　Ⅳ. ①P941.62

中国版本图书馆 CIP 数据核字（2020）第 170439 号

北极蓝皮书

北极地区发展报告（2019）

主　　编 / 刘惠荣
副 主 编 / 陈奕彤　孙　凯

出 版 人 / 谢寿光
责任编辑 / 黄金平　曹义恒

出　　版 / 社会科学文献出版社·政法传媒分社（010）59367156
　　　　　地址：北京市北三环中路甲 29 号院华龙大厦　邮编：100029
　　　　　网址：www.ssap.com.cn
发　　行 / 市场营销中心（010）59367081　59367083
印　　装 / 天津千鹤文化传播有限公司

规　　格 / 开　本：787mm × 1092mm　1/16
　　　　　印　张：22.5　字　数：334 千字
版　　次 / 2020 年 10 月第 1 版　2020 年 10 月第 1 次印刷
书　　号 / ISBN 978 − 7 − 5201 − 7253 − 0
定　　价 / 158.00 元

中国海洋大学极地研究中心简介

　　中国海洋大学极地研究中心始建于 2009 年，依托法学和政治学两个一级学科，建立极地法律与政治研究所，专注于极地问题的国际法和国际关系问题的研究。2017 年，极地法律与政治研究所升格为教育部国别与区域研究基地（培育），正式成立中国海洋大学极地研究中心。

　　中心致力于建设成为国家极地法律与战略核心智库和国家海洋与极地管理事业的人才培养高地；就国家极地立法与政策的制定提供权威性的政策咨询和最新的动态分析，提出具有决策影响力的咨询报告；以极地人文社会科学研究为重心建设国际知名、具有中国特色的跨学科研究中心；强化和拓展与涉极地国家的高校、智库、原住民和非政府组织的交往，通过二轨外交，建设极地问题的国际学术交流中心。

主编简介

刘惠荣　中国海洋大学法学院教授、博士生导师，中国海洋大学极地研究中心主任、中国海洋大学海洋发展研究院高级研究员、中国海洋法研究会常务理事、中国太平洋学会理事、中国太平洋学会海洋管理分会常务理事、中国海洋发展研究会理事、最高人民法院"一带一路"司法研究中心研究员、最高人民法院涉外商事海事审判专家库专家、第六届山东省法学会副会长及学术委员会副主任。2012 年获"山东省十大优秀中青年法学家"称号，2019 年获"山东省十大法治人物"称号。主要研究领域为国际法、南北极法律问题。2013 年、2017 年分别入选中国北极黄河站科学考察队和中国南极长城站科学考察队。主持国家社会科学基金重点项目"国际法视角下的中国北极航道战略研究"、国家社会科学基金一般项目"海洋法视角下的北极法律问题研究"等多项国家级课题，主持多项省部级极地研究课题，并多次获得省部级优秀社科研究成果奖。自 2007 年以来在极地研究领域开展了一系列具有开拓性的研究，其代表作有：《海洋法视角下的北极法律问题研究》［该著作获教育部高等学校科学研究优秀成果奖（人文社会科学）三等奖和山东省社会科学优秀成果奖三等奖］、《国际法视角下的中国北极航线战略研究》、《北极生态保护法律问题研究》、《国际法视野下的北极环境法律问题研究》等。

摘　要

2019 年以来，北极地区战略竞争态势跌宕起伏。由于美国在气候变化问题上与其他北极国家立场相左，难以协调，北极理事会自成立以来首次未能在部长级会议上发表共同宣言，这为北极事务的国际合作带来了更多的不确定因素。

本卷总报告对北极国家在北极地区的动态进行最新的跟踪和评估。特朗普执政的美国政府继续秉持"美国优先"的理念，在北极事务的国际合作方面相对保守，并将俄罗斯和中国视为其在北极地区的竞争者。美国的这种"北极观"将地缘政治带到了北极事务之中，加剧了北极事务的竞争态势。随着北极航道开通的前景日益向好，俄罗斯对北方海航道也更加重视，并进一步强化了对北方海航道的管控。加拿大颁布了新的北极政策文件。挪威发布了关于在斯匹次卑尔根群岛新奥尔松地区进行科学考察活动的文件。冰岛作为北极理事会轮值主席国，力图通过北极理事会推动北极可持续发展方面的国际合作。在此背景下，中国应该密切关注北极地区的发展动态，继续加强在北极事务中的参与。

2020 年时值《斯匹次卑尔根群岛条约》诞生百年，本卷报告对该条约相关的问题进行了研究。伴随着现代海洋法的发展，《斯匹次卑尔根群岛条约》也历经百年变迁。近百年来有关《斯匹次卑尔根群岛条约》内容和适用的法律争议层出不穷。而在斯匹次卑尔根群岛法律争议不断产生的背后，则是斯匹次卑尔根群岛利益攸关方之间政治博弈之下的竞争与妥协。中国作为《斯匹次卑尔根群岛条约》缔约国和北极利益攸关方，有必要依据条约所赋予的权利在斯匹次卑尔根群岛开展各项活动，通过《斯匹次卑尔根群岛条约》的适用强化对北极事务的参与，努力实现在北极地区的合作共赢。

2018年挪威发布《新奥尔松研究站研究战略》，对科学考察活动提出了一系列管控措施，面对挪威收紧斯匹次卑尔根群岛的科学考察政策的态势，我国应采取应对措施，推进北极科学考察和研究。

随着北极进入"开发时代"，北极地区的开发所涉及的问题需要我们深入研究，北极航运及其治理日益成为国际社会关注的重点问题；美国、加拿大、俄罗斯作为北极国家中的"三大国"，其北极政策值得我们关注。北极事务的治理是多元主体参与的模式，中国应利用现有平台，深度参与北极事务的治理，为北极治理贡献中国力量。

关键词： 北极法律　北极治理　北极战略　北极政策

目　录

Ⅲ 开发篇

Ⅳ 航运篇

Ⅴ 国别篇

Ⅵ 附 录

皮书数据库阅读**使用指南**

总 报 告

General Report

B.1

2019年度北极事务动态
及中国的策略选择

陈奕彤 刘惠荣 孙 凯*

摘 要： 特朗普执政的美国政府秉持"美国优先"的理念，在北极事务的国际合作方面相对保守，并将俄罗斯和中国视为其在北极地区的竞争者。美国的这种"北极观"将地缘政治带到了北极事务之中，加剧了北极事务的竞争态势。随着北极航道开通的前景日益向好，俄罗斯对北方海航道也更加重视，并进一步强化了对北方海航道的管控。加拿大颁布了新的北极政策文件。挪威发布了关于在斯匹次卑尔根群岛新奥尔松地区进行科学考察活动的文件。冰岛作为北极理事会轮值主席国，力图通过北极

* 陈奕彤，女，中国海洋大学法学院讲师、硕士生导师；刘惠荣，女，中国海洋大学法学院教授、博士生导师；孙凯，男，中国海洋大学国际事务与公共管理学院教授、副院长。

理事会推动北极可持续发展方面的国际合作。在此背景下，中国应该密切关注北极地区的发展动态，继续加强在北极事务中的参与，为北极地区的治理贡献力量。

关键词： 北极战略　北极治理　中国与北极

北极事务在 2019 年度继续在竞争与合作中展开，冰岛在 2019 年 5 月第二次担任北极理事会轮值主席国，虽然冰岛在国际事务中是一个小国，但在北极事务的治理与参与方面拥有雄心壮志。美国的特朗普政府继续秉持其"美国优先"的理念，这体现在北极治理方面就是以相对狭隘的视角来审视北极事务，这种"北极观"也体现在美国与俄罗斯、中国在全球范围的竞争也不可避免地出现在北极事务之中。在全球地缘政治博弈进一步加强的背景下，美国、俄罗斯、加拿大以及部分北欧等北极周边国家均调整和强化了其北极战略，为进一步加强北极竞争与合作筹划新的部署。中国发布了北极政策白皮书并提出了共建"冰上丝绸之路"的合作倡议，这引发了国际社会特别是北极周边国家的高度重视，中国等域外国家在北极事务中日益凸显的影响力正在成为下阶段北极治理的新特征之一。在此背景下，中国在北极事务中的参与应根据北极有关国家的不同态度有针对性地开展对策行动，以在未来新的北极合作和竞争中占据有利地位。

一　"美国优先"理念引领下的美国北极政策

2019 年，美国在涉北极事务上动作频频，在联邦层面连续发布三份重量级战略文件，2019 年 1 月美国海军部发布《北极战略展望》①，2019 年 4

---

① The United States Navy, "Strategic Outlook for the Arctic," https：//www.navy.mil/strategic/Navy_Strategic_Outlook_Arctic_Jan 2019. pdf, 最后访问日期：2020 年 5 月 12 日。

月美国海岸警卫队发布《北极战略展望》①，2019 年 6 月美国国防部发布《北极战略》②。在议会层面，美国参议员于 2019 年 4 月发起了《北极政策法案》③ 和《航运与环境北极领导力法案》④ 两项涉北极法案，旨在通过支持美国北极地区的研究和发展，来增强美国在北极的存在。在国际事务方面，特朗普政府公开反对奥巴马政府在美国担任北极理事会轮值主席国期间所留下的气候变化治理和国际合作的政治遗产，阻挠北极理事会共同宣言中出现气候变化的内容，以至于北极理事会部长级会议在历史上第一次没有通过共同宣言。美国国务卿蓬佩奥更是在会议期间另做演讲，指出中国和俄罗斯两国是美国在北极地区的战略竞争对手，中国的行为给北极带来了军事威胁，应受到严密监控。特朗普任期内的美国北极政策与其外交战略保持高度一致，将美国在全球层面对俄罗斯和中国的遏制进一步带入北极事务中，试图将北极描绘成一个战略竞争的地方，这与北极治理一直以来和平与国际合作的主基调背道而驰。与奥巴马任期内相比，特朗普政府的北极政策以反制中俄为主要目标，频繁采取激进措施，并加大了在北极地区的军事存在和资金投入，极度强调北极事务的战略竞争性。

2019 年 1 月美国海军部发布的《北极战略展望》指出，美国海军将保护美国免受攻击，并保持美国在北极的战略影响力。美国海军将在美国及其盟友和伙伴可以接受的条件下采取行动制止侵略，并使和平解决危机成为可能。为了支持美国和国防部在北极的目标，美国海军将追求保卫美国主权和国土不受攻击、确保北极保持稳定和无冲突、维护海上自由、促进美国政府

① United States Coast Guard, "Arctic Strategic Outlook," https: //www. uscg. mil/Portals/0/Images/arctic/Arctic_Strategic_Outlook_APR_2019. pdf，最后访问日期：2020 年 5 月 12 日。

② Department of Defense, "Report to Congress Department of Defense Arctic Strategy," https: //media. defense. gov/2019/Jun/06/2002141657/ - 1/ - 1/1/2019 - DOD - ARCTIC - STRATEGY. PDF，最后访问日期：2020 年 5 月 12 日。

③ 116th Congress 1st Session, "Bill of Arctic Policy Act of 2019," https: //www. murkowski. senate. gov/imo/media/doc/Arctic%20Policy%20Act1. pdf，最后访问日期：2020 年 5 月 12 日。

④ 116th Congress 1st Session, "Bill of Shipping and Environmental Arctic Leadership Act," https: //www. murkowski. senate. gov/imo/media/doc/SEALAct. pdf，最后访问日期：2020 年 5 月 12 日。

内部以及与盟国和伙伴之间的关系等战略目标。

2019 年 4 月美国海岸警卫队发布的《北极战略展望》指出，美国海岸警卫队在北极地区担任国土安全和环境管理的联邦机构长达 150 多年，美国海岸警卫队将推进美国在北极的战略目标和优先事项，并在联邦、州和地方层面的北极社区中发挥领导作用。作为一个军事部门，美国海岸警卫队将加强与美国国防部的协同工作能力，并补充其他军事服务能力，以支持国家安全战略和国家军事战略。

2019 年 6 月美国国防部发布了《北极战略》，该文件阐述了美国在战略竞争时代的北极地区战略，其中的内容重点是与中国和俄罗斯之间的竞争，并认为这是对美国长期安全和繁荣的主要挑战。该文件还阐述了美国国防部对北极安全环境的评估、北极对美国国家安全利益构成的风险、美国国防部的北极目标以及实现这些目标的战略路径。报告指出必须在北极地区保持威慑力，对突发事件做出有效反应，加强与北极盟友和伙伴的合作，以加强北极地区的安全，并阻止战略竞争对手单方面改变现有的基于规则的秩序。除此之外，2019 年 5 月美国国防部发布的《中国军力报告》还增加了一个特别专题"中国在北极"，对中国在北极的活动极力曲解，并强调中国在北极的军事力量。

美国参议员于 2019 年 4 月发起了《北极政策法案》和《航运与环境北极领导力法案》两项涉北极法案，共同提交至第 115 届美国国会商业、科学和运输委员会审议。其中，《北极政策法案》并不是一项崭新的提案，而是对 1984 年美国《北极研究和政策法案》的修改。本次《北极政策法案》的提出，是对《北极研究和政策法案》的第二次修订；涉及内容主要包括：修改美国北极研究委员会的成员资格，并增加委员会中原住民代表的数量，重建在特朗普执政时期停滞的美国北极执行指导委员会等。为防止再次出现总统更迭导致的美国北极政策实施滞后的情况，法案提出将美国北极执行指导委员会的主席职位更换为美国国土安全部，而不是白宫，以此建立美国联邦政府对北极事务的长期责任。《航运与环境北极领导力法案》旨在北极建立美国国会特许的海运开发公司，联合其他北极国家组成北极航运合作联盟，通过自愿交纳海运费用的形式筹集资金以帮助改善北极地区的航运条件，并为北极航运提供更安全可靠的基础设施和环境保障。法案指出，虽然在国际层面已经由北极理事会出台了《北极海空搜救合作协定》和《北极海洋油污预防与反应合作协定》，并由国际海事组织推进并实施了具有强制法律约束力的《极地水域船舶航行安全规则》，但在北极地区目前并没有建立合作机制来改善航运所需的海事基础设施，北极沿岸国和航道使用大国也并没有建立充分的国际合作平台来实施共同协调的海上管理。在北极融冰趋势加剧、北极航道及阿拉斯加沿岸的白令海峡的国际交通量显著增加的背景下，对北极航路沿线的破冰船服务、船舶修补避难所、沿岸港口、油污预防与反应、液化天然气补给等基础设施持续改善、增进国际协调与扩大投资，将对包括沿岸国和使用国在内的所有相关国家以及全球贸易和环境有所增益。而美国应成为在北极航道和平发展和安全可靠利用方面的领导者，进一步确保北极成为国际合作的典范，而不是竞争或冲突的场域。

二　日益重视北方海航道的俄罗斯

俄罗斯于2019年进一步强化对北方海航道的管控，加强对其北方海域的主权主张，主要行动包括宣布北方海航道通航新规、继续推进在联合国提出的北极外大陆架的划界案，以及发布改善北极地区基础设施和公共行政管理的一系列法令和政策等三个方面。

受到刻赤海峡冲突事件的影响，俄罗斯不断收紧对北方海航道的安全防卫和控制。继普京表示限制外国制造的船舶在北方海航道运输在北极地区开采的石油、天然气等资源之后，俄罗斯国防部宣布自2019年起，外国军用船舶在使用北方海航道航行前，必须向俄政府有关部门提前45天通报，未在俄罗斯建造的民用船舶则需获得俄罗斯政府的许可才能使用该航道，并指出俄保留拒绝外国船只进入北方海航道的权利，若船舶未经允许通过俄北方海航道，俄方可采取强制措施加以制止。俄方要求通报必须注明军舰和船只的名称、航行目的和路线、通行航道的时长，提供舰船的主要参数，包括排

水量、长度、宽度、吃水量和动力装置等，也须告知舰长的军衔和姓名。新规则还要求外国舰船通过俄北方海航道时必须配备俄方领航员。俄罗斯要求军舰事先通报的这一新规定改变了其原有立场。1989 年俄美两国曾共同发表声明推出《关于无害通过的国际法规则的联合解释》，认为军舰通过领海既不需要事先通告也不需要经过批准。俄在北方海航道上立场的改变受到了美国的指责，批评其违反《联合国海洋法公约》。

2019 年 4 月 4 日，联合国大陆架界限委员会工作小组审查了俄罗斯北极外大陆架的申请，并确认了包括在大陆架延伸边界内的领土与陆架和俄罗斯大陆延续结构的地质联系。在外大陆架问题上，环北冰洋各国已经就互不反对对方将北冰洋海域外大陆架问题提交大陆架界限委员会并由委员会开展实质审议达成一致意见。

自 2018 年俄罗斯联邦原子能公司获得了北方海航道基础设施唯一运营商的资格后，就一直致力于加强北方海航道沿线的基础设施建设和港口配套设施的完善，以促进北方海航运的发展以获得更多利润。俄罗斯联邦政府于 2019 年 12 月批准了俄罗斯联邦原子能公司制定的《2035 年前发展北方海航道（NSR）基础设施发展规划》。该规划将发展措施分为三个主要阶段，即 2024 年之前、2030 年之前和 2035 年之前。该规划制定了一系列的活动，包括发展基础设施、开发大型投资项目、改善北方海航道过境运输条件、解决北极地区的医疗和航行保障问题，以及加强俄罗斯紧急情况部和国防部负责的北方海航道紧急救援准备等。

三 其他北极国家的北极动态

《斯匹次卑尔根群岛条约》自 1920 年制定至今已 100 周年，该条约结束了围绕斯匹次卑尔根群岛的主权争夺，明确了斯匹次卑尔根群岛主权归属挪威。但随着现代国际海洋法的不断发展，一些新问题和新情况的产生使各国围绕有关《斯匹次卑尔根群岛条约》的解释和适用问题上的分歧意见日益突出。在《斯匹次卑尔根群岛条约》的特殊机制安排下，挪威基于缔约国协商同意，一反传统国际法中基于先占的领土主权取得方式，以签订国际条约的特殊方式获得了斯匹次卑尔根群岛的主权。其他缔约国放弃了对斯匹次卑尔根群岛的主权主张，并承认挪威对斯匹次卑尔根群岛的主权；挪威则需根据条约规定将斯匹次卑尔根群岛陆地及领海的捕鱼、狩猎、通行、通信及科学考察权平等赋予其他缔约国。

挪威政府在 2019 年发布了有关缔约国在斯匹次卑尔根群岛新奥尔松地区进行科学考察活动的《新奥尔松研究站研究战略》①，提出了一系列针对新奥尔松研究活动的管理举措，主要包括确定科学优先领域、加强科学研究活动的协调与合作、加强基础设施的分享与建设以及制定数据开放获取政策等方面，明确规定了关于质量、合作、开放、数据和成果共享的要求，加强了北极科学考察的管理与协调。挪威政府对在新奥尔松开展的科学研究活动提出了一些条件和要求，已有的强制性规定包括所有研究人员必须保持无线电静默，优先考虑不干扰无线电静默的研究，研究活动遵守《斯瓦尔巴环境保护法》和《新奥尔松土地使用计划》。一些新的政策性要求包括研究项目在启动前有质量保证，科研活动的开展应保持较高的专业水准，开展国际合作提高科学研究质量，研究成果以英文发表在开放访问、国际同行评议的期刊上。在《斯匹次卑尔根群岛条约》中没有明确规定缔约国在斯匹次卑尔根群岛进行科学考察活动的具体事项，只规定可以在今后的科学考察相关的国际公约中进行谈判和协商。条约对于缔约国在斯匹次卑尔根群岛从事科学考察活动的权利的模糊态度，对中国和其他缔约国而言，一方面能够在将来要求重新启动对关于缔约国科学考察权利的谈判；但另一方面，挪威也在对斯匹次卑尔根群岛的实际管控过程中，加强了对包括中国在内的其他缔约国在斯匹次卑尔根群岛的科学考察权利限制。

加拿大于 2019 年 9 月 10 日颁布了特鲁多总理上任以来制定的首份北极

---

① The Research Council of Norway, "Ny-Ålesund Research Station Research Strategy Applicable from 2019", https：//www.uio.no/forskning/tverrfak/nordomradene/ny – alesund – research – station – research – strategy. pdf, 最后访问日期：2020 年 5 月 12 日。

政策《北极与北方政策框架》①，以取代之前的北极政策文件，重点聚焦居民健康、基础设施建设和经济发展。但新的北极政策由于没有就当下北极所面临的新挑战提供方案，被批评为了无新意。《北极与北方政策框架》列出了八个优先领域。这八个优先领域分别为：培育健康家庭与社区；加大在能源、交通和通信基础设施建设等北极和北方地区居民需要的领域的投资；创造就业机会，推动创新以及发展北极和北方地区经济；支持有益于社区居民和政策制定的科学研究和知识获取；正视气候变化的影响，支持建立健康的北极和北方生态系统；确保北方和北极居民的安全；恢复加拿大北极事务全球领导者的地位；推进和加强与原住民民族和非原住民民族的关系。

丹麦在 2019 年的北极事务参与中，主要受到了格陵兰议题的影响，对北极安全相关议题的关注度明显提升。丹麦受到俄罗斯和美国加强军事能力的影响，认为丹麦的北极目标越来越难以实现。

冰岛因其北冰洋沿岸国的身份，主张维护北极治理秩序，强化北极理事会，同时另起炉灶，通过建设其他平台并联合北极圈外利益攸关方以加强其北极身份。

冰岛在其担任北极理事会轮值主席期间（2019～2021 年），一直在努力强调观察员的优势和未来的潜在用途，希望他们能参与更多的北极事务，并讨论在目前的架构下，如何使更多的观察员参与到北极治理中以使各方受益。其主办的历届北极圈论坛大会不同于北极五国的封闭性论坛，对域外国家参与北极事务持欢迎态度；中冰双方继 2018 年 10 月共建北极科学考察站之后，于 2019 年 5 月共同在上海成功主办了北极圈论坛中国分论坛，标志着中冰双方在北极事务中的深入合作。冰岛从 2019 年 5 月起，第二次担任北极理事会轮值主席国。因为轮值主席国可以影响到北极理事会工作组讨论的新问题与相关议程的制定，因此它会对北极理事会的事务和北极治理的发展走向产生重要影响。北极问题是冰岛外交政策的重点，其重要性主要体现

---

① "Canada's Arctic and Northern Policy Framework," https://www.rcaanc-cirnac.gc.ca/eng/1567697304035/1567697319793，最后访问日期：2020 年 5 月 12 日。

在环境和资源供给方面，健康的海洋和可持续的渔业是冰岛北极政策的核心。冰岛将本国担任北极理事会轮值主席国期间的北极政策主题定位于"共同致力于一个可持续的北极"，并确立了四个优先领域，分别是北极海洋环境、气候和绿色能源解决方案、北极居民和社区、强化北极理事会。冰岛尤其注意对北极海洋环境问题的解决，尤其是北冰洋的塑料污染、海洋酸化、海洋生物资源的创新和有效利用等方面。[①] 据分析，冰岛在轮值主席国任期内，很可能会对北极环境保护工作尤其是海洋垃圾的处理产生实质性的推动作用。冰岛将"与其他利益相关者的区域合作"作为本国北极政策的重点工作之一，利益相关者不仅包括北极国家，也包括受到北极变化影响的所有非北极国家，更包括其他的区域组织和私营部门。

四　中国在北极事务中的策略选择

虽然 2020 年是美国的大选年，特朗普能否连任还是未知数，但美国在北极事务中视中国和俄罗斯为战略竞争者的态势已经凸显，对中国和俄罗斯采取战略遏制的相应部署也日益明朗。美国海军部、海岸警卫队和国防部接连出台的三份重量级北极战略文件，为其今后北极事务的开展提供了清晰而持久的指导。目前基本可以断定，美国未来几年在北极事务中的立场仍会持强硬态度，并视中俄为其国家安全的主要威胁。对此，中国应该密切关注美国在北极事务中的政策走向。

在当前阶段，以国际海事组织为中心的北极航运治理、北冰洋公海渔业治理等制度型平台为中国继续在北极事务中有所作为提供了充分的合法性基础。中国应继续从双边关系入手，巩固与北欧、俄罗斯等北极国家的合作关系，在科学考察、环境保护和商业开发等领域持续投入，不受美国北极政策转向的干扰。

---

① Arctic Council, "Presentations from Rovaniemi 2018 SAO Meeting," https：//oaarchive. arctic - council. org/handle/11374/2239，最后访问日期：2020 年 5 月 12 日。

虽然俄罗斯在北方海航道的航运管制和资源开发等问题上采取了更加严苛的管控措施，但俄方在基础设施建设、管理应变能力方面都存在问题。2019年7月和8月，俄罗斯核动力特种潜艇和核动力巡航导弹在执行任务和回收作业时接连发生重大安全事故，导致北极理事会于2019年12月4日迅速成立防止核辐射专家组，并邀请国际海事组织和国际原子能机构与之加强合作。中国可以在资金和出口市场方面继续满足俄罗斯开发北极的战略需求，两国在北极开发上进一步加深合作是当下的必然选择。中俄两国领导共同推进的共建"冰上丝绸之路"倡议为中国继续参与俄罗斯天然气资源开发和东北航道商业利用提供了有力的政策保障。

斯匹次卑尔根群岛是目前中国在北极地区唯一可以自由建立科学考察站的陆地区域，进入其他北极陆地区域均须经所属国家的同意，斯匹次卑尔根群岛对中国开展北极科学考察具有重要的战略意义。中国是《斯匹次卑尔根群岛条约》的缔约国，根据缔约国权利建立了中国北极黄河站，它成为中国开展北极科考活动的有力支点。然而目前挪威政府不断加紧对斯匹次卑尔根群岛科学研究活动的管控与协调，中国开展北极科学考察面临新的挑战。挪威在2019年发布的《新奥尔松研究站研究战略》中要求在新奥尔松开展的研究必须是自然科学领域，排除了社会科学研究，并要求将研究成果以英文发表在国际同行评议的期刊上。中国认为这违背了《斯匹次卑尔根群岛条约》的非歧视原则，向挪威提出了抗议。

挪威依托《斯匹次卑尔根群岛条约》赋予的主权对斯匹次卑尔根群岛实施管辖，但《斯匹次卑尔根群岛条约》对挪威主权施加了相应限制，力求在挪威主权和其他缔约国的权利之间保持一种平衡，导致许多规定使用"在完全平等的基础上"等原则性表述，这为挪威依从自己利益解释《斯匹次卑尔根群岛条约》规定、扩展实施管辖权提供了空间。在挪威的管辖权方面，《斯匹次卑尔根群岛条约》第2条第2款规定："挪威应自由地维持、采取或颁布适当措施，以确保对斯匹次卑尔根群岛地区及其领水的动植物进行保护和必要时的修复，但这些措施应始终平等适用于所有缔约方的国民，不得直接或间接地给予任何一方有利的豁免、特权或优惠。"对于科学考察，《斯匹次卑尔根群岛条约》虽然未明确规定缔约国进行科学研究活动的权利，但第5条肯定了建立国际气象站的作用，并要求缔约国通过缔结专门的条约对其如何组织进行安排，还要求通过缔结国际条约的方式对科学考察的条件进行规定。

近年来挪威采取多项措施强化在斯匹次卑尔根群岛的管辖权，一方面是依据对斯匹次卑尔根群岛的主权主张新的管辖海域、拓展管辖范围，如在斯匹次卑尔根群岛建立200海里渔业保护区并申请大陆架;[①] 另一方面挪威加强对斯匹次卑尔根群岛活动的管辖，如2017年挪威政府宣布将斯瓦尔巴机场由"国际级"降级为"国内级"[②]。在科学考察方面，挪威近期通过专门的《新奥尔松研究站研究战略》对研究领域、科研信息及科学数据的公开分享、科研设备的使用等方面都提出了新的管控要求，各国在新奥尔松开展科学考察的自主性受到更大限制。从挪威最新发布的《斯瓦尔巴政策白皮书》来看，挪威更加重视发展斯匹次卑尔根群岛科学研究活动及对其管控，以此维持其在该区域的社区存在和管辖活动，接下来一段时间加强对科学研究活动的管控将会是挪威在新奥尔松乃至整个斯匹次卑尔根群岛的政策趋势，从而压缩中国在斯匹次卑尔根群岛开展北极考察活动的空间。

面对挪威强化斯匹次卑尔根群岛科学考察管控的趋势，中国可以从多个层面采取应对措施。首先，中国尊重挪威对斯匹次卑尔根群岛的主权和管辖权，在此基础上积极推动在斯匹次卑尔根群岛地区的北极科学考察和研究，参与现有的新奥尔松科学研究协调与合作、实现互利共赢。其次，要积极利用中国在新奥尔松科学管理者委员会、斯瓦尔巴科学论坛等科学研究平台和

---

① 俄罗斯、美国、欧盟、冰岛、瑞典等国家对挪威在其所称的斯瓦尔巴群岛周围划定渔业保护区的做法提出了异议。参见卢芳华《挪威对斯瓦尔巴德群岛管辖权的性质辨析——以〈斯匹次卑尔根群岛条约〉为视角》，《中国海洋大学学报》（社会科学版）2014年第6期，第9~11页；董利民《北极地区斯瓦尔巴群岛渔业保护区争端分析》，《国际政治研究》2019年第1期，第76~85页。

② 这一做法被指责有悖于《斯匹次卑尔根群岛条约》关于缔约国自由进入和无歧视原则。参见郭培清《挪威斯瓦尔巴机场降级事件探讨》，《学术前沿》2018年6月上期，第44~46页。

机制中的身份，参与新奥尔松和斯匹次卑尔根群岛科学考察政策的制定，表达中国科学考察的合理诉求，推动挪威科学研究管理措施不损害缔约国依据《斯匹次卑尔根群岛条约》及其他国际法享有的合法权利。再次，《斯匹次卑尔根群岛条约》在开展科学考察问题上持开放态度，要求缔约国通过缔结专门的条约加以规定，中国可以寻求适当时机与其他国家一起推动国际条约的谈判，为斯匹次卑尔根群岛的科学研究建立公平公正的秩序。最后，在斯匹次卑尔根群岛以外积极扩展北极科学考察的地域范围，开展多样化科学考察方式，充分利用中国－冰岛北极科学考察站、中国－瑞典遥感卫星北极站开展工作，并推进中国－芬兰北极空间观测联合研究中心等的建设和运行，推进与北极国家的双边合作，积极参与国际极地科学合作计划制订，减弱挪威政策缩紧给中国北极科学考察带来的不利影响。

　　冰岛、芬兰和挪威对中国参与北极治理呈中性态度，强调中国可为北极地区带来资本注入和域外视角。目前冰岛担任北极理事会轮值主席国，在其任期内（2019～2021年），发挥观察员的作用是其议程的三大主题之一。中国应利用这一契机，抓住机遇，通过双边外交形式在北极理事会场外排除美国等干扰因素，与冰岛就北极事务积极交换意见，争取在观察员改革议题上积极作为，拓宽中国在北极理事会的活动范围和沟通渠道。就观察员地位和角色改革的话题，中国可联合具有相似北极利益诉求的日韩两国在"中日韩北极事务高级别对话"平台上沟通和交换意见，争取达成共识，以在北极理事会发出来自东亚观察员的合力，推进观察员改革。中国可在"一带一路"倡议框架下，发挥自身在基础设施建设方面的优势，与冰岛、芬兰等对"一带一路"倡议持开放态度的北极国家积极开展公共外交，并帮助相关国家增强本国基础设施的承载能力。除此之外，中国也应积极探索和拓展参与北极事务的新领域，例如北冰洋的塑料污染与防治、海洋酸化等环保领域，以及海上搜救和应急体系准备等领域。

　　中国在与北欧国家保持密切合作的同时，也应拓宽包括北极理事会在内的多维度参与北极治理的渠道。北极治理是网状结构，北极理事会只是其中居于中心的一个环节，除此之外，还包括国际海事组织、国际北极科学委员会等在内的众多国际组织。

中国虽已签署《预防中北冰洋不管制公海渔业协定》，但协定后续的缔约方会议涉及缔约国渔业利益的关键部分内容仍有待确定，中国未来在该区域的渔业利益需在规则制定的后续过程中得到切实保障。中国应在未来积极参与和承办协定落实和实施的相关科学研讨会，加强与北极国家及利益攸关方在北极渔业问题上的合作。中国在努力与北冰洋沿岸国家建立渔业科学合作和管理等双边关系的同时，应与日韩等有北极渔业利益共同诉求的利益攸关方形成合力，建立区域渔业管理组织。提高对《预防中北冰洋不管制公海渔业协定》批准程序的重视，根据外交等实际需要，适度加快批准的进程。虽然该协定认为，考虑到相关商业捕捞活动还未开启，目前还不具备建立北冰洋公海渔业管理组织的成熟条件，但不排除未来建立北冰洋公海渔业管理组织的可能性。所以中国在国际上表明立场并号召推动建立该管理组织的同时，也应当进一步完善中国极地渔业管理政策及远洋渔业治理法规，形成系统的远洋渔业法律体系，从制度上维护中国的公海自由，进一步加强中国在北冰洋生物资源研究方面的能力建设。

治　理　篇

Governance Reports

B.2
北极治理进程中的国际行为体及其运行[*]

刘惠荣　梁怡松^{**}

摘　要： 随着全球气候变暖，北极地区海冰融化，这带来了更多开发
北极自然资源以及开辟新的北极航道的潜在商业机会，无论
是北极国家还是非北极国家都希望参与到北极治理进程中。
在目前的北极治理中，并没有一个类似南极条约的统一的法律
体系，除了几个相对零散的条约外，主要呈现以北极理事会为
主的多层治理结构。北极理事会在实际运行中具有排他性，北
极国家占据主导地位，并拥有绝对的发言权。为了更好地应对
北极治理中的复杂情况，应加强由北极国家支配的北极理事会

---

* 本文为科技部国家重点研发计划"新时期我国极地活动的国际法保障和立法研究"（项目编
　号 2019YFC1408204）和国家自然科学基金项目"海上划界和北极航线专用海图及其法理应
　用研究"（项目编号 41971416）的阶段性成果。

** 刘惠荣，女，中国海洋大学法学院教授、博士生导师；梁怡松，女，中国海洋大学国际法专
　业硕士研究生。

与北极圈论坛等其他国际论坛的合作与交流，拓宽非北极国家的参与途径，建立国际行为体之间的互信与合作。

关键词： 北极治理 北极理事会 北极圈论坛 国际行为体

北极地区位于地球的最北端，由北冰洋、临近海域以及 8 个环北极国家的部分领土组成。北极地区是地球生态系统中的一个独特区域，有着寒冷和极端的气候和生存条件。20 世纪之前，北极一直是偏远而原始的地区，被科学探索和政治世界所忽视，虽然 20 世纪 20 年代缔结的《斯匹次卑尔根群岛条约》曾经掀起各国对斯匹次卑尔根群岛主权的关注，但当时北极地区受关注的程度无法与今天的北极地区治理态势相匹敌。在第二次世界大战后，随着技术的进步以及对资源和空间的日益增长的需求，全世界的目光都转向了北极。当世界看到北极地区潜藏的巨大利益后，北极域内外国家关于北极资源及其他利益的矛盾和争端逐渐凸显。为了解决和平衡这些矛盾，在北极地区形成了不同层级、不同性质的多层治理结构。

当北极事务已经由北极国家之间的事务演变为北极区域性事务乃至国际事务时，在北极地区诞生了越来越多的以北极区域事务为核心议题的国际行为体，其中一些国际行为体在北极治理中发挥了不可忽视的作用，扮演了极其重要的角色。本文以北极理事会（Arctic Council）和北极圈论坛（Arctic Circle Assembly）为北极区域治理中国际行为体的样本，分析二者在特定年度的活动轨迹，进而判断北极治理的未来走向。之所以选取这两个行为体进行样本分析，原因在于北极理事会作为政府间组织在北极治理格局中代表北极国家的利益，自 1996 年成立以来在北极地区的国际行为体中占据重要位置。而北极圈论坛与北极理事会恰恰相反，它以非正式的、开放性论坛的形式活跃于北极区域治理舞台。本文分析了北极理事会和北极圈论坛在北极治理过程中的最新态势和实际运行情况，并对二者未来可能对北极治理产生的影响进行预判。

一 国际行为体在北极治理中的作用态势

在北极治理中，气候变化问题是北极面临的一项基本挑战，具有迫切性。根据全球 11 个研究机构最近进行的一项国际研究，2019 年世界海洋温度创造了人类历史上的最高纪录，国际气候与环境科学中心副教授程立静说："在过去的 25 年中，我们在世界海洋中施加的热量相当于 36 亿个广岛原子弹"[①]，而其中北极变暖的速度是全球其他地区的 2 ~ 3 倍。

气候变化议题在北极区域事务中一直被高度关注，然而，2019 年的北极理事会部长级会议因这一议题发生严重分歧而未达成联合声明，这一事件引起国际社会的广泛关注。通常认为，北极地区在稳定全球气候系统中起着至关重要的作用，北极地区气候变化影响着整个世界。因此，在 2019 年国际行为体的作用态势分析上，我们选取气候变化议题，研究分析北极理事会和北极圈论坛是如何参与这一议题的。

（一）2019 年的北极理事会

作为北极地区的区域性政府间论坛，在北极的国际行为体中，北极理事会居于北极事务的核心，在北极治理中发挥着举足轻重的作用。

北极理事会的前身是 1991 年启动的北极环境保护协商会议，8 个北极国家（美国、加拿大、苏联、挪威、瑞典、丹麦、芬兰、冰岛）签署了《北极环境保护宣言》，并制定了《北极环境保护战略》（AEPS）。《北极环境保护战略》的合作是非常传统的，而北极问题和北极环境中发生的变化会对全球产生巨大的影响，这些问题主要包括：北极自然资源丰富，经济潜力高，却缺乏关于未来的共同政治议程，也缺乏专属北极地区的法律框架，

[①] 《海洋正在以每秒 5 颗原子弹的速度变暖》，http://www.u－cayee.com/ts/289.html，最后访问日期：2020 年 3 月 10 日。

并且与北极地区发展关联最密切的北极地区原住民的参与程序也没有完全建立。

基于包括以上问题在内的原因，北极国家需要建立一个新的更强大的政府间高层论坛来应对北极问题和环境问题，于是北极 8 国在 1996 年 9 月签署了《关于成立北极理事会的宣言》（《渥太华宣言》），由此北极理事会宣告成立。1998 年 9 月，北极理事会召开了第一次部长级会议，完成了 AEPS 向北极理事会的过渡，北极理事会是在《北极环境保护战略》的基础上成立的。

北极地区既充满机遇又充满挑战。北极地区气温不断升高，其升温速度甚至可以达到世界其他地区的 2 倍，由此导致了海冰范围缩小，却因此为航运、石油和天然气生产等创造了更多的机会，这就需要在应对北极问题时寻求发展机会与环境之间的平衡。

在这样的背景下建立的北极理事会是一个高级别的政府间论坛，与涉及北极地区的全球性国际制度不同，自成立起，军事与安全问题就不在其职权范围之内，北极理事会的主要工作内容是针对北极地区非传统安全议题。[1]北极理事会关注的重点领域是环境与气候变化、生物多样性、海洋以及北极地区原住民。因此，北极理事会的目的是促进北极国家、北极原住民在共同的北极问题上，特别是在北极的可持续发展和环境保护问题上进行合作、协调和互动。

北极国家间的共同利益是北极理事会成立的基础，[2] 虽然北极理事会基于一项不具有法律约束力的宣言成立，但正因为如此，北极理事会具有高度的灵活性，可以根据不断变化的环境进行调整。因为如果要成立一个以条约为基础的政府间组织，或由于客观环境变化要调整具有法律

---

① 王传兴：《论北极地区区域性国际制度的非传统安全特性——以北极理事会为例》，《中国海洋大学学报》（社会科学版）2011 年第 3 期。

② 白佳玉：《南海环境治理合作机制研究——与北极环境保护机制比较的视野》，《中国海洋大学学报》（社会科学版）2020 年第 3 期。

约束力的政府间组织的具体条款，通常要经历一个相对漫长的过程。①
北极理事会虽然在性质上是政府间论坛，但由于它是以北极主权国家管
辖权为基础成立的，且一直以来北极国家在处理北极事务中起着支配作
用，所以由这些国家主导的北极理事会也自然在北极地区治理中居于核
心地位。②

　　首先，以表格的形式回顾 2019 年北极理事会的几项主要工作（见
表 1）。

表 1　北极理事会 2019 年主要工作概况

时间	会议或活动	围绕议题	主要工作或成果
2019 年 3 月 13～14 日	北极理事会高官全体会议	第 11 届部长级会议筹备工作	审查并批准北极理事会工作组和其他附属机构将在第 11 届部长级会议中交付的成果； 工作组和即将上任的冰岛主席国团队介绍 2019～2021 年计划
2019 年 5 月 6～7 日	北极理事会第 11 届部长级会议	总结芬兰任期内的工作和成就； 提出冰岛优先事项； 汇报工作组工作	签署了《2019 罗瓦涅米联合部长声明》(北极理事会首次未在部长级会议中通过共同宣言)； 国际海事组织成为新的观察员
2019 年 6 月 18～19 日	北极理事会高官执行会议	冰岛任期内工作计划执行问题	围绕冰岛优先事项,列出为期两年的冰岛作为主席国期间将执行的项目和倡议： 加强海洋问题的协调； 重视海洋垃圾问题； 加强与北极经济理事会合作； 冰岛作为轮值主席国加强与工作组之间的交流

① Oran R. Young, "The Arctic Council at Twenty: How to Remain Effective in a Rapidly Changing Environment", https://www.law.uci.edu/lawreview/vol6/no1/Young_Final.pdf, 最后访问日期：2020 年 3 月 22 日。
② 张胜军、郑晓雯：《从国家主义到全球主义：北极治理的理论焦点与实践路径探析》，《国际论坛》2019 年第 4 期。

续表

时间	会议或活动	围绕议题	主要工作或成果
2019年10月9日	北极理事会和北极经济理事会首次联席会议	加强二者在共同关注的领域的合作（如海上运输、蓝色经济、资源开发、负责任的投资等）	签署了谅解备忘录，为两个理事会在促进共同目标的实现中如何进行更好的合作提供了框架
2019年11月19~20日	北极理事会高官全体会议	要在北极居民与北极社区有关的问题上加强合作	冰岛利用担任轮值主席国期间的第一次高官全体会议，提请北极理事会的工作组在开展工作中特别处理好与北极居民、北极社区有关的问题，这次会议反映了冰岛担任轮值主席国期间的北极政策主题：共同致力于一个可持续的北极
2019年12月9日	北极理事会组织的联合国气候变化会议（COP25）会外活动	极地海洋酸化问题	介绍了北极海洋酸化带来的各种挑战和经济影响，以及如何解决该问题

资料来源："Fast forward through the Chairmanship," https：//arctic – council. org/en/news/fast – forward – through – the – chairmanship/；"Arctic Council Ministers Meet, Pass Chairmanship from Finland to Iceland, Arctic States Conclude Arctic Council Ministerial Meeting by Signing a Joint Statement," https：//arctic – council. org/en/news/arctic – council – ministers – meet – pass – chairmanship – from – finland – to – iceland – arctic – states – conclude – arctic – council – ministerial – mee；"First Meeting During Iceland's Arctic Council Chairmanship," https：//arctic – council. org/en/news/first – meeting – during – icelands – arctic – council – chairmanship；"First Joint Meeting Between the Arctic Council and the Arctic Economic Council," https：//arctic – council. org/en/news/first – joint – meeting – between – the – arctic – council – and – the – arctic – economic – council/；"Together towards a Sustainable Arctic in Hveragerði," https：//arctic – council. org/en/news/together – towards – a – sustainable – arctic – in – hverager – i；"Arcti Council COP25 Side Event on Ocean Acidification Was a Call for Action," https：//arctic – council. org/en/news/arctic – council – cop25 – side – event – on – ocean – acidification – was – a – call – for – action/。

在2019年北极理事会的工作中，最引人注意的是在5月举行的两年一度的部长级会议。部长级会议是北极理事会的权力机构，通常由成员国的外交部部长出席，每次会议均会以共同宣言的形式发表为期两年的议程，以平衡气候变化与可持续发展之间的关系。

2019年5月的部长级会议是23年来第二次8国外长都参加的北极理事会会议。但在这次会议上未发表共同宣言，这也是自1996年以来北极

理事会部长级会议第一次没有发表共同宣言。之所以未发表共同宣言，其中最大的原因就是美国在气候变化问题上与其他成员国分歧巨大，美国拒绝接受共同宣言草案中的气候变化内容，无法与其他国家达成共识。于是，会议取消了原计划中共同宣言的签署。取而代之的是，轮值主席国芬兰提议，由8名成员国代表签署一份联合部长声明，这份简短的两页文件并不具备共同宣言的重要意义，只能说是在一定程度上维护了8个国家之间的团结。联合部长声明重申了对北极可持续发展以及环境保护的承诺，但并未提及气候变化。这份声明的作用在于，与其他正式文书一起确保即使没有发表共同宣言，北极理事会工作组的工作仍然可以继续进行。另外，主席国芬兰又发表了一份不需要与会代表签字的主席声明，在这份主席声明中，芬兰强调了应对气候变化的重要性。多国对未能通过共同宣言表示失望。由此可见，2019年的北极理事会部长级会议显示出北极多国和国际社会对北极气候变化问题的高度关注以及美国特朗普政府对气候变化问题的对立态度。

北极地区的温度持续上升，其升温速度可以达到世界其他地区的2倍。一项最新的研究表明，即使温室气体排放量急剧减少，到2050年夏季，北冰洋的大部分地区也将变得无冰。每年夏天，北极海冰覆盖面积都会减少，冬天会再次增加。从研究人员于1979年开始保存卫星记录以来，夏季的北极海冰已经失去了其面积的40%，失去了其体积的70%。[①] 不断升高的温度加速了冰雪的融化，并以直接和间接的方式影响着北极相互联系的生态系统，对北极社区产生了各种经济和社会影响。

而对于北极气候变化问题，北极国家之间有着不同的态度和应对措施。

1. 美国

近年来，美国对北极地区的重视程度在增强，美国在2019年出台的

---

① "Ice - free Arctic Summers likely by 2050, even with Climate Action: Study," https://www.rcinet.ca/eye - on - the - arctic/2020/04/23/ice - free - arctic - summers - likely - by - 2050 - even - with - climate - action - study/，最后访问日期：2020年2月5日。

《财年国防授权法案》①（NDAA）中曾 89 次提及"北极"一词，而在 2018 年的文件中②只提到了 20 次③。但就北极气候变化问题而言，自特朗普总统领导的美国政府于 2017 年宣布退出《巴黎协定》以来，一直与其他北极国家之间存在分歧。

在 2015~2017 年美国担任北极理事会轮值主席国期间，奥巴马政府制订的北极计划表示愿意通过北极理事会执行《巴黎协定》和《联合国可持续发展目标》。④ 但是，特朗普在 2016 年竞选美国总统时，却公开破坏了《巴黎协定》的多边框架。就北极气候变化问题而言，特朗普政府与奥巴马政府的优先事项是相反的。于是在 2017 年 5 月的费尔班克斯部长级会议上，时任美国国务卿的雷克斯·蒂勒森（Rex Tillerson）虽然签署了共同宣言，但提到特朗普政府尚未决定是否退出《巴黎协定》，试图削弱共同宣言中关于气候变化、温室气体排放和可持续能源的内容。

美国和其他北极国家关于北极气候变化问题的分歧在 2019 年 5 月的北极理事会部长级会议上扩大了，美国国务卿蓬佩奥在会议中表示，美国继续致力于北极合作，包括在北极开展"环境管理"方面的合作，但并未提及气候变化问题，包括特朗普总统在内的一部分人对全球变暖是人类活动造成的结果表示怀疑，同时，蓬佩奥还指出，海冰范围的减小也在开辟新的渠道和新的贸易机会，因为这有可能将船舶往返于亚洲和西方之间的时间缩短多达 20 天。⑤

---

① "National Defense Authorization Act for Fiscal Year 2019," https：//republicans - armedservices. house. gov/ndaa，最后访问时间：2020 年 5 月 5 日。美国财年国防授权法案（NDAA）：是由美国国会批准、美国总统签字生效的，旨在规范和划拨美国国防部预算经费的年度法案。

② "National Defense Authorization Act for Fiscal Year 2018," https：//www. state. gov/fiscal - year - 2018 - national - defense - authorization - act - ndaa/，最后访问时间：2020 年 5 月 5 日。

③ "U. S. ups Rhetoric in Arctic, but not Its Game," https：//www. rcinet. ca/eye - on - the - arctic/ 2019/06/26/arctic - us - strategy - rhetoric - russia - china/，最后访问日期：2020 年 5 月 1 日。

④ 《北极理事会部长级会议美国发言》，https：//oaarchive. arctic - council. org/bitstream/handle/ 11374/913/ACMMCA09_ Iqaluit_ 2015_ US_ Remarks_ on_ US_ Chairmanship. pdf? sequence = 1&isAllowed = y 2015，最后访问日期：2020 年 5 月 5 日。

⑤ "Pompeo：Melting Sea Ice Presents 'New Opportunities for Trade'," https：//edition. cnn. com/ 2019/05/06/politics/pompeo - sea - ice - arctic - council/index. html，最后访问日期：2020 年 4 月 19 日。

对于气候变化的应对，美国支持采用一种平衡的方式，既可以促进经济增长，又可以在保护环境的同时提升能源安全性。

2. 俄罗斯

俄罗斯领土的很大一部分位于气候变化严重的地区，这些地方的气候变化正在加大对俄罗斯的社会经济发展、生活条件和公共卫生产生的影响。俄罗斯在 2019 年 9 月加入了《巴黎协定》，但俄罗斯并不认为气候变化是由人类活动造成的，而认为这是宇宙自然发展的规律，并主张应当利用这种规律。

对于气候变化，俄罗斯强调适应性，并且未减少对化石燃料的提取。俄罗斯打算继续增加引发气候变化的碳氢化合物的生产。数据显示，俄罗斯的煤炭、石油和天然气的产量在 2019 年达到历史最高值。以煤炭产量为例，在过去的 7 年中，俄罗斯的煤炭产量增长了 30% 以上，并且还在不断增加。

俄罗斯在气候变化问题上的看法与美国有一定的相似性，那就是有越来越多的俄罗斯人认为气候变化是自然现象，是自然周期的一部分。气候变化问题在俄罗斯的议程上是重要的，但对于这一问题的解决措施，俄罗斯政府的工作重点不是积极应对气候变化，而是强调"适应"。在俄罗斯最新发布的气候报告中也体现了"适应气候"的主旨。

国际海事组织海上环境保护委员会在 2017 年第 71 届会议上提出了"制定措施减少北极水域船舶使用和运载重燃油带来的风险"（重燃油禁令）①，这份禁令主要针对重燃油产生的污染物对北极气候变化和环境问题带来的极大的不利影响。目前仅剩俄罗斯还没有正式表示支持重燃油禁令倡议的实施。除此之外，俄罗斯也在努力阻止芬兰提出的北极地区黑碳问题的解决。

与此同时，越来越明显的是，气候变化正在对俄罗斯产生巨大影响，从最新的俄罗斯气候报告中可知，全球变暖对俄罗斯的影响远超其他大多数国家。自 20 世纪 70 年代中期以来，俄罗斯气温平均每 10 年升高 0.47 摄氏

---

① 韩佳霖、姜斌：《北极治理视角下的对北极水域营运的船舶实施重油禁令的探讨》，《中国海事》2018 年第 7 期。

度，是全球平均温度升高速度的 2.5 倍。[①] 尽管气候变化对俄罗斯以及北极地区的不利影响日益加剧，但俄罗斯政府仍然没有应对气候变化的计划，在国家的气候报告中也仅概述了如何去适应气候变化，而不是如何应对气候变化。

3. 加拿大

相较于美国和俄罗斯，加拿大对应对北极地区的气候变化问题持积极态度，承诺采取行动减少温室气体排放量，并寻求可再生能源和建立绿色经济。

对于特朗普政府在 2019 年罗瓦涅米部长级会议中的发言，加拿大外交部部长克里斯蒂娅·弗里兰（Chrystia Freeland）认为气候变化问题是北极面临的最紧迫的问题之一，并且强调应对气候变化的集体方法的重要性。[②]

2019 年 6 月，加拿大宣布发生国家气候紧急情况，并且在 2019 年 11 月发布了一项应对"气候变化紧急情况"的战略草案，在这项草案中，加拿大的目标是到 2030 年使温室气体排放量相较于 2010 年排放量减少 30%，该战略将在每 3~4 年更新一次。[③]

加拿大在 2020 年 2 月宣布支持国际海事组织在北极实施的国际重燃油禁令，并且赞成采用渐进的做法，[④] 实施重燃油禁令会在一定程度上对加拿大北部的工业及其他领域的发展产生负面影响，所以一直以来遭到参与加拿

---

① "Moscow Admits It will be Severely Troubled by Climate Change, but a Reduction of Fossil Fuels Extraction is out of the Question," https：//thebarentsobserver. com/en/ecology/2020/01/moscow – admits – it – will – be – severely – punished – climate – change – reduction – fossil – fuels，最后访问日期：2020 年 3 月 2 日。

② "Foreign Affairs Minister Concludes Visit to Rovaniemi, Finland, for Arctic Council Ministerial Meeting," https：//www. canada. ca/en/global – affairs/news/2019/05/foreign – affairs – minister – concludes – visit – to – rovaniemi – finland – for – arctic – council – ministerial – meeting. html，最后访问日期：2020 年 5 月 8 日。

③ "Canada's Yukon Territory Aims for 30% Greenhouse Gas Reduction by 2030," https：//www. rcinet. ca/eye – on – the – arctic/2019/11/15/yukon – emissions – reduction – strategy – climate/，最后访问日期：2020 年 4 月 24 日。

④ "Canada Comes out in Favour of Heavy Fuel Oil Ban in Arctic," https：//www. rcinet. ca/eye – on – the – arctic/2020/02/18/canada – comes – out – in – favour – of – heavy – fuel – oil – ban – in – arctic/，最后访问日期：2020 年 4 月 24 日。

大北极地区海港运输业务的海运公司的强烈反对。加拿大计划以渐进的方式实施重燃油禁令，可以便于加拿大有时间解决其对北方地区的经济负面影响，这也是环境保护与经济发展之间妥协的过程。

4. 芬兰

对于美国国务卿蓬佩奥在罗瓦涅米部长级会议中针对气候变化内容的发言，芬兰外交部部长蒂莫·索尼（Timo Soini）在部长级会议的一份声明中说："我们中的大多数人将气候变化视为北极面临的一项基本挑战，并意识到迫切需要采取缓解和适应行动并增强抵御能力。"芬兰外交部部长虽未具名，但明确表示对气候变化的抵制只是少数意见。①

2019 年 5 月 7 日芬兰在罗瓦涅米举行的北极理事会部长级会议上将轮值主席国一职转交给冰岛。芬兰在主持北极理事会工作期间，提出了黑碳问题。就气候变化而言，黑碳被认为是影响最大的排放污染物之一。黑碳属于短期气候污染物②，通常情况下，黑碳可以在大气中停留长达两个星期。但是，在北极地区，它在冰上沉降时会产生相较其他地区更大的影响。因为在北极地区排放的黑碳会大大降低海冰和积雪覆盖地面的反照率或反射率，从而加剧冰的融化并导致全球变暖加剧。所以黑碳问题非常重要，以至于北极理事会于 2017 年通过一项决议，要求到 2025 年将北极的黑碳排放量减少33%。并且，在芬兰任北极理事会轮值主席国期间还成立了黑碳和甲烷问题专家组，专家组记录各国为减少黑碳排放所作出的努力，并且为进一步的行动提出具体建议。

---

① "U. S. Pressure Blocks Declaration on Climate Change at Arctic Talks," https：//www. nytimes. com/2019/05/07/climate/us – arctic – climate – change. html，最后访问日期：2020 年 5 月 5 日。

② 短期气候污染物是指在周围环境（户外）和室内空气污染中发现，能产生强烈气候变化效果，但只在大气中停留较短时间（从短至几天到大约十年的时间）的污染物。短期气候污染物中"短期"的意思是如果采取果断行动减少排放，则能快速改善空气质量并减缓近期气候变化的速度。黑碳（或称"煤烟"）、甲烷和臭氧等主要的短期气候污染物均直接与健康相关，三者都与对人体健康有害的空气污染和全球变暖相关。黑碳是细颗粒物的主要组成部分，是与过早死亡和发病最为相关的空气污染物，臭氧对呼吸道健康有严重的不利影响，而甲烷则有助于促进臭氧形成。

从芬兰的国内情况来看，就全国平均而言，2019 年的温度较 1981 ~ 2010 年的平均温度高约 0.9 摄氏度。然而，根据芬兰经济研究所的最新报告（2020 年 1 月）①，芬兰的碳排放量下降得很慢，无法实现该国的气候目标。并且在分析了排放趋势之后我们发现，即使芬兰实施了比目前有效的根本性减排计划，但仍不足以在 2035 年之前实现其碳中和的目标，如果要实现这一目标，就芬兰现在每年大约减少 2% 碳排放的速度而言，必须至少增加 3 倍。

5. 挪威

挪威积极采取措施应对气候变化问题，根据挪威气象研究所的信息，斯匹次卑尔根群岛的温度连续 100 个月高于正常水平，并且在之前的几个月，朗伊尔城附近地区的温度比正常高 12 ~ 14 摄氏度。气候变暖的后果是导致多年冻土融化，进而可能引发滑坡和沿海侵蚀。②

在此背景下，挪威环境部在 2019 年启动了一项行动计划，其中的一个目标是扩大现行对重燃油的禁令，限制油轮的规模。禁令禁止在斯匹次卑尔根群岛使用重燃油，如果该禁令得以有效实施，对挪威气候变化问题的应对政策来说是非常重要的一步。与此同时，挪威还努力实施国际海事组织关于禁止重燃油的禁令。

6. 瑞典

瑞典外交大臣玛格特·沃尔斯特伦姆（Margot Wallstrom）对 2019 年的北极理事会部长级会议未能发表共同宣言表示遗憾，并且说："北极的气候危机不是未来才会发生的，而是在我们讲话时正在发生。"③

---

① Yle News, "Finland far behind Climate Goals, Think Tank Says," https://www.rcinet.ca/eye - on - the - arctic/2020/01/22/finland - far - behind - climate - goals - think - tank - says/，最后访问日期：2020 年 4 月 13 日。

② "Arctic Norway: Temperatures on Svalbard have been above Normal for 100 Straight Months," https://www.rcinet.ca/eye - on - the - arctic/2019/03/25/svalbard - weather - climate - change - heat - normal/，最后访问日期：2020 年 4 月 27 日。

③ "U. S. Pressure Blocks Declaration on Climate Change at Arctic Talks," https://www.nytimes.com/2019/05/07/climate/us - arctic - climate - change.html，最后访问日期：2020 年 5 月 5 日。

根据瑞典气候政策委员会的报告，瑞典自 1990 年以后温室气体排放量减少了 26%，但是近年来的减少速度有所放缓，2017 年是瑞典连续第 3 年排放量减少不到 1%。该委员会表示，减少率每年需要加快至 5%～8% 才能实现未来的目标。

于是，瑞典在 2019 年提出了有史以来第一个"气候政策行动计划"，该计划描述了瑞典在未来 4 年中将如何努力实现瑞典的气候目标。瑞典计划将对所有立法进行审查以确保其符合气候计划，并制定了一套新的规则，在采用任何新政策之前对任何可能对气候变化产生影响的情况进行分析。

7. 冰岛

对于 2019 年的北极理事会部长级会议未发表共同宣言，冰岛外交部部长格维兹勒于尔·索尔·索尔达松（Gudlaugur Thor Thordarson）有些沮丧，并且指出："我们可以预期，由于气候变化，未来 20 年将比过去 100 年发生更大的变化。"① 作为 2019～2021 年的北极理事会轮值主席国，冰岛仍将气候变化问题作为冰岛主持北极理事会的重点工作之一。

冰岛在 2018 年宣布了一项新的气候战略，旨在减少净排放并在 2040 年之前实现碳中和。冰岛环境与自然资源部从 2020 年 1 月 1 日起，将在冰岛的峡湾和海湾使用的船用燃料的硫含量允许值从 3.5% 降至 0.1%。冰岛的新法规限制了船舶在冰岛水域中排放高硫含量的废气。② 虽然冰岛采取了一系列措施应对气候变化问题，但当前航运产生的废气排放仍然是冰岛水域的重要压力。

8. 丹麦

丹麦支持应对气候变化的措施，但就 2019 年来看，丹麦并未有相关的

---

① "Climate Change Missing as US Defends Arctic Policy," https：//apnews.com/319c7e3cd79 949358eae7513a1a01019，最后访问日期：2020 年 4 月 24 日。

② "Iceland to Restrict Heavy Fuel Oil Use in Territorial Waters," https：//www.rcinet.ca/eye－on－ the－arctic/2019/12/11/iceland－to－restrict－heavy－fuel－oil－use－in－territorial－waters/，最后访问日期：2020 年 4 月 27 日。

新举措。值得一提的是，丹麦在 2018 年就加入了推动北极重燃油禁令的行动，是北极国家中较早表态的国家。但是，丹麦至今尚未制定国家减少污染排放尤其是减少甲烷排放的战略。

从北极国家在 2019 年针对气候变化问题的举措可以看出，俄罗斯和美国正在考虑以牺牲北极地区的未来为代价来换取短期经济利益，虽然在北极理事会部长级会议中美国对气候变化问题避而不谈，但是大多数北极理事会成员国将气候变化问题视为北极地区面临的一项基本挑战，承认迫切需要采取行动，并且也在本国制定了相应的应对措施，增强抵御能力。回避气候变化问题的做法从根本上来看是站不住脚的，因为在北极地区无论是社会、环境，还是经济方面，都要受到该地区气候变化的影响，气候变化带来的不利后果将远远超过潜在的收益。

同时还可以看出，在北极理事会中也存在等级，美国、俄罗斯、加拿大处于相对主导的地位，它们对于北极问题的做法会在较大程度上影响北极理事会的工作。

（二）2019年的北极圈论坛

北极圈论坛由冰岛发起，成立于 2013 年 10 月，在冰岛雷克雅未克举行了首届会议。北极圈论坛的任务是在每年 10 月召集利益相关者，促进对话并建立关系，以应对北极地区面临的挑战和问题。北极圈论坛是关于北极地区的规模最大的年度国际论坛，邀请来自全球各地的组织、政府机构、智囊团、大学、公司、研究机构和公共协会参与，为它们提供了一个建立联系的平台。

北极圈论坛成立的原因是气候变化导致北极海冰融化，从而释放了更多关于北极海洋运输通道和资源开发的可能性，同时也带来了一系列挑战。但北极理事会实际上是由 8 个北极国家主导的，远离北极地区的国家无法通过北极理事会的形式实际参与到北极事务中，所以通过每年一度的北极圈论坛的形式，其他对北极地区感兴趣的国家也能够以协作且广泛参与的方式商讨关于北极气候变化、北极航运以及商业开发等问题的解决方

案。

北极圈论坛关注涉及北极地区环境、气候、安全、科学研究、运输、旅游、能源、可持续发展、生物资源、业务合作、原住民权利等 23 个主要议题，①与北极理事会聚焦北极地区环境和可持续发展不同，北极圈论坛讨论的议题几乎涉及北极地区的方方面面，其中也包括在《渥太华宣言》中明确表明不在北极理事会讨论范围的安全问题。

在 2019 年 10 月 9 ~ 12 日于冰岛雷克雅未克召开的北极圈论坛上，共有来自 60 多个国家或地区的 2000 多名参与者，是规模最大的年度国际北极会议。2019 年北极圈论坛共进行了近 200 场不同规模的会议，涵盖了广泛的主题，包括北极的资源与环境、区域安全与全球治理、格陵兰外交政策、北极的地缘经济和可持续发展、科技创新以及气候变化等问题。与会者包括冰岛总理、芬兰总理等政府首脑，以及其他国家的政府官员、专家、科学家、企业家、环保主义者等。

下面总结了 2019 年北极圈论坛中的部分议题（见表 2）。

表 2 2019 年北极圈论坛部分活动总结

活动	主要内容
北极圈奖获得者,美国前国务卿约翰·克里(John Kerry)主旨演讲	对气候变化应对持消极态度的做法表示反对,呼吁应对气候变化问题采取紧急行动
美国能源部部长主旨演讲	北极地区资源开发技术和潜力问题
俄罗斯北极的未来议题讨论	介绍俄罗斯在北极地区环境变化的背景下关于经济发展、国际合作、北极运输、当地生活 4 个主题的 12 个方案
因纽特人:我们想要的未来	涉及北极气候变化与原住民权利等内容
苏格兰能源、互联互通和群岛事务大臣发言	概述苏格兰的第一个北极政策框架
瑞士驻北极大使发言	介绍了瑞士修订后的北极政策
斐济部长级代表团演讲	气候变化对太平洋的影响

① 北极圈论坛官网，https://www.arcticcircle.org/about/about/，最后访问日期：2020 年 5 月 6 日。

活动	主要内容
缅因州州长与芬兰总理签署谅解备忘录	缅因州州长珍妮特·米尔斯(Janet Mills)与芬兰总理安蒂·林恩(Antti Rinne)签署谅解备忘录,呼吁双方在加强各自森林经济的同时,共同应对气候变化,提高森林的可持续性
北极科学委员会(IASC)组织或共同组织的会议	北极冰川和冰盖(与冰岛气象局共同组织) 智慧互联的北极工程——寒冷中改善生活的关键 不断变化的淡水资源(北极圈论坛与冰岛气象局、阿库雷里大学、海洋与淡水研究所共同组织) 北极创新技术和仪器的研究,社会需求和政策(北极圈论坛与中国极地研究所、冰岛总理府、冰岛和第四次工业革命委员会等共同组织) 北极观测网络(北极圈论坛与中国极地研究所、冰岛总理府等共同组织)
北极经济理事会(AEC)在北极圈论坛中的活动	全体会议:连接北极——数据线将改变游戏规则 分组会议:分别针对北极政策、北极国际合作、北极可持续发展、北极创业和创新企业的经验教训等议题进行讨论
北极地缘政治与网络安全专题	进行了7次分组讨论,主要聚焦于北极政策、经济发展、军事安全、网络安全、治理工具等内容
"破冰:为安全和负责人开发北极海路进行合作"会议	以世界海洋理事会(WOC)为主发起,与海洋商业和投资相关的成员也有参加。会议旨在讨论科学界如何满足工商业需求,并确定科学界与工商界之间合作的机会
在北极地区禁止船舶使用重燃油研讨会	由冰岛自然保护协会和清洁北极联盟主办,讨论在冰岛和北极水域中重燃油的使用问题
分组讨论:北极航运的愿景	由清洁北极联盟主办,就当前北极运输中使用的燃料以及可能的替代燃料进行研讨

资料来源: "7th Arctic Circle Assembly Opens in Reykjavik," https://www. highnorthnews. com/en/7th – arctic – circle – assembly – opens – reykjavik; "Breakout Session-The Russian Arctic:Future Scenarios," https://www. uarctic. org/news/2019/10/breakout – session – the – russian – arctic – future – scenarios/; "Maine Pact with Finland Kicks off First Day of Arctic Circle Assembly," https://www. mainebiz. biz/article/maine – pact – with – finland – kicks – off – first – day – of – arctic – circle – assembly; "IASC at the Arctic Circle Assembly 2019," https://iasc. info/communications/news – archive/559 – iasc – at – the – arctic – circle – assembly – 2019; "AEC at Arctic Circle," https://arcticeconomiccouncil. com/aec – at – arctic – circle/; "Thematic Network on Geopolitics and Security to Host 7 Break out Sessions at Arctic Circle," https://www. uarctic. org/news/2019/10/thematic – network – on – geopolitics – and – security – to – host – break – out – sessions/; "Arctic Circle 2019," https://www. oceancouncil. org/event/arctic – circle – 2019/; "Heavy Fuel Oil on the Agenda at Arctic Circle 2019," https://www. hfofreearctic. org/en/2019/10/04/heavy – fuel – oil – on – the – agenda – at – arctic – circle – 2019/。

在这些讨论中，最突出的问题除了历来备受重视的气候变化问题之外，美国特朗普政府在2019年8月透露的有意购买格陵兰岛一事也受到了各国的广泛关注，这是历史上美国第3次提出购买格陵兰岛，前两次分别为1876年安德鲁·约翰逊总统时期和1946年杜鲁门总统时期，① 格陵兰总理基尔森也重申了格陵兰政府的立场，即"欢迎商业合作，但不能用钱来交换格陵兰"②。美国之所以想要购买格陵兰岛，是出于战略考虑，格陵兰岛是北极地区面积最大的岛屿，并且处于控制北极飞行交通要道的位置。③

关于气候变化问题，在2019年北极圈论坛中，与特朗普政府在2019年北极理事会部长级会议中的态度相呼应，值得关注的是美国能源部部长里克·佩里（Rick Perry）在北极圈论坛的发言。佩里主要讨论了在北极地区扩大能源开采的可能性，同时刻意避免提及气候变化。佩里谈到了石油和天然气等自然资源开发的潜力问题，首先，他对能源开发持积极推动态度并提出了对能源开发的未来构想；其次，他说在2019年9月美国内政部宣布了接受阿拉斯加州北极国家野生动物保护区整个沿海地区的石油租赁投标。此外，佩里还提出，应将对资源开发的注意力转移到更广阔的北极地区，从地缘政治竞争的角度出发，构筑能源开发框架。

美国能源部部长佩里的发言与美国国务卿蓬佩奥在北极理事会部长级会议上的发言具有一致性，可以看出，特朗普政府是将北极地区看作发展经济的巨大商机，并不关注北极地区处于气候变化的最前沿，无视气候变化所带来的环境后果。

---

① 张乐磊：《特朗普"购岛风波"及其对丹美同盟关系影响》，《中山大学学报》（社会科学版）2020年第2期。

② "The Arctic Circle 2019：Greenland in the Centre Seat，" https：//overthecircle.com/2019/10/14/the－arctic－circle－2019－greenland－in－the－centre－seat/，最后访问时间：2020年5月6日。

③ 钱盈盈：《偏远的格陵兰为何让美国着迷？》，《人民日报》（海外版）2019年8月27日，http：//paper.people.com.cn/rmrbhwb/html/2019－08/27/content_1943406.htm，最后访问日期：2020年4月27日。

　　奥巴马政府时期的美国前国务卿约翰·克里（John Kerry）在2019年的北极圈论坛中也发表了主题演讲，但与美国能源部部长里克·佩里的发言形成了鲜明的对比。约翰·克里认为，"否认已经基本形成共识的气候变化问题是在向科学事实宣战，然后我们必须向反对事实的人宣战"①，克里的观点是不应该否认气候变化问题，应当主动积极应对。根据新闻报道，在这番讲话结束之后，响起了来自听众的持久而热烈的掌声。作为奥巴马政府的国务卿，克里因为其在气候变化方面特别是《巴黎协定》签订中的作用在2019年北极圈论坛中还被冰岛前总统授予了北极圈奖。② 而目前特朗普政府正在努力拆除和瓦解这项在大多数国家之间形成普遍共识的工作。

　　美国能源部部长里克·佩里的言论与2019北极圈论坛中包括约翰·克里在内的许多其他发言者的观点形成了鲜明的对比，因为其他人更多的是在强调为了遏制污染物排放和减少气候变化带来的不利影响而作出的努力。

　　虽然北极圈论坛是全球最大范围的专门针对北极问题的合作平台，但与北极理事会的政府间性质截然相反，北极圈论坛是非政府性质的，也就是说，北极圈论坛提出的建议很难通过具有拘束力的方式得以实现，特别是当北极理事会成员国对这一建议尚未有任何举措时。美国既是北极国家，又是当今世界的超级大国，却对气候变化问题持消极倒退和不作为的态度，这无疑在很大程度上阻碍了北极气候变化治理的过程，尽管参与北极圈论坛的国家在气候变化问题上大多持与美国相反的观点，但其实际的影响力有限。

---

① "John Kerry Declares 'World War Zero' in Response to Climate Crisis," https：//thebarent sobserver. com/en/ecology/2019/10/john－kerry－declares－world－war－zero－response－climate－crisis，最后访问日期：2020年4月27日。

② "Former US Secretary of State John Kerry Declares New World War Against Climate Deniers," https：//www. highnorthnews. com/en/former－us－secretary－state－john－kerry－declares－new－world－war－against－climate－deniers，最后访问日期：2020年4月16日。

二　北极理事会与北极圈论坛的运行机制

（一）北极理事会的运行机制

北极理事会的组成包括成员国、永久参与方和观察员。成员国是在北极拥有陆地领土的 8 个国家（美国、加拿大、俄罗斯、挪威、瑞典、丹麦、芬兰、冰岛）；永久参与方是北极地区的 6 个原住民组织；观察员主要是由非北极国家、政府间组织和非政府组织构成。在这三者中，8 个成员国享有对北极理事会事务的实际控制权；永久参与方可以在北极理事会会议上发言或讨论，虽然不享有决策权，但北极理事会在作出决议时会咨询其意见；观察员仅在受邀的情况下可以参与部分会议的讨论，但与永久参与方不同，北极理事会在作出决议时无须征询观察员的意见，并且北极理事会对观察员开放的项目很少，通常是那些低政治层面的或对资金需求比较高的项目，如涉及北极动植物保护或海洋环境保护等领域。①

北极理事会每两年进行一次轮值主席国交接，轮值按加拿大—美国—芬兰—冰岛—俄罗斯—挪威—丹麦—瑞典的顺序进行，任期两年。轮值主席国主要负责协调召开北极理事会的部长级会议、高官会议，以及确定会议的议题等。②

北极理事会内部的四层组织架构分别为部长级会议、高官会议、秘书处和工作组。首先，部长级会议是北极理事会的权力机构，每两年举行一次，通常由成员国的外交部、北方事务部或环境部的部长代表出席。其次，高官会议是北极理事会的执行机构，每年至少春夏两季分别召开一次会议，通常由来自 8 个成员国的高层代表出席，高官会议负责落实执行部长级会议中作出的决策，并对工作组在执行过程中的具体工作进行监督与管理。再次，常

---

① 肖洋：《北极科学合作：制度歧视与垄断生成》，《国际论坛》2019 年第 1 期。
② 王晨光：《路径依赖、关键节点与北极理事会的制度变迁——基于历史制度主义的分析》，《外交评论（外交学院学报）》2018 年第 4 期。

设秘书处是北极理事会的日常行政机构，于 2013 年在特罗姆瑟设立，主要负责北极理事会的行政事务，包括组织高官会议、托管网站以及分发报告和文件等工作。最后，北极理事会根据不同的工作分类进行工作组的划分，目前北极理事会在其组织内下设 6 个工作组，包括北极监测与评估工作组（AMAP），北极动植物保护工作组（CAFF），北极海洋环境保护工作组（PAME），突发事件预防、准备和反应工作组（EPPR），可持续发展工作组（SDWG），消除北极污染行动工作组（ACAP）。北极理事会的活动在这 6 个工作组中进行，每个工作组都有其特定的任务。2015 年以后，北极理事会相继建立了 11 个特遣小组（task force），用于在有限的时间内处理特定的问题，直到达到预期的效果为止。有 3 个特遣小组协助北极理事会完成了 3 个具有法律约束力的协定谈判。

北极理事会在地区治理上存在"先天不足"，源于北极区域环境治理论坛在监测、评估北极环境和气候变化，促进原住民参与可持续发展等方面曾经发挥了巨大作用，但其自身存在许多不足。北极理事会虽然在运行中设置了永久参与方和观察员，但在实际运行中体现了 8 个北极国家对北极理事会的实际控制和主导作用。一方面，作为永久参与方的 6 个北极地区原住民组织，他们生活在北极地区，北极的气候变化和资源开发等问题对他们的影响更深，牵动着他们的生计和日常生活，但他们无法真正参与到决策过程中，不利于维护原住民自身的切身利益。[1] 另一方面，北极理事会将非北极国家排除在北极国家间的互动之外，将它们限制在观察员这一外围的位置上，观察员实际帮助北极理事会实现目标的情况非常少，观察员参与的部分会议，也大多只是停留在"观察"层面。北极地区面临政治、经济、社会、环境和气候变化等各种挑战，这些挑战并不仅是北极国家的责任，并且仅凭北极国家的力量也无法克服这些困难。国际社会更广泛地参与到北极治理中，制订更加合理的计划以利用永久参与方和观察员的能力，改善合作的方式，或

---

[1] 谢晓光、程新波、李沛珅：《"冰上丝绸之路"建设中北极国际合作机制的重塑》，《中国海洋大学学报》（社会科学版）2019 年第 2 期。

许会为北极治理带来更多的便利和机会，同时也有助于决策机构作出更具社会公正性的决策。

除了无法充分发挥永久参与方和观察员的作用之外，北极理事会在实际运行中还存在着北极国家之间各自为政的问题。北极理事会实行每两年更换轮值主席国的制度，这一制度导致不同国家在主持北极理事会工作时设定的优先事项变换频繁，北极理事会的工作缺乏连续性，每隔两年就会推出新的议程，而这些议程通常更多地反映了轮值主席国的利益，新项目堆积在旧项目上，这一点也限制了北极理事会的长期稳定发展。以最近几年为例，奥巴马政府在2015~2017年美国担任轮值主席国期间的优先事项包括通过北极理事会执行《巴黎协定》，[①] 而当2017年费尔班克斯部长级会议临近时，却面临着特朗普总统在大选中公开破坏《巴黎协定》的多边框架这一事实，这就导致在2017年芬兰接手北极理事会工作后面临着非常棘手的情况，特朗普政府的价值观开始影响着北极理事会的工作，芬兰无法继续按照奥巴马政府优先事项中的计划应对气候变化问题，最终出现了在2019年的罗瓦涅米部长级会议中未通过共同宣言的尴尬局面。

（二）北极圈论坛的运行机制

北极圈论坛产生的背景可以用2013年时任冰岛总统格里姆松在介绍北极圈论坛时说过的话来描述："北极缺乏全球意识，而现在由于海冰覆盖面积处于历史最低点，世界正在意识到北极所带来的机遇与挑战也在逐渐影响着生活在低纬度地区的人们。"[②]

基于这一现实情况，北极圈论坛与北极理事会有着本质的区别，北极圈论坛将参与范围定义在全世界，使其他国家与北极国家一起处于平等的环境

---

① The United States of America's Delegation to the Arctic Council, "Remarks at the Presentation of the U. S. Chairmanship Program at the Arctic Council Ministerial," https：//oaarchive. arctic - council. org/handle/11374/913，最后访问日期：2020 年 4 月 2 日。

② https：//en. wikipedia. org/wiki/Arctic_ Circle_ organization，最后访问日期：2020 年 4 月 28 日。

中，也就是说，在北极没有领土的国家，如中国和新加坡，与拥有北极领土的国家，例如挪威和美国，在北极圈论坛中处于平等的地位。北极圈论坛以其开放的模式为亚洲国家在论坛上与北极国家讨论极地事务提供了一个渠道。

从北极圈论坛的机构设置来看，北极圈论坛设立了名誉委员会、咨询委员会、秘书处。名誉委员会由商业领袖、科学家、原住民代表、环境组织负责人和政策制定者组成，并由冰岛前总统奥拉维尔·拉格纳·格里姆松担任主席，主持北极圈论坛工作。咨询委员会主要提供信息和咨询服务。秘书处负责大会和论坛的组织和沟通工作。北极圈论坛是一个非营利组织，通过私人捐款和企业赞助等方式为工作提供支持。

北极圈论坛于每年10月召开，会议吸引了来自政府、机构、大学、公司等的众多参与者。北极圈论坛由若干针对特定主题的较小型会议组成，参与北极圈论坛的人会提出自己的议题，自己主持自己的会议，并且对这些会议的议程负责。

除年度大会外，北极圈论坛还组织有关北极合作特定领域的论坛。如2015年在阿拉斯加和新加坡举行的论坛专门讨论了航运和港口、亚洲参与北极和海事问题。[1] 2016年在格陵兰的努克和加拿大魁北克市举行的论坛分别侧重于北极居民的经济发展和北部地区的可持续发展。[2] 2017年在华盛顿举行了关于美国和北极地区的论坛，[3] 并在爱丁堡举行了关于苏格兰与北极

---

[1] "Arctic Circle 2015: Alaska, Reykjavik and Singapore," https://arcticportal.org/ap - library/news/1522 - arctic - circle - 2015 - alaska - reykjavik - and - singapore, 最后访问日期: 2020年3月17日

[2] The Arctic Circle Greenland Forum, http://www.arcticcircle.org/forums/greenland, 最后访问日期: 2020年3月17日; "Sustainable Development in Northern Regions: an Integrated and Partnership - based Approach", "2016 Arctic Circle Québec Forum," https://www.panarcticoptions.org/arctic - circle - 2016 - quebec - forum/, 最后访问日期: 2020年3月17日

[3] Wilson Center—Arctic Circle Forum, June 21 - 22, 2017—Washington, DC, Proceedings," https://www.wilsoncenter.org/sites/default/files/media/documents/publication/wilson _ center - arctic_ circle_ forum_ proceedings. pdf, 最后访问日期: 2020年3月17日。

地区的现代关系（"新北关系"）的论坛。① 2018 年 5 月北极圈论坛在法罗群岛举行的论坛主要关注的问题是如何建设北极的动态经济和可持续社区。② 2019 年 5 月北极圈论坛以"中国与北极"为主题在上海举行了分论坛。③

北极圈论坛提供了一个开放而充满活力的平台，许多处于各自学科最前沿的人可以在这里进行广泛的思想和信息交流，获得自己感兴趣的经验和观点。

北极圈论坛的最大优点之一是为非北极国家的北极利益攸关方提供了展示本国北极政策的舞台。④

在 2015 年北极圈论坛上，中国时任外交部副部长张明发表了题为"中国贡献：尊重、合作与共赢"的主旨演讲，他在演讲中介绍了中国进行的与北极地区相关的活动，并且阐述了中国在探索北极、保护和合理利用北极、尊重北极国家及原住民权利、尊重非北极国家及国际社会整体利益、北极合作框架、北极治理体系六个方面的具体政策。⑤ 正是在这次北极圈论坛上，中国首次宣告了在北极事务上的立场。中国在这次北极圈论坛上的发言内容之后体现在 2018 年 1 月发布的《中国的北极政策》白皮书中，白皮书将中国的北极政策的基本原则定义为"尊重、合作、共赢、可持续"⑥，具体目标也与中国在 2015 年北极圈论坛上的发言保持一致，并对中国的北极政策进行了进一步阐释。

---

① Arctic Circle Forum Scotland, "Scotland and the New North", https：//news. gov. scot/speeches – and – briefings/arctic – circle – forum – scotland，最后访问日期：2020 年 4 月 5 日。
② "Arctic Hubs — Building Dynamic Economies and Sustainable Communities in the North", "2018 Arctic Circle Faroe Islands Forum Program," http：//www. arcticcircle. org/Media/2018 – arctic – circle – torshavn – forum – program. pdf，最后访问日期：2020 年 3 月 17 日。
③ "China and the Arctic", http：//www. arcticcircle. org/forums/china，最后访问日期：2020 年 3 月 17 日。
④ 白佳玉、王晨星：《以善治为目标的北极合作法律规则体系研究——中国有效参与的视角》，《学习与探索》2017 年第 2 期。
⑤ 《外交部副部长出席第三届北极圈论坛大会并发表主旨演讲》，http：//www. gov. cn/xinwen/2015 – 10/17/content_2948654. htm，最后访问日期：2020 年 1 月 7 日。
⑥ 《中国的北极政策》，http：//www. gov. cn/zhengce/2018 – 01/26/content_5260891. htm，最后访问日期：2020 年 2 月 7 日。

在 2019 年北极圈论坛上，有的国家利用这个机会展示了自己的北极政策。如苏格兰介绍了在 2019 年 9 月发布的首个北极政策框架，苏格兰将参与北极事务的重点放在了经济和教育方面的合作。同时，瑞士驻北极大使斯蒂芬·埃斯特曼（Stephan Estermann）也展示了瑞士修订后的北极政策，瑞士的北极政策将加强参与北极问题的国际对话，促进北极地区的科学合作，以及共同应对环境挑战等。[①]

但同时，北极圈论坛也存在局限性。

首先，北极圈论坛的工作由冰岛主持并推动，而冰岛的国际影响力有限，同时北极圈论坛只是一个交流平台，不具备确立规则规范的能力，所以在官方性和权威性上有所欠缺。[②]

其次，正如前文所提到的，北极圈论坛是非政府组织，提出的建议也不具有任何约束力，并且在北极理事会中具有发言权的国家鲜少参与其中，然而想要通过更合理可行的方式治理北极，与享有北极理事会实际控制权和主导权的北极国家的共同合作是必不可少的。

最后，在北极圈论坛背景下设置的会议模式具有涉及范围广、议程主题繁杂、参与者来源多样的特点，这就导致北极圈论坛讨论的内容缺乏针对性，如果可以将会议议程限制在一个相对小的范围内，或许能够形成更多具有建设性意义的会议成果。

三 国际行为体对北极治理进程的影响

（一）目前国际行为体在北极治理进程中的现状

北极地区的法律秩序呈现"非常明显的国际法不成体系"[③]，虽然也有

---

① "The Arctic Circle 2019: Greenland in the Centre Seat," https://overthecircle.com/2019/10/14/the－arctic－circle－2019－greenland－in－the－centre－seat/，最后访问日期：2020 年 2 月 7 日。

② 王晨光：《领导权力、服务能力与结构设计——北极理事会的制度竞争力分析》，《战略决策研究》2020 年第 1 期。

③ 刘惠荣、董跃：《海洋法视角下的北极法律问题研究》，中国政法大学出版社，2012，第221 页。

一些具有法律约束力的规则，如《联合国海洋法公约》、《斯匹次卑尔根群岛条约》、《极地水域船舶航行安全规则》（《极地规则》）等，但大多呈现复杂而零散的状态，不具有连贯性。不同于南极，有 8 个主权国家的北极地区没有建立统一的北极条约，这就导致北极地区除了受到部分条约的约束外，大多数情况由软法及非约束性规则进行调整，国家之间更多的是通过双边合作、多边合作、区域性论坛以及国际组织的形式参与北极区域治理，因此就更加需要北极理事会等国际行为体在北极治理中充分发挥职能。

无论是北极理事会还是北极圈论坛，都是北极治理进程中重要的国际行为体。北极理事会是迄今为止北极区域事务乃至相关全球性事务的最重要的政府间论坛，被认为居于北极治理金字塔的顶端。北极理事会多年来就影响北极地区的一系列问题取得了进展，其中包括在北极理事会主持下达成的具有法律拘束力的 2017 年的《加强北极国际科学合作协定》、2013 年的《北极海洋油污预防与反应合作协定》，以及 2011 年的《北极海空搜救合作协定》。但是，北极理事会一直以来在实践中都表现出"门罗主义"逻辑，在实际运行中具有排他性，[①] 然而北极理事会由于职能所限又无法覆盖所有的北极治理领域，这一点对于北极地区治理无疑是不利的。

相较于北极理事会，北极圈论坛是一个更广泛的国际平台，是北极合作的国际框架。由于北极理事会存在限制，观察员无法通过北极理事会实际享有北极事务的决策权，北极圈论坛构建了北极理事会与北极理事会观察员之间的沟通桥梁。北极圈论坛虽然具有民间性，但它是针对北极地区的规模最大的年度国际盛会，并且参与的人数及影响力都在逐年扩大，可以说是一个不断发展的充满活力的论坛，也为北极治理提供了很多方案。但是，由于北极圈论坛的非正式性，在会议中形成的成果大多仅停留在"建议"阶段，无法真正在北极治理中得以践行，大部分情况下是"议而不决"，无法发挥

---

① 肖洋：《排他性开放：北极理事会的"门罗主义"逻辑》，《太平洋学报》2014 年第 9 期。

实质性作用。①

北极地区治理在范围上是跨界的，并且多年来呈现越来越复杂的局面。这种情况下，在区域治理中主要凭借北极理事会，局限于国家主义理念，② 仅通过北极国家间的合作来看待北极治理，削弱其他论坛的作用，这种做法不足以应对现存的问题，应该欢迎其他论坛发挥其在促进更加有效的北极地区治理方面的作用。③ 因此，应当如《北极年鉴》的执行主编希瑟-埃克斯纳-皮罗特（Heather Exner–Pirot）所说的那样，"最好将北极地区治理看作是中间有北极理事会的网络，而不是顶端有北极理事会的金字塔"④，将全球主义理念应用于北极，加强北极事务合作，在未来的北极地区治理进程中，可以考虑加强北极理事会与北极圈论坛、北极海岸警卫论坛、国际北极科学委员会等其他现有的论坛之间的交流，同时确保彼此之间的工作不会存在不必要的重叠，通过共同努力，朝着共同的目标奋斗。

（二）展望

就北极理事会而言，首先，北极理事会不是基于法律或协议形成的，而是以共同的规范和价值观为基础的。不可否认，气候变化问题是北极地区事务不可回避的重要议题。在2019年的北极理事会高官会议上，美国国务卿蓬佩奥发表的相对激进的讲话动摇了以共识和合作闻名的这一多边北极机构。在这种情况下，我们就需要重视即将在2020年11月进行的美国大选对北极理事会的影响，如果民主党人就任美国总统，那北极理事会的职能就很有可能恢复正常；如果特朗普总统赢得连任，共和党人继续领导美国政府，

---

① 郭培清：《北极圈论坛：北极理事会的"榻旁之虎"》，《世界知识》2013年第21期。

② 张胜军、郑晓雯：《从国家主义到全球主义：北极治理的理论焦点与实践路径探析》，《国际论坛》2019年第4期。

③ Romain Chuffart，"Is the Arctic Council a Paper Polar Bear?" https：//www. highnorthnews. com/en/arctic – council – paper – polar – bear，最后访问日期：2019年12月5日。

④ "Why Governance of the North Needs to Go Beyond the Arctic Council," https：//www. opencanada. org/features/why – governance – north – needs – go – beyond – arctic – council/，最后访问日期：2020年2月11日。

则将对北极理事会在气候变化领域的工作产生重大影响，因为特朗普政府不再希望加入共同减排目标，也不认为这项工作是应对气候变化的手段，而只是保护人类健康不受空气污染的手段。对于当前的美国政府来说，气候变化问题是不存在的，由此将会导致北极理事会有可能在气候变化问题上继续落后4年。如果真的发生了这种情况，北极理事会有可能将工作中心更多地放在环境保护、可持续发展等问题上。

其次，还有一点值得关注的是，在加拿大2019年联邦大选前夕，自由党政府发布了《北极与北方政策框架》，而加拿大的上一份北极政策文件是保守党政府于2009年发布的。在这份时隔十年的框架中，规划了很多崇高的目标，如涉及基础设施、经济发展等长期普遍的问题，但是框架中缺乏细节，没有指出政府将具体采取怎样的措施。而加拿大在北极理事会8国中居于极其重要的位置，加拿大的北极政策在一定程度上会影响北极理事会的工作，因此我们要关注2020年加拿大就北极事务有什么最新的举措。

就北极圈论坛而言，北极圈论坛与北极理事会的工作并不存在矛盾或重叠，但从过往北极圈论坛的召开来看，北极理事会也会参加北极圈论坛，但大多数代表北极国家参加北极理事会的官员很少出席北极圈论坛，也就是说，真正对北极理事会的决策起到关键作用的那部分人并没有实际参与到北极圈论坛中。从这个角度来看，可以说北极理事会并没有充分利用好每年10月召开的北极圈论坛。关于这一点，值得关注的是，2019年5月，冰岛成为北极理事会轮值主席国，而北极圈论坛是由冰岛发起的，每年在冰岛的雷克雅未克举行，在2018年北极圈论坛中，冰岛外交部部长索尔达松也曾公开表示冰岛支持一个更加强大的北极理事会。[①] 因此或许在冰岛担任轮值主席国期间，有可能促进二者之间的协调，可以期待北极圈论坛在冰岛的努力下2020年可以发挥更显著的作用。

---

① "The Week Ahead: First among Many—The Venue Iceland Chose to Reveal the Direction of Its Arctic Council Chairmanship Says just as much as the Topics It will Prioritize," https://www.arctictoday.com/week-ahead-first-among-many/，最后访问日期：2020年2月2日。

四　结语

　　无论是北极理事会还是北极圈论坛都是北极地区治理框架的一部分，通过分析二者在 2019 年的实际运行情况，可以看出各国政府、国际行为体在参与北极治理过程中探索着不同的方法，这就导致北极治理中存在严重的不确定性。在现阶段，建立一个类似于南极条约体系的统一管理北极地区的法律制度并不现实，因此在北极治理中需要以尊重北极国家的主权和国际社会依据国际法在北极享有的公共利益为基础，同时考虑非北极国家的关切，建立国际行为体之间的互信与合作，保持良好的国际关系，尽可能形成共同的规范和价值观，采用一种更有凝聚力的方式，整合现有的北极治理框架，加强现阶段的多层治理结构，以应对北极地区的挑战。

B.3

《斯匹次卑尔根群岛条约》制定百年的回顾与展望：法律争议、政治形势变化与中国应对[*]

白佳玉 张 璐^{**}

摘 要：《斯匹次卑尔根群岛条约》自 1920 年制定至今已经历近百年的历史。《斯匹次卑尔根群岛条约》的制定结束了斯匹次卑尔根群岛由来已久的主权争夺，明确了斯匹次卑尔根群岛主权的归属问题，确立了各缔约国之间和平利用斯匹次卑尔根群岛的"公平制度"。但是随着现代国际海洋法的不断发展，一些新问题和新状况不断产生，近百年来有关《斯匹次卑尔根群岛条约》内容和适用的法律争议层出不穷。而在斯匹次卑尔根群岛法律争议不断产生的背后，则是斯匹次卑尔根群岛利益攸关方之间政治博弈之下的竞争与妥协。进入 21 世纪以来，北极已成为各国利益争夺的焦点。但北极地区地缘政治十分复杂，各国在此的利益纠葛错综复杂，"北极身份"的认可度和参与度在北极事务治理中愈发重要。中国作为《斯匹次卑尔根群岛条约》缔约国和北极事务的重要利益攸关方，有必要依据条约所赋予的权利在斯匹次卑尔根群岛开展各项活动，通过《斯匹次卑尔根群岛条约》的适用强化对

---

* 本文系国家社会科学基金"新时代海洋强国建设"重大研究专项项目"人类命运共同体理念下中国促进国际海洋法治发展"（项目编号 18VHQ001）的阶段性成果。

** 白佳玉，女，中国海洋大学法学院教授、博士生导师；张璐，女，中国海洋大学法学院 2019 级硕士研究生。

北极事务的参与，努力实现在北极地区的合作共赢。

关键词： 《斯匹次卑尔根群岛条约》　北极地缘政治　北极事务治理

斯匹次卑尔根群岛位于北冰洋，在巴伦支海和格陵兰海之间，由西斯匹次卑尔根岛、东北地岛、埃季岛、巴伦支岛等组成。斯匹次卑尔根群岛又称斯瓦尔巴群岛。① 依据《斯匹次卑尔根群岛条约》，斯匹次卑尔根群岛的主权归挪威所有，同时条约又赋予其他缔约国在斯匹次卑尔根群岛进行开发活动的平等权利。随着国际海洋法的不断发展和完善，并受国际政治形势变化的影响，《斯匹次卑尔根群岛条约》的法律争议呈现阶段性的特点，《斯匹次卑尔根群岛条约》的法律适用也面临新的挑战。

一　《斯匹次卑尔根群岛条约》主要法律争议演化

《斯匹次卑尔根群岛条约》制定已有近百年历史，在《斯匹次卑尔根群岛条约》制定后的历史长河中，有关《斯匹次卑尔根群岛条约》的法律争议非但没有随着时间的流逝而消失，反而随着《斯匹次卑尔根群岛条约》的适用，与条约相关的法律争议不断演化，呈现阶段性特点。与《斯匹次卑尔根群岛条约》有关的法律争议分别以《斯匹次卑尔根群岛条约》生效和《联合国海洋法公约》生效为节点，分为三个阶段，呈现不同的特点。

---

① 1596年6月19日荷兰探险家威廉·巴伦支（Willem Barents）首次发现该群岛后，将其命名为"斯匹次卑尔根群岛"（The Spitsbergen Archipelago），"斯匹次卑尔根群岛"的命名自此被广泛使用。1925年，挪威政府出台《斯瓦尔巴法案》后，斯匹次卑尔根群岛名称改为"斯瓦尔巴群岛"。此后，挪威政府只是在名称上以"斯瓦尔巴群岛"取代了"斯匹次卑尔根群岛"，而昔日的"斯匹次卑尔根"则是更多地被用来称呼斯匹次卑尔根群岛的主岛"西斯匹次卑尔根岛"。《斯匹次卑尔根群岛条约》也被挪威称为《斯瓦尔巴条约》，在《中国的北极政策》白皮书中依然将其称为《斯匹次卑尔根群岛条约》。

（一）《斯匹次卑尔根群岛条约》生效前的相关法律争议

自 1596 年威廉·巴伦支发现斯匹次卑尔根群岛之后，大批欧洲人登陆群岛从事捕捞、采矿等经济活动。[①] 随着经济活动的不断开展，英国、挪威、荷兰、俄国等国在对斯匹次卑尔根群岛的资源进行开采的同时，对斯匹次卑尔根群岛主权的争夺也逐渐浮上水面。

17~18 世纪，丹麦声称其对斯匹次卑尔根群岛享有主权，但是遭到了英国国王詹姆斯一世的抵制。[②] 1613 年，英国国王詹姆斯一世将斯匹次卑尔根群岛假定为丹麦－挪威联合王国格陵兰岛的一部分，并提出向丹麦－挪威联合王国国王克里斯蒂安四世购买斯匹次卑尔根群岛的要求。在克里斯蒂安四世没有答复詹姆斯一世的情况下，詹姆斯一世于次年单方面宣称对斯匹次卑尔根群岛地区享有主权。但是英国的主张由于荷兰强大的海军进入斯匹次卑尔根群岛水域而未能实现。[③] 一直到 18 世纪也没有国家能对斯匹次卑尔根群岛享有主权。斯匹次卑尔根群岛的主权没有归属，处于无政府状态，但这并不意味着斯匹次卑尔根群岛主权的争夺风平浪静，相反，有关斯匹次卑尔根群岛主权的争夺愈发激烈。经过激烈的竞争，俄国、挪威、瑞典成为斯匹次卑尔根群岛上最大的三支势力，这三个国家均认为斯匹次卑尔根群岛应作为法律上的"无主地"存在，要求对斯匹次卑尔根群岛行使主权。[④] 俄国、瑞典、挪威三国于 1910 年和 1912 年进行了三方会议讨论斯匹次卑尔根群岛的管辖权问题。经过讨论，俄国、瑞典、挪威相互妥协达成一项关于《斯匹次卑尔根群岛条约》的协定草案，决定对斯匹次卑尔根群岛实行三国

---

① 卢芳华：《论斯瓦尔巴群岛的法律地位》，《江南社会学院学报》2013 年第 1 期，第 76 页。

② Lea Mühlenschulte，"The Svalbard Treaty and the Exploitation of Non-living Resources on the Continental Shelf"，https://www.sdu.dk/-/media/files/om_sdu/institutter/juridisk/jusdus/2018/masterthesisleamhlenschulte+（1）.pdf，最后访问日期：2020 年 7 月 28 日。

③ Torbjørn Pedersen，"The Svalbard Continental Shelf Controversy：Legal Disputes and Political Rivalries，" *Ocean Development and International Law* 37（2006）：1-20.

④ 卢芳华：《斯瓦尔巴地区法律制度研究》，社会科学文献出版社，2017，第 36 页。

共管的法律模式。[①] 1914 年，美国、德国、比利时、丹麦、法国、英国和荷兰的代表也参与到关于斯匹次卑尔根群岛主权问题的讨论会议中来，但这次会议没有形成最终的合议。[②] 直到 1919 年巴黎和会，巴黎和会联合最高委员会承认挪威对斯匹次卑尔根群岛的主权，促成了 1920 年《斯匹次卑尔根群岛条约》的制定。

由此可见，在《斯匹次卑尔根群岛条约》制定前围绕斯匹次卑尔根群岛的法律争议主要集中在斯匹次卑尔根群岛主权的归属问题。

（二）《斯匹次卑尔根群岛条约》生效后至《联合国海洋法公约》生效前的相关法律争议

《斯匹次卑尔根群岛条约》制定后，有关斯匹次卑尔根群岛的主权归属之争尘埃落定，但关于斯匹次卑尔根群岛资源的开发权角逐没有因此停止。依据《斯匹次卑尔根群岛条约》第二条的规定，各缔约国的船舶和国民可在第一条规定的领土及其领水中均享有捕鱼和狩猎的权利。囿于《斯匹次卑尔根群岛条约》制定时未涉及"领水"以外的海洋区域，"领水"的概念随着国际海洋法的发展发生了改变。因此，《斯匹次卑尔根群岛条约》适用的地理范围就存在模糊性与争议。缔约国都试图依据《斯匹次卑尔根群岛条约》在挪威享有斯匹次卑尔根群岛主权的前提下，获得在斯匹次卑尔根群岛领土及其领水的广泛权利和自由，以便于对斯匹次卑尔根群岛的领土及其领水的资源进行开发和利用。

1. "领水"所指范围解释的争议

《斯匹次卑尔根群岛条约》第二条规定了条约的适用范围，即条约适用于斯匹次卑尔根群岛的"领土"和"领水"。对于"领土"的范围各国没

---

① 刘惠荣、董跃：《海洋法视角下的北极法律问题研究》，中国政法大学出版社，2012，第 37 页。

② R. Christopher Rossi, "A Unique International Problem：The Svalbard Treaty, Equal Enjoyment, and Terra Nullius：Lessons of Territorial Temptation from History," *Washington University Global Studies Law Review* 15 (1), (2016)：93 – 136.

有争议，而对地理范围中所指的"领水"具有诸多的争议。有关"领水"所指的范围直接涉及条约适用范围的确定。历史上，"领水"曾指一国主权管辖下的一切水域，包括一国的内水和领海两个部分。① 直到 1958 年的《领海与毗连区公约》以条约法形式首次确立了领海制度，即国家主权扩展于其陆地领土及其内水以外邻接其海岸的一带海域，称为领海。自此，"领水"与"领海"的概念相分离。随着"领海"制度的确立，"领海"的概念基本取代了"领水"。② 由于《斯匹次卑尔根群岛条约》签订时"领海"制度并未确立，随着《斯匹次卑尔根群岛条约》适用以及国际海洋法律制度的新发展，争议主要在于如何对条约中"领水"所指的范围进行解释。《斯匹次卑尔根群岛条约》中没有对"领水"宽度的规定，挪威政府在《斯匹次卑尔根群岛条约》制定时宣称其领海宽度为 4 海里，进而将条约"领水"的范围限制在 4 海里之内，由此可以看出挪威政府是从文义解释的角度对"领水"予以解释的。而挪威奥斯陆大学的乌尔夫斯坦（Geir Ulfstein）教授认为，对"领水"所指的范围的解释和理解应当考虑到《斯匹次卑尔根群岛条约》起草者的意图，即起草者旨在将缔约方海洋资源方面的权利纳入条约，因此缔约方有关海洋资源的平等权利可能会延伸到当时国际海洋法的未知水域。③

2. 渔业保护区的争议

挪威于 1976 年 12 月颁布《经济区法令》，主张建立 200 海里的专属经济区，其中也包括斯匹次卑尔根群岛海域。挪威的这一举动引起《斯匹次卑尔根群岛条约》部分缔约国以及一些利益攸关方对其在斯匹次卑尔根岛及海域权益的担忧。挪威于 1977 年颁布《斯瓦尔巴渔业保护区条例》，宣布在其所称的斯瓦尔巴群岛周围建立 200 海里的渔业保护区，以保护和管

① 屈广清、曲波：《海洋法（第四版）》，中国人民大学出版社，2017，第 56 页。
② 领水的概念需要结合具体案件的背景进行分析，从而明确其所代表的水域是"内水"还是"领海"。
③ Brit Fløistad, "The controversy over the applicable regime outside Svalbard's territorial sea," https：//www. duo. uio. no/bitstream/handle/10852/21363/1/67953. pdf, p. 19.

理海洋生物资源，更希望以此来避免其他利益攸关方对挪威权利主张的潜在挑战。① 挪威外交部提出建立渔业保护区而不是专属经济区的两个理由是：其一，保护和管理斯瓦尔巴群岛海域的鱼类资源，必须建立一个不区分挪威和其他国家船只的针对渔业捕捞的渔业保护区；其二，避免直接引起《斯匹次卑尔根群岛条约》其他缔约国对其建立专属经济区的质疑。② 随着渔业保护区的建立，挪威对斯匹次卑尔根群岛周边海域的管辖权范围逐渐扩大。对于挪威在斯匹次卑尔根群岛海域建立渔业保护区的争议，主要集中在挪威政府对渔业保护区是否享有专属的管辖权。《斯匹次卑尔根群岛条约》是否能够适用于渔业保护，以及其他缔约国能否依据条约在渔业保护区享有平等权利？挪威政府认为，《斯匹次卑尔根群岛条约》中并未提及"领水"以外的区域。因此《斯匹次卑尔根群岛条约》的相关规定与领海外的海洋区域无关，挪威享有这些海洋区域包括管辖权在内的专属性权利。③ 苏联以及后来的俄罗斯政府都对挪威在斯匹次卑尔根群岛周围建立渔业保护区表示反对，即使后来出于各种实际目的接受了挪威在渔业保护区内的监管和执法制度，却从未正式承认挪威对渔业保护区的管辖权。④ 英国、荷兰、丹麦认为挪威可以划定渔业保护区，但是挪威对保护区内资源的利用要符合《斯匹次卑尔根群岛条约》的规定，挪威对保护区内的资源并不拥有专属性权利且要受到《斯匹次卑尔根群岛条约》的约束。⑤ 冰岛和西班牙认为，挪威可基于《斯匹次卑尔根群岛条约》主张领海以外的海域，但是

---

① 挪威于 1976 年 12 月颁布《经济区法令》，主张建立 200 海里的专属经济区，其中也包括其所称的斯瓦尔巴群岛海域；于 1977 年 6 月 3 日颁布《斯瓦尔巴渔业保护区条例》，在其所称的斯瓦尔巴群岛附近水域建立区别于专属经济区的渔业保护区。

② International Court of Justice, "Maritime Delimitation in the Area between Greenland and Jan May Gen (Denmark v. Norway)," Reply Submitted by the Government of the Kingdom of Denmark, January, 1991, pp. 106 – 107.

③ Brit Fløistad, "The Controversy over the Applicable Regime outside Svalbard's Territorial Sea," https: //www. duo. uio. no/bitstream/handle/10852/21363/1/67953. pdf, p. 14.

④ K. Åtland, K. Ven Bruusgaard, "When Security Speech Acts Misfire: Russia and the Elektron Incident," *Security Dialogue* 40 (2009): 333 – 353.

⑤ Torbjørn Pedersen, "Denmark's Policies Toward the Svalbard Area", *Ocean Development & International Law* 40 (2009): 4.

要授予其他缔约国在保护区内更加广泛的权利。①

在这一阶段，新的国际海洋法律制度的确立与《斯匹次卑尔根群岛条约》适用间的矛盾初现端倪。这种矛盾主要表现为《斯匹次卑尔根群岛条约》的适用范围如何解释的法律争议。该阶段法律争议的两大主体是挪威和其他缔约国。挪威倾向于通过限制性解释《斯匹次卑尔根群岛条约》的适用范围增强对斯匹次卑尔根群岛周边海域的管控；其他缔约国希望通过《斯匹次卑尔根群岛条约》对挪威进行约束，保障乃至拓展各缔约国在斯匹次卑尔根群岛周边海域的权利。但挪威与其他缔约国之间的法律争议并非剑拔弩张的状态，双方尽力避免主张过于激化，留有一定的妥协和让步空间。

（三）《联合国海洋法公约》生效后《斯匹次卑尔根群岛条约》的相关法律争议

《斯匹次卑尔根群岛条约》缔结后，随着时间的推移，《斯匹次卑尔根群岛条约》的适用面临新的挑战。历时 9 年谈判的联合国第三次海洋法会议达成了素有"海洋宪章"之称的《联合国海洋法公约》，其于 1994 年正式生效，规定了领海、毗连区、专属经济区、大陆架等海域制度。挪威等《斯匹次卑尔根群岛条约》缔约国先后批准或加入了《联合国海洋法公约》。继而，斯匹次卑尔根群岛海域同时受到《联合国海洋法公约》和《斯匹次卑尔根群岛条约》两个公约的规制。

需要明确的是，在 1920 年《斯匹次卑尔根群岛条约》签署时，国际层面尚未确定专属经济区和大陆架的概念和制度，而且《斯匹次卑尔根群岛条约》也没有明确界定领海的边界和其他海洋区域。因此，针对《斯匹次卑尔根群岛条约》能否适用于《联合国海洋法公约》所规定的海洋区域产生了法律争议。

1. 挪威依据其对斯匹次卑尔根群岛的主权能否产生主权权利

"主权"是国家的根本属性，国内层面指对其领土和居民的最高权力，

---

① Torbjørn Pedersen and Tore Henriksen, "Svalbard's Maritime Zones: The End of Legal Uncertainty?" *The International Journal of Marine and Coastal Law* 24（1）,（2009）: 141–161.

国际层面指不依赖于他国，不受任何其他国家的摆布。① "主权权利"（sovereign rights）是与"主权"密切相关的一个法律概念。"主权权利"一词源于1958年《大陆架公约》第二条："沿海国为勘探开发自然资源的目的，对大陆架行使主权权利。"② "主权权利"是一种主权性质的权利，不同于完全主权，但又高于一般的管辖权，是仅次于主权的一项占有性权利。③ 随着国际海洋法的发展，主权权利在专属经济区和大陆架制度中逐渐被提及。由此可见，"主权权利"的基础和依据是国家的"主权"，沿海国在依据其对领土享有国家主权的基础上才能主张其对专属经济区的"主权权利"，以及依法享有大陆架的"主权权利"。挪威依据《斯匹次卑尔根群岛条约》对斯匹次卑尔根群岛享有主权，问题在于挪威作为《联合国海洋法公约》缔约国可否根据《联合国海洋法公约》第121条的规定来主张斯匹次卑尔根群岛享有专属经济区和大陆架？即挪威能否依据其对斯匹次卑尔根群岛的主权，进一步主张在斯匹次卑尔根群岛的专属经济区和大陆架上享有"主权权利"？《斯匹次卑尔根群岛条约》订立之时，国际上并未出现成熟的习惯国际法层面的专属经济区和大陆架制度。挪威在斯匹次卑尔根群岛的专属经济区和大陆架的"主权权利"似乎只能依据《联合国海洋法公约》的规定，因为《斯匹次卑尔根群岛条约》仅就挪威对斯匹次卑尔根群岛和领水的主权做出了规定。由此产生了一些法律争议。争议点在于，《斯匹次卑尔根群岛条约》中对挪威享有的斯匹次卑尔根群岛的主权范围限定在斯匹次卑尔根群岛的领土和领水，并未涉及其他海域，按照对《斯匹次卑尔根群岛条约》的文义解释，考虑到挪威享有斯匹次卑尔根群岛主权的特殊性，挪威对斯匹次卑尔根群岛的主权受到条约的限制，④ 并不能产生"主权权利"。而挪威学者卡尔·奥古斯特·弗莱施（Carl August Fleischer）认为，

---

① 王铁崖主编《国际法》，法律出版社，1995，第47页。
② 周新：《海法视角下的专属经济区主权权利》，《中国海商法研究》2012年第4期。
③ 周忠海等：《国际法学评述》，法律出版社，2001，第305页。
④ Brit Fløistad, "The Controversy over the Applicable Regime outside Svalbard's Territorial Sea," https://www. duo. uio. no/bitstream/handle/10852/21363/1/67953. pdf, p. 10.

对挪威享有的斯匹次卑尔根群岛主权权利的任何限制都必须在《斯匹次卑尔根群岛条约》的原文中明确无误地阐明，如果是条约中没有明确规定的事项或者地理区域，就不能因此限制挪威对这些事项或区域的主权。① 因此，按照他的观点，挪威对斯匹次卑尔根群岛享有主权权利。

2. 斯匹次卑尔根群岛是否可产生专属经济区和大陆架

专属经济区和大陆架制度来源于《联合国海洋法公约》的第五部分与第六部分的有关规定。根据《联合国海洋法公约》第 121 条规定，如果斯匹次卑尔根群岛的岛屿能够维持人类居住和其本身的经济生活，则可拥有专属经济区和大陆架。但专属经济区和大陆架的获得有着不同之处。沿海国对专属经济区的享有需要沿海国作出明确的声明和主张，而大陆架则是依其存在的事实。但目前为止，挪威并未声称拥有斯匹次卑尔根群岛的专属经济区，而是为了避免国际舆论的压力和斯匹次卑尔根群岛地区冲突的升级，转而在斯匹次卑尔根群岛海域建立渔业保护区。对于斯匹次卑尔根群岛的大陆架，挪威自 20 世纪 60 年代以来一直声称斯匹次卑尔根群岛没有单独的大陆架，其大陆架是挪威本土大陆架的自然延伸。② 后来转变为声称斯匹次卑尔根群岛拥有其单独的大陆架。③ 并且，挪威于 2006 年 11 月向联合国大陆架界限委员会提交了 200 海里以外的《挪威大陆架划界提案》，挪威主张本国的大陆架的北冰洋部分以斯匹次卑尔根群岛为基线，向北延伸至南森海盆北

---

① C. A. Fleischer, Folkerett（Oslo：Universitetsforlaget, 1988），31 – 32，34.；C. A. Fleischer, Svalbardtraktaten, supra note 35, at 5 – 7；See C. A. Fleischer, Svalbardtraktaten. En utredning hvor også nye styreformer påSvalbard vurderes（1997），at 11 – 16；C. A. Fleischer, "Svalbards folkerettslige stilling," in Norgeshavretts-og ressurspolitikk, ed. A. Treholt, K. N. Dahl, E. Hysvær, and I. Nes（Oslo：Tiden Norsk Forlag, 1976），139 – 140. quoted from Torbjørn Pedersen, "The Svalbard Continental Shelf Controversy：Legal Disputes and Political Rivalries," *Ocean Development & International Law* 37（2006）：3 – 4，339 – 358.

② Lea Mühlenschulte, "The Svalbard Treaty and the Exploitation of Non-living Resources on the Continental Shelf," https：//www. sdu. dk/ – /media/files/om _ sdu/institutter/juridisk/jusdus/2018/masterthesisleamhlenschulte +（1）. pdf，p. 51，最后访问日期：2020 年 7 月 28 日。

③ 挪威前首相延斯·斯托尔滕贝格在 2006 年朗伊尔城举行的新闻会上称："挪威大陆架从挪威向北延伸，斯瓦尔巴群岛是挪威大陆架的一部分。"

纬 85 度以内区域。① 挪威政府认为，挪威作为《联合国海洋法公约》的缔约国，不仅拥有与大陆架相关的权利，还拥有与大陆架相关的义务和责任。因此，挪威根据国际法规定的义务和海洋法规则提交的《挪威大陆架划界提案》，与《斯匹次卑尔根群岛条约》无关。② 对于挪威提交的 200 海里以外的《挪威大陆架划界提案》，各国有不同的立场和态度。2006 年，英国通过外交照会强调斯匹次卑尔根群岛有其单独的大陆架，但调整该群岛大陆架和专属经济区的法律必须符合《斯匹次卑尔根群岛条约》的订立宗旨，因此要求挪威在平等的基础上对缔约国开放该群岛的海域。③ 2007 年西班牙通过外交照会指出，西班牙并不反对大陆架划界委员会审议《挪威大陆架划界提案》，但是作为《斯匹次卑尔根群岛条约》的缔约国，西班牙将保留和关注《斯匹次卑尔根群岛条约》赋予的其在斯匹次卑尔根群岛大陆架的权利。④ 俄罗斯照会表示其并不反对大陆架划界委员会对《挪威大陆架划界提案》的相关部分提出建议，但保留发表进一步声明的权利。⑤ 丹麦和冰岛则表示并不反对挪威提交的《挪威大陆架划界提案》。⑥

---

① 《挪威大陆架划界提案（北冰洋、巴伦支海和挪威海地区）执行摘要》，https：//www. un. org/Depts/los/clcs_new/submissions_files/nor06/nor_2006_c. pdf，最后访问日期：2020 年 7 月 28 日。

② "Norway Ministry of Foreign Affairs, Continental Shelf-questions and Answers," https：//www. regjeringen. no/en/topics/foreign – affairs/international – law/continental – shelf – – questions – and – answers/id448309/. 最后访问日期：2020 年 7 月 28 日。

③ 刘惠荣、张馨元：《斯瓦尔巴群岛海域的法律适用问题研究——以〈联合国海洋法公约〉为视角》，《中国海洋大学学报》（社会科学版）2009 年第 6 期。

④ United Nations, "Permanent Mission of Norway to the United Nations," https：//www. un. org/Depts/los/clcs_new/submissions_files/nor06/note28march2007. pdf，最后访问日期：2020 年 5 月 19 日。

⑤ United Nations, "Permanent Mission of Russian Federation to the United Nations," https：//www. un. org/Depts/los/clcs_new/submissions_files/nor06/rus_07_00325. pdf，最后访问日期：2020 年 5 月 19 日。

⑥ United Nations, "Permanent Mission of Denmark to the United Nations," https：//www. un. org/Depts/los/clcs_new/submissions_files/nor06/dnk07_00218. pdf，最后访问日期：2020 年 5 月 19 日；United Nations, "Permanent Mission of Iceland to the United Nations," https：//www. un. org/Depts/los/clcs_new/submissions_files/nor06/isl07_00223. pdf，最后访问日期：2020 年 5 月 19 日。

《联合国海洋法公约》生效之后,《斯匹次卑尔根群岛条约》其他缔约国针对挪威可否依据《联合国海洋法公约》主张斯匹次卑尔根群岛的专属经济区和大陆架,以及该专属经济区和大陆架是否属于《斯匹次卑尔根群岛条约》可覆盖的范围产生了争议。挪威以外的诸多《斯匹次卑尔根群岛条约》缔约国希望,即使挪威可根据《联合国海洋法公约》主张斯匹次卑尔根群岛的专属经济区和大陆架,《斯匹次卑尔根群岛条约》也应平等适用于该海洋区域;挪威则期望摆脱《斯匹次卑尔根群岛条约》对其在斯匹次卑尔根群岛建立领海外新的海洋区域的束缚和限制,力求在斯匹次卑尔根群岛领海以外的新海洋区域仅适用《联合国海洋法公约》赋予的专属管辖权和主权权利。

通过上文分析可见,《斯匹次卑尔根群岛条约》主要的法律争议的演化在整体上表现出阶段性的特点。第一阶段的法律争议主要围绕斯匹次卑尔根群岛的主权归属展开。《斯匹次卑尔根群岛条约》的缔结结束了斯匹次卑尔根群岛的主权之争。《斯匹次卑尔根群岛条约》规定,斯匹次卑尔根群岛在主权归属挪威的同时,其他缔约国在斯匹次卑尔根群岛享有平等开发利用的权利。第二阶段的法律争议则针对《斯匹次卑尔根群岛条约》适用范围的问题。新的国际海洋法律制度的产生是该阶段主要法律争议的催化因素。在该阶段的法律争议中,挪威主张建立《斯匹次卑尔根群岛条约》中未提及的新的海洋区域。以英国、西班牙为代表的其他缔约国认为挪威提出建立的新的海洋区域应当适用《斯匹次卑尔根群岛条约》。第三阶段的法律争议与第二阶段的法律争议同样受到了新的国际海洋法律制度的影响,但是第三阶段的法律争议有其差异性特点。该阶段的法律争议主要表现为《联合国海洋法公约》与《斯匹次卑尔根群岛条约》适用范围之间的冲突。挪威主张其作为沿海国可依据《联合国海洋法公约》拥有斯匹次卑尔根群岛的大陆架,即挪威获得斯匹次卑尔根群岛的大陆架与《斯匹次卑尔根群岛条约》无关。而英国等其他缔约国则主张斯匹次卑尔根群岛大陆架应适用《斯匹次卑尔根群岛条约》。因此,如何在《联合国海洋法公约》与《斯匹次卑尔根群岛条约》的适用范围问题上对挪威与其他缔约国之间的权利进行协调成为该阶段法律争议的主要特点。

二 《斯匹次卑尔根群岛条约》法律争议背后的利益竞争、妥协与协调

有关《斯匹次卑尔根群岛条约》的法律争议由来已久，不同阶段的法律争议以及不同的争议内容有其背后的经济利益或政治利益竞争、妥协或协调的因素。各国对斯匹次卑尔根群岛主权和利益的竞争最终促成了《斯匹次卑尔根群岛条约》的签订。而《斯匹次卑尔根群岛条约》在实质上则是各国相互妥协的产物。《联合国海洋法公约》生效后，各方有关斯匹次卑尔根群岛的海洋法律问题应依据《斯匹次卑尔根群岛条约》还是《联合国海洋法》的意见协调又成为新的趋势。

（一）《斯匹次卑尔根群岛条约》生效前相关法律争议背后的利益竞争

在《斯匹次卑尔根群岛条约》签订之前，斯匹次卑尔根群岛上的竞争由来已久，主要表现为对斯匹次卑尔根群岛主权归属的争夺和对群岛上自然资源的攫取。

随着 1596 年斯匹次卑尔根群岛的发现，群岛海域内的捕鲸活动也逐渐活跃起来。[①] 然而在几十年后，因为捕鲸者对鲸鱼的过度捕捞，鲸鱼种群不断减少，捕鲸者离开了群岛。[②] 18 世纪，斯匹次卑尔根群岛的人类活动主要表现为以俄罗斯西北部的波莫尔（Pomors）猎人为主导的狩猎活动。但是在 19 世纪初期，由于在当时没有任何国家能够对斯匹次卑尔根群岛地区进行有效管理，斯匹次卑尔根群岛及附近海域的狩猎和捕鲸活动因不受制约而毫无节制，导致该地区的动物资源数量急剧下降，斯匹次卑尔根群岛及附近海域的狩猎和捕鲸活动逐渐减少。

[①] 荷兰和英国的捕鲸者早在 1611 年就到达了斯匹次卑尔根群岛，随后是法国、汉萨同盟、丹麦和挪威的捕鲸者，俄国人大约在 1715 年到达斯匹次卑尔根群岛。

[②] Dag Avango, "Svalbard Archaeology," http：//www.svalbardarchaeology.org/history.html，最后访问日期：2020 年 5 月 13 日。

20世纪初，采矿业在斯匹次卑尔根群岛逐渐兴起。① 斯匹次卑尔根群岛在当时的法律地位为"无主地"，这就意味着在斯匹次卑尔根群岛开发自然资源不受限制并且免于征税。英国、挪威、俄国等国在对斯匹次卑尔根群岛煤炭资源进行开发的同时建立了相应的居民定居点，以尽可能占领更多的斯匹次卑尔根群岛土地为日后斯匹次卑尔根群岛的国家主权归属谈判增加砝码。② 第一次世界大战之前，英国、挪威、俄国等国以斯匹次卑尔根群岛为"无主地"为由，在斯匹次卑尔根群岛开展经济活动，攫取自然资源，并在获得经济利益的同时增强在斯匹次卑尔根群岛的经济影响力，从而增强对斯匹次卑尔根群岛主权声索的竞争力。各国在斯匹次卑尔根群岛展开了激烈的利益竞争，但是在长时间的利益竞争中，并没有形成一国独大的局面。在各国利益竞争的催化下，斯匹次卑尔根群岛的主权共管似乎为垄断斯匹次卑尔根群岛的利益瓜分提供了一条新的思路。因此也催生了俄国、瑞典、挪威三国对斯匹次卑尔根群岛实行共管的方案。但是一旦共管方案生效，共管方案之外的国家将与斯匹次卑尔根群岛的利益无缘。在各国对斯匹次卑尔根群岛利益无法割舍的背景下，无法使每个国家都能平等分享斯匹次卑尔根群岛利益的主权方案是无法得以实现的。《斯匹次卑尔根群岛条约》则很好地平衡了各方的利益诉求，在解决了该时期有关斯匹次卑尔根群岛主权归属争议的同时，也顾及了挪威以外的缔约国的权利。

（二）《斯匹次卑尔根群岛条约》生效后至《联合国海洋法公约》生效前相关法律争议背后的利益妥协

《斯匹次卑尔根群岛条约》制定后，挪威政府于1925年出台了《斯瓦尔巴法案》，确立了挪威对斯匹次卑尔根群岛的主权，并规定挪威的刑法、

---

① Randall Hyman, "Svalbard's Russian Coal Town Tries Its Hand at Tourism," https://www.newsdeeply.com/arctic/community/2017/06/13/svalbards - russian - coal - town - tries - its - hand - at - tourism, 最后访问日期：2020年2月3日。

② Dag Avango, "Svalbard Archaeology," http://www.svalbardarchaeology.org/history.html, 最后访问日期：2020年2月3日。

民法和诉讼法等将在斯匹次卑尔根群岛同样施行。并且基于《斯瓦尔巴法案》的规定，挪威政府以"斯瓦尔巴群岛"取代了"斯匹次卑尔根群岛"的命名。1920 年签订的《斯匹次卑尔根群岛条约》也被挪威政府称为《斯瓦尔巴条约》。从"斯匹次卑尔根"到"斯瓦尔巴"的转变，不仅体现了时间和历史的流转，更是挪威政府对斯匹次卑尔根群岛"挪威化"的表现。虽然依据《斯匹次卑尔根群岛条约》挪威已经获得了斯匹次卑尔根群岛的主权，但主权是以对斯匹次卑尔根群岛上的权利向其他缔约国进行让渡以求利益平衡而获得的。挪威对条约的更名不仅加强了对斯匹次卑尔根群岛的主权，更是向外界释放出挪威对《斯匹次卑尔根群岛条约》拥有主动权的信号。

虽然挪威一直在强化其对《斯匹次卑尔根群岛条约》和斯匹次卑尔根群岛的影响力，但是这种强化趋势并没有突破《斯匹次卑尔根群岛条约》对其主权的限制。尤其在《斯匹次卑尔根群岛条约》签订时，为俄罗斯在斯匹次卑尔根群岛保留了与其他缔约国相同的平等权利。俄罗斯在《斯匹次卑尔根群岛条约》缔结之前就是斯匹次卑尔根群岛的有力竞争者。在《斯匹次卑尔根群岛条约》缔结前，俄罗斯已经在斯匹次卑尔根群岛从事较长时间的以采矿为主的经济活动，对斯匹次卑尔根群岛地区的社会、政治和经济等方面产生了较大的影响力。在《斯匹次卑尔根群岛条约》签订后，俄罗斯依据《斯匹次卑尔根群岛条约》赋予的在斯匹次卑尔根群岛自由平等进行经济性开发活动的权利，在很长一段时间内垄断了斯匹次卑尔根群岛的煤矿开发活动。除俄罗斯外，《斯匹次卑尔根群岛条约》的其他缔约国也在斯匹次卑尔根群岛进行了一系列经济活动和科学研究活动。斯匹次卑尔根群岛海域鱼类资源丰富，西班牙、葡萄牙、冰岛等国经常在斯匹次卑尔根群岛海域进行商业捕捞。自 1964 年以来，波兰、法国等国相继在斯匹次卑尔根群岛的新奥尔松地区建立永久性的科考站，相关科研人员在此进行交流，并开展科研活动。各缔约国在斯匹次卑尔根群岛的活动开展得如火如荼，挪威也不安于将自身在斯匹次卑尔根群岛的活动限制在《斯匹次卑尔根群岛条约》规定的区域内。挪威于 1976 年 12 月颁布《经济区法令》，主张建立

200 海里的专属经济区。① 根据该法令，挪威主张其有权在斯匹次卑尔根群岛建立 200 海里的专属经济区，并称挪威对专属经济区有专属的管辖权。这一举动可视为挪威试探突破《斯匹次卑尔根群岛条约》对其主权限制的一种信号，试图为其在《斯匹次卑尔根群岛条约》未规定海域主张专属权利创制国内法依据。② 但是碍于各缔约国的反对，以及为了避免矛盾激化，挪威转而在斯匹次卑尔根群岛建立渔业保护区。在挪威建立斯瓦尔巴渔业保护区的背景之下，各缔约国要求挪威依据《斯匹次卑尔根群岛条约》保证它们在渔业保护区的平等权利。面对各缔约国的要求，挪威最终也未突破《斯匹次卑尔根群岛条约》对其在领海以外主权的束缚，向各缔约国妥协并赋予它们在斯瓦尔巴渔业保护区的捕鱼权等平等权利。

整体上，挪威虽然有意强化对斯匹次卑尔根群岛及海域的管辖，但是囿于《斯匹次卑尔根群岛条约》对其主权的制衡，挪威并没有激进地限制其他缔约国在斯匹次卑尔根群岛和海域的活动。其他缔约国依据《斯匹次卑尔根群岛条约》赋予的在斯匹次卑尔根群岛和海域进行采矿、捕鱼、科研等的平等权利，合法地在斯匹次卑尔根群岛和海域进行活动。因此，在《联合国海洋法公约》生效之前，有关《斯匹次卑尔根群岛条约》法律争议背后的政治状态主要表现为挪威与其他缔约国在斯匹次卑尔根群岛和海域利益分享的相互妥协。

（三）《联合国海洋法公约》生效后《斯匹次卑尔根群岛条约》相关法律争议背后的利益协调

《斯匹次卑尔根群岛条约》制定距今时间较为久远，条约订立时的状况已经不能适应现在的境况。挪威于 1996 年加入《联合国海洋法公

---

① United Nations, "Act No. 91 of 17 December 1976 relating to the Economic Zone of Norway," https: //www. un. org/Depts/los/LEGISLATIONANDTREATIES/PDFFILES/NOR_1976_Act. pdf, 最后访问日期: 2020 年 5 月 20 日。
② 董利民:《北极地区斯瓦尔巴群岛渔业保护区争端分析》,《国际政治研究》2019 年第 1 期, 第 73 页。

约》，根据《联合国海洋法公约》主张斯匹次卑尔根群岛有独立的大陆架并声称斯匹次卑尔根群岛具有大陆架的法律依据与《斯匹次卑尔根群岛条约》无关，并不会对《斯匹次卑尔根群岛条约》造成影响。① 然而，其他国家认为《斯匹次卑尔根群岛条约》规定的其他缔约国享有在斯匹次卑尔根群岛自由平等的开发权应当适用于斯匹次卑尔根群岛的大陆架。②

挪威与其他缔约国对斯匹次卑尔根群岛应适用什么法律而产生争议的背后，实为双方为斯匹次卑尔根群岛大陆架所蕴含的自然资源的利益与权利的归属及分享的争议。斯匹次卑尔根群岛大陆架自然资源丰富。在新时代的海洋开发背景下，挪威大陆架资源开发前景向好。其中，斯匹次卑尔根群岛大陆架区域争议最大的资源莫过于雪蟹。1996 年雪蟹首次被俄罗斯科学家在巴伦支海东部发现。③ 美国和加拿大官方认为雪蟹属于经济价值较高的渔业资源，而非大陆架定居种。④ 捕捞雪蟹有可能带来巨大的经济利益。挪威于2015 年颁布了一项"雪蟹捕捞禁令"，除非获得挪威政府颁发的许可证，否则任何人禁止在挪威大陆架捕捞雪蟹。⑤ 但是，挪威实际上只将许可证颁发给了本国渔民，挪威的这一举动引发了欧盟的极大不满。欧盟声称，欧盟船只与挪威船只一样享有在斯匹次卑尔根群岛海域捕捞雪蟹的权利，挪威政府区分挪威渔船和外国渔船在斯匹次卑尔根群岛海域捕捉雪蟹的行为违反了

---

① "Norway Ministry of Foreign Affairs, Continental shelf-questions and answers," https：//www. regjeringen. no/en/topics/foreign – affairs/international – law/continental – shelf – – questions – and – answers/id448309/，最后访问日期：2020 年 5 月 13 日。

② Øystein Jensen, Norge Og Havets Folkerett (Trondheim：Akademia Forlag, 2014)，102, quoted from Andreas Østhagen, and Andreas Raspotnik, "Why Is the European Union Challenging Norway Over Snow Crab? Svalbard, Special Interests, and Arctic Governance," *Ocean Development and International Law* 50 （2019）：190 – 208.

③ 厉召卿：《挪威与欧盟之间的北极"螃蟹战争"一触即发》，http：//www. polaroceanportal. com/article/2922，最后访问日期：2020 年 5 月 24 日。

④ "Snow Crab," https：//fishchoice. com/buying – guide/snow – crab，最后访问日期：2020 年 5 月 24 日。

⑤ 挪威渔业部部长称，引入雪蟹捕捞禁令是为了控制捕捞活动，以获得更多的关于雪蟹种群的知识和数据。但是在实际上，在实施雪蟹捕捞禁令时期，挪威政府专门向挪威的渔业从业人员发放了捕捞有限数量雪蟹的许可证。

《斯匹次卑尔根群岛条约》。① 2017 年，尽管挪威认为欧盟在这片海域没有
管辖权，也没有颁发许可证的权利，但欧盟依然决定为包括拉脱维亚、波
兰、西班牙、立陶宛在内的欧盟国家颁发在巴伦支海斯匹次卑尔根群岛海域
捕捞雪蟹的许可证。挪威认为，欧盟在斯匹次卑尔根群岛海域颁发捕捞雪蟹
许可证是为了更加广泛地获取北极资源。② 2017 年 1 月，挪威扣留了一艘
在斯匹次卑尔根群岛海域捕捞雪蟹的拉脱维亚籍渔船，认为其捕捞雪蟹的
行为为非法捕捞。2017 年 11 月，挪威最高法院裁定，挪威有权监管巴伦
支海环洞（Loop Hole）雪蟹的捕捞渔业，并认为雪蟹是一种定居种的生
物，挪威对大陆架的资源享有开发的主权权利。渔船主人对此在挪威进行
了多次上诉，并称雪蟹不是定居种生物，其可以在大陆架上移动。2019
年挪威最高法院再次裁定雪蟹是定居种生物，且挪威拥有雪蟹的排他性开
发权。③ 根据《联合国海洋法公约》第 77 条的规定，沿海国为勘探大陆架
和开发其自然资源的目的，对大陆架行使主权权利。其中的自然资源就包括
定居种生物。④ 若雪蟹被认定为属于大陆架自然资源的定居种生物，那么
沿海国就对其享有专属的开发权利。根据《联合国海洋法公约》第 77 条
的规定，一旦雪蟹被允许其他国家捕捞就意味着挪威允许其他国家在其大
陆架从事勘探开发自然资源的活动，其中也就包括作为非生物资源的石

① Nadarajah Sethurupan，"'Crab War' between Norway & EU in the Arctic," http://www.norwaynews.com/crab - war - between - norway - eu - in - the - arctic/，最后访问日期：2020 年 2 月 3 日。

② Per Anders Madsen，"Norge Og EU Krangler Om Krabbefangst, Egentlig Handler det Om Svalbardtraktaten," http://www.aftenposten.no/meninger/kommentar/i/GELAq/Norge - og - EU - krangler - om - krabbefangst - Egentlig - handler - det - omSvalbardtraktaten - Per - Anders - Madsen.

③ Siri Gulliksen Tømmerbakke，"EU Yes to Contested Snow Crab Fisheries Near Svalbard," https://www.highnorthnews.com/en/eu - yes - contested - snow - crab - fisheries - near - svalbard.

④ 《联合国海洋法公约》第 77 条沿海国对大陆架的权利：1. 沿海国为勘探大陆架和开发其自然资源的目的，对大陆架行使主权权利。2. 第 1 款所指的权利是专属的，即：如果沿海国不勘探大陆架或开发其自然资源，任何人未经沿海国明示同意，均不得从事这种活动。3. 沿海国对大陆架的权利并不取决于有效或象征的占领或任何明文公告。4. 本部分所指的自然资源包括海床和底土的矿物和其他非生物资源，以及属于定居种的生物，即在可捕捞阶段在海床上或海床下不能移动或其躯体须与海床或底土保持接触才能移动的生物。

油、天然气以及海底矿物资源的开发。因此，有关雪蟹物种属性的认定问题，在实质上关乎挪威大陆架自然资源的开发专属权利。挪威依据《联合国海洋法公约》主张斯匹次卑尔根群岛大陆架，且不适用《斯匹次卑尔根群岛条约》，其对认定为大陆架定居种的雪蟹及其他非生物资源的开发权也自然是排他的。

事实上，斯匹次卑尔根群岛大陆架在 20 世纪 70 年代后期即被发现蕴藏着丰富的油气资源，目前已探明其石油储量价值 2670 亿挪威克朗，居挪威石油储量首位，已探明的天然气储量价值 840 亿挪威克朗，居挪威国内天然气储量第二位。[1] 美国政府就曾为确保美国公司能够在斯匹次卑尔根群岛大陆架上钻探和开采石油资源向挪威施压，要求挪威接受外国对斯匹次卑尔根群岛地区的石油资源的开采。[2] 在对斯匹次卑尔根群岛大陆架资源需求的驱动下，英国、西班牙等国主张将《斯匹次卑尔根群岛条约》的适用范围延伸到斯匹次卑尔根群岛大陆架也就不足为奇了。斯匹次卑尔根群岛大陆架内丰富的油气资源与缔约国的能源安全相挂钩，在一定程度上关涉国家经济的稳定发展。因此，一旦挪威坚持排斥《斯匹次卑尔根群岛条约》在斯匹次卑尔根群岛大陆架的适用，其他缔约国将会失去平等开发利用斯匹次卑尔根群岛大陆架资源的机会。为了避免这种情况的出现，英国、西班牙、丹麦等国对《斯匹次卑尔根群岛条约》进行了目的性的解释，拓展了《斯匹次卑尔根群岛条约》的适用范围，协调《斯匹次卑尔根群岛条约》和《联合国海洋法公约》之间的冲突，谋求在斯匹次卑尔根群岛地区的进一步发展。

根据上述分析可见，不同的阶段中各缔约国对《斯匹次卑尔根群岛条约》法律争议的立场都综合了各国对国家利益和国家战略以及未来发展前景的考量，希望能够在《斯匹次卑尔根群岛条约》的基础上维护各缔约国

---

① 卢芳华：《挪威对斯瓦尔巴德群岛管辖权的性质辨析——以〈斯匹次卑尔根群岛条约〉为视角》，《中国海洋大学学报》（社会科学版）2014 年第 6 期。
② Kronikker, "USA Wanted to Pressure Norway on Svalbard Petroleum Exploitation," https://www.highnorthnews.com/en/usa-wanted-pressure-norway-svalbard-petroleum-exploitation, 最后访问日期：2020 年 2 月 20 日。

在斯匹次卑尔根群岛及其周围海域的利益；而不是任由挪威依据《斯匹次卑尔根群岛条约》获得的斯匹次卑尔根群岛主权单方拓展斯匹次卑尔根群岛周边海域的权利，以及限制其他缔约国在拓展海域的平等权利。反之，各缔约国对挪威依据《联合国海洋法公约》扩展其海洋区域和权利的行为进行了积极的表态来应对挪威方面的限制，并希望《斯匹次卑尔根群岛条约》和《联合国海洋法公约》在斯匹次卑尔根群岛及周围海域协调适用，以获得更广泛的权利空间。

三　政治形势变化中的《斯匹次卑尔根群岛条约》法律适用及挑战

近年来，气候变化使北极地区的资源开发活动更为频繁，北极越来越受到世界各国的关注和瞩目。北极地区的资源开发无疑成为北极开发利用中的焦点。但是北极地区的自然状况和政治状况错综复杂。鉴于此，《斯匹次卑尔根群岛条约》可以被视为缔约国在北极地区开展活动的重要法律依据。但《斯匹次卑尔根群岛条约》自签订之初即面临一系列的法律争议，在当下政治形势变化的态势下更面临法律适用的新挑战。

（一）北极地区资源开发新态势

气候变化给世界各国带来不同程度的影响。北极因其地理位置和自然环境的独特性，受全球气候变化的影响最为显著。在全球气候变化的影响下北极冰川不断消融，北极的自然环境面临严峻挑战，北极的生物多性也受到了严重的威胁。与此同时，北极冰雪融化有利于北极航道的通行，北极潜在的政治、军事、经济等价值也愈发显著，世界的目光聚焦于此。

北极地区多为陆地环绕的海洋，从北极中心地区展望，从北极地区前往各大陆的航道众多，北极航道的地理位置十分重要。近年来，北极地区的通航形势逐渐明朗。北极航道的通航能够缩短传统航线的通行距离与时间，减少航行的经济成本；但北极航道的开通，必然引发北冰洋沿岸港口、仓储、道路、管道、冰区船舶、炼油基地等基础设施建设和移民，为该地区带来投资和贸易机会。① 因此在北极航道潜在价值攀升的情况下，对北极航道利益的争夺在所难免。北极航道通行权益的维护则会成为新的权益维护领域。斯匹次卑尔根群岛是北极地区的主要岛屿之一。在北极航道航行的《斯匹次卑尔根群岛条约》缔约国船舶可以在斯匹次卑尔根群岛停靠，补充船舶航行的燃料等。同时，由于《斯匹次卑尔根群岛条约》赋予了缔约国在群岛、峡湾、港口从事商业活动的权利，缔约国可在斯匹次卑尔根群岛及相关海域开展与航运相关的商业活动。《斯匹次卑尔根群岛条约》第9条规定，斯匹次卑尔根群岛用于和平目的，和平目的不仅应包括非军事化还应当包括非战争目的的任何行为。这也为北极航道的航行维持了一个良好安全的海上航行环境。

近年来，北极地区的军事安全问题也值得注意。尤其作为世界两大强国的美国和俄罗斯之间的关系并不稳定，北极地区又是北约事务的主要阵地。为维护国家安全与地区稳定，北极地区军事资源的竞争也愈发突出和重要。斯匹次卑尔根群岛位于俄罗斯北方舰队基地摩尔曼斯克港口的西边，② 这些岛屿与挪威的北角形成一个"瓶颈"区域，俄罗斯的水面舰艇和潜艇必须先通过这一狭窄区域，然后经过格陵兰岛、冰岛和英国，才能进入北大西洋。③ 因此，斯匹次卑尔根群岛对俄罗斯而言是向大西洋延伸的瓶颈和窗口，对俄罗斯在北大西洋的利益十分重要。同时，斯匹次卑尔根群岛与俄罗斯的重要军事基地隔海相望，对俄罗斯而言是重要的军事前沿"哨所"。因斯匹次卑尔根群岛对俄罗斯的军事安全有着重要的战略地位，斯匹次卑尔根

---

① 林国龙、胡柳、翟点点：《北极航道对中国航运业的影响分析》，《中国海事》2015年第10期，第25~28页。

② 地理沙龙号：《北极圈内的神奇不冻港：摩尔曼斯克》，搜狐网，https：//www.sohu.com/a/166485645_794891。

③ Michael Zimmerman, "High North and High Stakes: The Svalbard Archipelago Could be the Epicenter of Rising Tension in the Arctic," *PRISM*, Volume 7, No. 4, p. 113, https://cco. ndu. edu/News/Article/1683880/high – north – and – high – stakes – the – svalbard – archipelago – could – be – the – epicenter – of – r/.

群岛又基于《斯匹次卑尔根群岛条约》有非军事化的规定，在维护国家军事安全与地区稳定上，斯匹次卑尔根群岛发挥着重要的作用。

北极地区的自然生态环境独特，在这样的独特风貌之下，孕育着不同于其他地区的自然风光和人文风貌。近年来，随着北极地区的开发和利用，越来越多的游客前往北极旅游。以中国为例，2004年，约有12万人次到北极旅游，而2007年的游客人数是2004年的2倍；2008年，大约375航次的游船到格陵兰港口和海湾，这一数字是2006年的2倍。[①] 2019年中国在线旅游平台数据显示，北极游持续火爆，市场规模正在以每年40%的速度高速增长。[②] 北极的旅游观光业蓬勃兴起。依据《斯匹次卑尔根群岛条约》所赋予的缔约国国民在斯匹次卑尔根群岛的自由通行权，缔约国的国民无须申请签证就可以自由进出斯匹次卑尔根群岛。旅游业近年来也发展成为挪威斯匹次卑尔根群岛的重要产业。2018年，斯匹次卑尔根群岛邮轮旅游业产生的经济总收入估计为1.1亿挪威克朗（约合1200万美元）。[③] 斯匹次卑尔根群岛以及其他北极地区旅游业蓬勃发展也预示这里的旅游市场经济前景向好。

北极地区独特的自然生态环境背后则是其脆弱的生态环境。受到全球气候变暖的影响，北极地区的生态防线岌岌可危。北极地区的生态环境问题也是北极国家与北极利益攸关方面临的重要的非传统安全问题。参与解决这个问题，不仅能够维护北极地区的生态环境，促进北极地区可持续发展，更可以作为参与北极事务治理的政治性资源，增大北极国家和北极利益攸关方在北极地区的影响力。得益于《斯匹次卑尔根群岛条约》赋予缔约国在斯匹

① 马艳玲：《北极旅游安全面临新挑战》，《中国海事》2010年第12期。
② 刘柏煊：《北极游首选看极光，企业开发北极旅游资源获政策支持》，https://baijiahao.baidu.com/s? id = 1646375654343205149&wfr = spider&for = pc，最后访问日期：2020年5月24日。
③ Association of Arctic Expedition Cruise Operators and Visit Svalbard, "Cruise Tourism Brought Svalbard NOK 110 Million in Earnings in 2018," https://www.highnorthnews.com/en/cruise - tourism - brought - svalbard - nok - 110 - million - earnings - 2018，最后访问日期：2020年5月20日。

次卑尔根群岛科学研究考察权利，斯匹次卑尔根群岛凝聚着北极地区高水平的科研团队，为北极地区的可持续发展贡献科研力量。

（二）政治形势变化中的《斯匹次卑尔根群岛条约》法律适用之拓展

随着斯匹次卑尔根群岛重要地缘政治意义的显现，以及群岛周围海洋资源的不断发现和发掘，有关斯匹次卑尔根群岛新一轮海洋资源的争夺也显现出来。《斯匹次卑尔根群岛条约》规定的"公平制度"使缔约国能够在斯匹次卑尔根群岛自由平等地进行开发活动。在斯匹次卑尔根群岛海洋资源开发利用的吸引下，将《斯匹次卑尔根群岛条约》拓展适用到条约制定时未涉及的海洋区域也成为各国争议的焦点。

挪威认为其依据《斯匹次卑尔根群岛条约》对斯匹次卑尔根群岛享有"完全和绝对的主权"，同时依据《联合国海洋法公约》的规定有在斯匹次卑尔根群岛周围建立相应海洋区域的权利。[1] 挪威还认为，根据《斯匹次卑尔根群岛条约》确定的适用地理范围，该条约仅在斯匹次卑尔根群岛及其领海适用，缔约国享有的权利行使范围也仅限于此。因此，《斯匹次卑尔根群岛条约》的其他缔约国不享有对斯匹次卑尔根群岛领海以外海域的平等权利。美国通过一份外交照会含蓄地承认挪威建立渔业保护区的权利但是完全保留美国依据《斯匹次卑尔根群岛条约》可能拥有的权利，包括勘探开发斯匹次卑尔根群岛大陆架矿物资源的任何权利。[2] 英国、冰岛、荷兰、俄罗斯、西班牙则对挪威的主张表示反对，它们认为《斯匹次卑尔根群岛条约》的适用范围应当包括斯匹次卑尔根群岛领海以外的区域。[3] 其中西班

---

① "Norway Ministry of Foreign Affairs, Continental shelf-questions and answers," https://www.regjeringen. no/en/topics/foreign – affairs/international – law/continental – shelf – – questions – and – answers/id448309/, 最后访问日期：2020 年 5 月 13 日。

② Torbjørn Pedersen, "International Law and Politics in U. S. Policymaking: The United States and the Svalbard Dispute," *Ocean Development and International Law* 42（2011）：120 – 135.

③ Robin Churchill and Geir Ulfstein, "The Disputed Maritime Zones around Svalbard," in *Changes in the Arctic Environment and the Law of the Sea*, Brill Academic Publishers, 2011, pp. 551 – 594.

牙、冰岛和欧盟认为挪威不得在领海以外行使沿海国管辖权。俄罗斯则对挪威在缔约国没有协商一致的情况下建立渔业区域的权利表示质疑。①

概言之，国际社会认可挪威建立海洋区域的权利以及行使沿海国的管辖权，但是《斯匹次卑尔根群岛条约》的适用范围涵盖这些海洋区域，缔约国在这些海洋区域也享有和挪威一样平等开发利用的权利。

（三）政治形势变化中的《斯匹次卑尔根群岛条约》法律适用之挑战

在其他缔约国希望拓展《斯匹次卑尔根群岛条约》适用范围的同时，挪威作为拥有斯匹次卑尔根群岛主权的缔约国，一直以来不断强化对斯匹次卑尔根群岛及其周边海域的管辖与控制。挪威试图通过对斯匹次卑尔根群岛和海域的管辖加强对斯匹次卑尔根群岛和海域资源的控制，从而限制其他缔约国在斯匹次卑尔根群岛和海域的权利，强化自身对斯匹次卑尔根群岛和领海的主权及海域的主权权利。挪威加强对斯匹次卑尔根群岛和海域的管辖权，限制其他缔约国在斯匹次卑尔根群岛和海域的权利，主要表现为对《斯匹次卑尔根群岛条约》的基本原则——"平等原则"适用的扭曲和限制。

1. 平等原则的含义

平等原则是贯穿《斯匹次卑尔根群岛条约》的基本原则。平等原则是指在《斯匹次卑尔根群岛条约》所有缔约国都享有平等、无差别、不歧视地开发利用条约所规定的陆地和水域的基本权利。平等原则所规定的平等权利的基础是《斯匹次卑尔根群岛条约》的规定，即平等权利的增减和限制应当依据条约的规定发生变更，任何主体都无权单方对平等权利进行限制。平等原则及平等权利的存在，究其实质，是对赋予挪威斯匹次卑尔根群岛主权的一种平衡，也是对挪威拥有的斯匹次卑尔根群岛主权的一种限制。因

---

① Ida Cathrine Thomassen, "The Continental Shelf of Svalbard: Its Legal Statusand the Legal Implications of the Application of TheSvalbard Treaty Regarding Exploitation of Non - Living Resources," https://munin.uit.no/handle/10037/6168.

此，平等原则的"平等"适用主体应当是《斯匹次卑尔根群岛条约》的全体缔约国，即挪威和其他缔约国同时得到平等原则的调整和适用。平等原则的"平等"的内在含义在于强调平等权利的适用一致性和平等性。平等权利在适用过程中面对不同的主体应当是无差别的，不能包含差异性的歧视因素。

2. 平等原则的适用

随着挪威不断扩大其在斯匹次卑尔根群岛的管辖权，平等原则的适用已经被挪威扭曲了其本来的含义。平等原则的本意是在挪威与其他缔约国之间进行平等无差别适用的平等权利的原则。但是随着挪威在斯匹次卑尔根群岛主权的进一步加强，管辖权的进一步扩大，挪威将平等原则扭曲界定为除挪威之外并由挪威主导下的平衡其他缔约国在斯匹次卑尔根群岛的平等权利的原则。不仅如此，挪威还将平等原则的含义置于挪威主权之下进行了限制性的解释和适用。挪威对平等原则适用的限制性体现在：平等原则本是《斯匹次卑尔根群岛条约》本身对挪威和其他缔约国之间在斯匹次卑尔根群岛的权利的平衡，这种平衡具有双面性，即挪威与其他缔约国在斯匹次卑尔根群岛权利共同平等的延伸或挪威与其他缔约国在斯匹次卑尔根群岛权利平等的共同的限制和约束。而随着挪威在斯匹次卑尔根群岛权利的延伸加强，平等原则所蕴含的平等权利的延伸和约束的双面性，被挪威政府单向性发展，仅仅表现在对平等权利的限制上。从而，挪威所强调的平等原则成为其他缔约国在斯匹次卑尔根群岛的平等权利将平等地、无差别地受到挪威的约束。例如，挪威在斯匹次卑尔根群岛设立自然保护区和国家公园，以保护环境为由，对其他缔约国在自然保护区内的商业活动、科考活动、旅游经贸活动甚至自由的航行权等进行限制；设立渔业保护区，以养护鱼类资源为由，限制缔约国的鱼类捕捞量等。此上种种均体现了挪威依据其对斯匹次卑尔根群岛的主权对平等原则进行扭曲和"挪威化"解释，从而对其他缔约国依据《斯匹次卑尔根群岛条约》规定的平等原则下的平等权利进行实质性"减损"，这有悖于《斯匹次卑尔根群岛条约》的基本规定，更是对平等原则本质精神的违背。

四 以《斯匹次卑尔根群岛条约》为立足点的 北极活动挑战与因应

中国作为《斯匹次卑尔根群岛条约》缔约国之一，享有在斯匹次卑尔根群岛和海域进行活动的自由和平等的权利。2018年《中国的北极政策》白皮书阐明了中国作为"北极事务的重要利益攸关方"的身份，表达了积极参与北极治理的意愿。《斯匹次卑尔根群岛条约》的适用对于中国未来的北极治理方向尤为重要。目前，中国已经在斯匹次卑尔根群岛地区开展了相关的科学考察活动和旅游活动。关于科学科考活动，中国于2004年在斯匹次卑尔根群岛建立了第一个北极科学考察站——"中国北极黄河站"。除此之外，中国还是新奥尔松科学管理委员会（Ny-Alesund Science Managers Committee，NySMAC）的会员国，参与斯匹次卑尔根群岛以及北极地区事务的交流与合作。关于旅游活动，中国作为《斯匹次卑尔根群岛条约》缔约国之一，中国公民无须申请签证就可以在斯匹次卑尔根群岛自由通行和停留。近年来，随着国民生活水平的提高，选择赴极地旅游的游客越来越多，斯匹次卑尔根群岛成为中国公民的热门旅游目的地。

（一）立足《斯匹次卑尔根群岛条约》的北极活动挑战

自古以来，有利益的地方必有争夺。虽然《斯匹次卑尔根群岛条约》对缔约国之间的利益和权利进行了一定程度的平衡，但是《斯匹次卑尔根群岛条约》签订时间较为久远，作为缔约国的中国也不可避免地需要应对《斯匹次卑尔根群岛条约》本身存在的争议带来的挑战。除此之外，斯匹次卑尔根群岛和海域原生态的环境以及国际政治新态势带来的影响也给缔约国和利益相关方带来了不同程度的挑战。

1. 挪威对《斯匹次卑尔根群岛条约》其他缔约国的权利逐渐予以限制

挪威不断通过国内立法和制度建设来加强对斯匹次卑尔根群岛的主权，扩大对斯匹次卑尔根群岛和周边海域的管辖权。随着挪威管辖权的扩大，其他缔约国在斯匹次卑尔根群岛和周边海域的权利受到了限制与蚕食。挪威扩大管辖权的举动在一定程度上阻碍了中国目前以及未来在斯匹次卑尔根群岛及海域的活动，增大了中国在斯匹次卑尔根群岛及海域行使权利的难度。

2. 斯匹次卑尔根群岛脆弱的生态环境对中国在斯匹次卑尔根群岛的活动形成制约

斯匹次卑尔根群岛生态和地理环境的特殊性以及恶劣的气候条件，对在北极地区进行的科研活动提出了更高的技术要求，比如进行科学考察的船舶和设备要具有更高性能。但中国目前在斯匹次卑尔根群岛的科学考察活动还存在技术上的不足。除此之外，由于斯匹次卑尔根群岛环境的脆弱性，挪威在斯匹次卑尔根群岛制定了相关的环境保护法规以及严格的关于交通和污染的规定。① 这些规定也在一定程度上限制了中国在斯匹次卑尔根群岛自由进行科学考察活动的范围。因此，中国在进行科学考察活动以及其他经济活动的过程中，需要面对斯匹次卑尔根群岛自然环境的挑战，平衡好开发利用与环境保护的关系，承担起当地生态环境的保护责任。

3. 挪威科考新规对中国在斯匹次卑尔根群岛地区的科考活动的挑战

在《斯匹次卑尔根群岛条约》中没有明确规定缔约国在斯匹次卑尔根群岛进行科学考察活动的具体事项，只规定可以在今后的科学考察相关的国际公约中进行谈判和协商。条约对于缔约国在斯匹次卑尔根群岛从事科学考察活动的权利的模糊态度，对中国以及其他缔约国而言，一方面能够在将来要求重新启动对关于缔约国科学考察权利的谈判；另一方面，也是在实际过程中，使挪威对包括中国在内的其他缔约国在斯匹次卑尔根群岛的科学考察权利进行了限制。挪威政府在 2019 年发布了有关缔约国在斯匹次卑尔根群岛新奥尔松地区进行科学考察活动的《新奥尔松研究站研究战略》（2019 Ny-Alesund Research Station Research Strategy），规定在新奥尔松地区进行的科学

---

① 从 2015 年开始，挪威禁止使用重燃油的轮船在其所称的斯瓦尔巴群岛的自然保护区和国家公园等地区航行。除此之外，挪威政府在 2019 年表示，考虑将重燃油禁令定为一般禁令，并对在斯瓦尔巴保护区海域航行的船舶实施规模限制。

考察活动以及科学考察站的建设，必须适当考虑斯匹次卑尔根群岛当地的自然环境，所有的科学考察活动都必须遵循《斯瓦尔巴环境保护法》（The Svalbard Environmental Protection Act）和《新奥尔松土地使用计划》（The Ny-Ålesund Land-use Plan）。① 对于在斯匹次卑尔根群岛地区进行科学考察活动的中国及其他缔约国而言，《新奥尔松研究站研究战略》在一定程度上是对中国及其他缔约国在斯匹次卑尔根群岛进行科学考察活动的变相限制。

（二）立足《斯匹次卑尔根群岛条约》的北极活动挑战的中国应对

斯匹次卑尔根群岛地理位置和生态环境具有独特性并且资源丰富，有利于中国在斯匹次卑尔根群岛开展资源开发活动以及科学研究活动。因此，立足《斯匹次卑尔根群岛条约》在斯匹次卑尔根群岛开展活动对中国无疑是一种机遇。

1. 斯匹次卑尔根群岛丰富的资源为中国经济发展提供资源动力

斯匹次卑尔根群岛现有资源丰富。首先，斯匹次卑尔根群岛周边海域渔业资源丰富，有着丰富的品质优良的极地鱼类资源。但中国渔船要在这里捕捞需考虑到挪威对捕鱼许可证的要求，进行成本效益的综合评估。其次，斯匹次卑尔根的旅游资源独特且丰富，有利于促进中国在斯匹次卑尔根群岛旅游业的发展，促进中国服务业的转型，拉动中国经济增长。再次，斯匹次卑尔根群岛大陆架丰富的油气资源有助于保障中国国内的能源安全。但有关《斯匹次卑尔根群岛条约》是否适用于斯匹次卑尔根群岛大陆架的争议可能影响中国在该大陆架平等开发油气资源的权利。最后，斯匹次卑尔根群岛作为北极地区的主要岛屿之一，可成为船舶在北极航道通行途中补给船舶动力燃料的重要港口。②

2. 斯匹次卑尔根群岛是中国北极科学研究的重要基地

斯匹次卑尔根群岛生态环境的科学研究和评估对北极的生态环境保护与

---

① The Research Council of Norway，"2019 Ny-Alesund Research Station Research Strategy," http：// nysmac. npolar. no/，https：//www. uio. no/forskning/tverrfak/nordomradene/ny - alesund - research - station - research - strategy. pdf.

② 朗伊尔巴港是斯匹次卑尔根群岛重要的邮轮和货船停靠点。

治理具有重要意义。通过对斯匹次卑尔根群岛地区的生态环境以及生物多样性的研究，能够为中国深入其他北极地区的治理提供科学经验。斯匹次卑尔根群岛地区，科学人员聚集，科研力量强大，生物资源丰富，为中国进行北极的科研工作提供了平台，有利于中国的科研人员加强与其他国家的科研人员进行合作交流，提高科研水平。

3.《斯匹次卑尔根群岛条约》为中国的北极治理和开发提供了合法性依据

随着中国在北极活动的开展，中国作为"北极事务的重要利益攸关方"的这一身份定位在世界范围内受到一些国家的抹黑，国际上泛起"中国威胁论"的声音。① 但中国作为《斯匹次卑尔根群岛条约》的缔约国有权在位于北极地区的斯匹次卑尔根群岛进行活动，这项权利是毋庸置疑且合法合理的。《斯匹次卑尔根群岛条约》缔约国在斯匹次卑尔根群岛享有自由平等开发权利是反驳"中国威胁论"最有力的声音。

五　结论

《斯匹次卑尔根群岛条约》从制定伊始至今已经 100 周年。《斯匹次卑尔根群岛条约》因各国对斯匹次卑尔根群岛的利益及主权纷争而缔结。后来《斯匹次卑尔根群岛条约》在适用过程中又受到新的国际海洋法律制度的冲击。面对不同阶段的新情况，《斯匹次卑尔根群岛条约》的适用经历了竞争、妥协与协调三个阶段。随着北极资源开发引起世界的关注，北极地区治理问题也愈发重要。针对这些新形势以及挪威加强对斯匹次卑尔根群岛和周边海域资源管控的趋势，《斯匹次卑尔根群岛条约》当下面临解释与适用的法律争议。然而，挑战与机遇共存。正确处理好《斯匹次卑尔根群岛条约》解释与适用所带来的挑战，关乎中国当下以及未来北极地区权益的维护。中国有必要积极寻求广泛合作，巩固和加强与《斯匹次卑尔根群岛条约》缔约国的共同利益，避免不必要的冲突，以期有效维护中国的北极权益。

---

① 胡欣：《美国又在散布北极"中国威胁论"》，《世界知识》2019 年第 11 期，第 74 页。

B.4
北极理事会观察员国参与北极海洋
环境保护工作组的比较分析*

耿嘉晖　孙　凯**

摘　要： 北极理事会作为北极治理机制中最重要的论坛性合作平台，
其下辖的六个工作组是北极理事会相关决议和工作计划的实
际执行者，也是域外国家参与北极治理的重要平台。本文以
北极理事会下辖的北极海洋环境保护工作组为例，梳理和分
析中国参与该工作组的历程和特点，并与其他相关域外国家
在该工作组中的参与度和参与特点等进行比较，进而发现如
何进一步提升中国在北极理事会中的参与度的路径，并就此
提出相应的对策建议。

关键词： 北极理事会　北极海洋环境保护工作组　观察员国　北极政策

近些年来，随着全球气候变暖以及北极海冰融化速度加快，北极地区的
气候变化对全球的影响不断增强，资源和航运潜力不断被释放，北极从
"科考时代"进入了"开发时代"，① 战略地位日益凸显。北极理事会作为

---

* 本文是泰山学者基金（项目编号 tsqn20171204）和山东省高校青年创新计划（项目编号
2020RWB006）的阶段性成果。

** 耿嘉晖，男，中国海洋大学国际事务与公共管理学院硕士研究生；孙凯，男，中国海洋大
学国际事务与公共管理学院教授、副院长，泰山学者青年专家。

① 孙凯、张佳佳：《北极"开发时代"的企业参与及对中国的启示》，《中国海洋大学学报》
（社会科学版）2017 年第 2 期，第 71 页。

在北极治理机制中发挥着主渠道作用的最重要的合作平台，其下辖的北极海洋环境保护工作组（Protection of the Arctic Marine Environment Working Group，PAME）成为保护北极海洋环境的关键力量之一。[①] 在 PAME 的关注领域日益拓展且对域外国家参与需求增加的背景下，积极参与北极海洋环境保护工作组的各项会议和工作，对域外国家了解和参与北极海洋开发和保护进程，在北极海洋能源资源、北极气候环境科研、北极航道开发和北极生态保护上作出贡献，具有重要的积极作用。

中国从 20 世纪 90 年代起参与北极的科学考察，进入 21 世纪，中国对北极的关注度日益提升，国内学术界也开始对北极资源、航运和北极治理等问题加大了研究的力度。[②] 2013 年，中国成为北极理事会的正式观察员，同时拥有参加北极理事会工作组会议的权利。中国在 2018 年 1 月出台的《中国的北极政策》白皮书中也提出要加强对北极事务的参与治理，参与北极理事会及其下属工作组的工作和项目就成了中国参与北极事务的重要路径。从当前现实来看，虽然近年来中国加大了在北极事务中的参与度，但相比较而言中国在北极理事会工作组中的参与度依然有较大的提升空间。

一 北极理事会北极海洋环境保护工作组（PAME）

北极海洋环境保护工作组是北极理事会的前身——1991 年签署的《北极环境保护战略》（Arctic Environmental Protection Strategy）设立的最初四个工作组之一。1996 年成立北极理事会之后，PAME 就成为北极理事会的工作组之一，其主要目标是实现北极海洋和近海沿岸非紧急污染的防控、北极治理制度的补充以及北极海洋地区资源和生态的可持续发展。[③] 为了实现这些目标，

---

① 杨剑：《北极治理新论》，时事出版社，2014，第 152 页。
② Julie Babin, Frédéric Lasserre, "Asian states at the Arctic Council: perceptions in Western States," *Polar Geography*, Vol. 42, Issue 3, pp. 145 – 159.
③ PAME, "About PAME," https://www.pame.is/index.php/shortcode/about – us/，最后访问日期：2020 年 3 月 18 日。

北极海洋环境保护工作组要对北极海洋环境的现状和发展趋势进行考察,对涉海法律和政策进行评估,制定符合《北极海洋战略规划》(Arctic Marine Strategic Plan,AMSP)的措施,并向北极理事会提交报告,提出进一步行动的政策建议。

北极海洋环境保护工作组主要从事三个项目的工作:专注于制度方面的北冰洋观测(Arctic Ocean Review)、具有"软法"性质的《北极理事会海上油气指南报告(2009)》(Arctic Council Offshore Oil and Gas Guidelines Report 2009)以及北极国家和多个工作组共同参与的北极海洋航运评估项目(Arctic Marine Shipping Assessment)。[1] 第一个项目主要是研究评估在海洋环境保护方面现存的国际法律手段是否适当及足够,而后两个项目集中研究区域性航运活动的不断增加给北极环境带来的挑战等问题。[2]

在工作组的组织上,PAME 的国际秘书处设在冰岛的阿克雷里(Akureyri),由来自北极国家的人员轮流担任主席和副主席职务。其活动的进行基于北极理事会高官会议通过的两年工作计划,依赖工作组中的专家展开。工作组每年召开两次代表会议以总结工作并制订计划,参会方包括北极国家、北极理事会中的永久参与方、北极理事会观察员以及其他对会议议题感兴趣的个人或组织。[3] PAME 的所有重大事务在会议上都有所体现,要想参与 PAME 的事务,参与 PAME 的会议是必备的基础。

二 主要观察员国在 PAME 的参会情况概览

域外国家作为北极事务的利益攸关方,在 PAME 中的参与度越来越高。同时,从这些国家参与 PAME 会议的次数、出席人数以及在会议中的具体

---

[1] Matthew Richwalder, "The Arctic Council: Twenty Years in the Making and Moving Forward," *Ocean & Coastal Law Journal* 22 (2017), p. 35.

[2] 〔挪〕奥拉夫·施拉姆·斯托克、盖尔·荷内兰德主编《国际合作与北极治理:北极治理机制与北极区域建设》,王传兴等译,海洋出版社,2014,第111页。

[3] 杨剑等:《科学家与全球治理》,时事出版社,2018,第167页。

表现能够看出该国对 PAME 的参与意愿和参与程度。表 1 是北极理事会观察员国在 PAME 中的参会情况的统计汇总。

表 1 历次 PAME 会议中北极理事会观察员国的参与情况

会议代号	参会的北极理事会观察员国	合计
PAME 2003 – Ⅰ（2003 年 2 月 瑞典斯德哥尔摩）	波兰	1
PAME 2009 – Ⅰ（2009 年 9 月 30 日～10 月 2 日 挪威奥斯陆）	波兰、荷兰、意大利、法国	4
PAME 2010 – Ⅰ（2010 年 3 月 丹麦哥本哈根）	波兰、荷兰、意大利、法国	4
PAME 2010 – Ⅱ（2010 年 9 月 美国华盛顿）	荷兰、法国	2
PAME 2011 – Ⅰ（2011 年 2 月 挪威奥斯陆）	法国	1
PAME 2012 – Ⅰ（2012 年 3 月 瑞典斯德哥尔摩）	中国、意大利	2
PAME 2012 – Ⅱ（2012 年 9 月 加拿大哈利法克斯）	中国、意大利	2
PAME 2013 – Ⅰ（2013 年 2 月 芬兰罗瓦涅米）	波兰	1
PAME 2013 – Ⅱ（2013 年 9 月 俄罗斯罗斯托夫）	新加坡	1
PAME 2014 – Ⅱ（2014 年 9 月 加拿大白马市）	韩国、日本、波兰	3
PAME 2015 – Ⅰ（2015 年 2 月 冰岛阿克雷里）	中国、韩国、法国、英国	4
PAME 2015 – Ⅱ（2015 年 9 月 挪威特罗姆瑟）	韩国、波兰、德国、法国、英国	5
PAME 2016 – Ⅰ（2016 年 2 月 瑞典斯德哥尔摩）	中国、韩国、德国、法国、英国	5
PAME 2016 – Ⅱ（2016 年 9 月 美国波特兰）	韩国、日本、意大利、法国、英国	5
PAME 2017 – Ⅰ（2017 年 1 月 29 日～2 月 1 日 丹麦哥本哈根）	韩国、意大利、德国、英国	4
PAME 2017 – Ⅱ（2017 年 9 月 芬兰赫尔辛基）	中国、韩国、日本、德国、法国、英国	6
PAME 2018 – Ⅰ（2018 年 2 月 加拿大魁北克城）	日本、韩国、德国、英国	4
PAME 2018 – Ⅱ（2018 年 10 月 俄罗斯符拉迪沃斯托克）	中国、韩国、日本、波兰、意大利、法国、英国	7
PAME 2019 – Ⅰ（2019 年 2 月 瑞典马尔默）	中国、韩国、日本、印度、波兰、荷兰、意大利、德国、英国	9

续表

会议代号	参会的北极理事会观察员国	合计
PAME 2019 - Ⅱ（2019 年 9 月　冰岛雷克雅未克）	中国、韩国、日本、荷兰、西班牙、德国、法国、英国	8
PAME 2020 - Ⅰ（2020 年 2 月　挪威奥斯陆）	韩国、日本、印度、新加坡、波兰、德国、意大利、荷兰、瑞士、西班牙、英国	11

资料来源：https：//pame. is/index. php/document - library/pame - reports - new/pame - working - group - meeting - reports/。

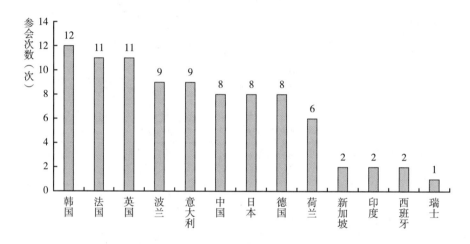

图 1　北极理事会各观察员国 PAME 会议参会次数统计

注：表 1 和图 1 中的观察员国参会次数自 1999 年 PAME 有正式记录后开始统计，截至 2020 年 2 月 PAME 2020 年度第一次会议。参会次数包含各国在成为北极理事会观察员之前的参会。

从表 1 和图 1 中，我们可以看到：从参会国家的数量变化趋势看，自 1999 年 PAME 有会议记录以来，参与 PAME 会议的域外国家分布在欧洲和亚洲地区，数量呈上升趋势，并且不断有新的观察员国参与其中（在 1999~2002 年的 PAME 会议上没有北极理事会观察员国代表的参与）。这表明北极理事会观察员国对北极事务的重视程度不断提高，纷纷希望通过 PAME 参与北极治理。

欧洲国家是域外国家参与北极事务的"先行者"，这些国家对 PAME 的参与起步早，参与次数较多。PAME 成立时的创始域外国家德国、荷兰、波兰、英国都是欧洲国家。在参与 PAME 会议的次数方面，法国的参与次数最多，英国、意大利、波兰、德国的参与次数也超过或等于 8 次，荷兰的参与次数是 6 次。在延续性方面，法国的延续性同样最好，波兰和意大利也一直保持着对 PAME 会议的关注和参与。可见在欧洲地区，由于经济和科技的发达以及长期以来对气候环境等议题的重视，许多欧洲域外国家十分重视通过北极理事会及其下属的工作组来参与北极治理。

随着以中国为代表的亚洲国家的崛起，亚洲国家近年来成为参与北极事务的一股新生力量。参与 PAME 会议次数较多的观察员国多为东亚国家，其中韩国的参与次数最多，中国、日本紧随其后，新加坡、印度也有参与。事实上，北极治理、参与北极开发确实成为各个域外国家都十分重视的问题，域外国家相对于北极国家的不同身份也促使它们选择通过北极治理机制来参与和经略北极，这样既能减轻北极国家对域外国家的防范和排挤，又能在较大程度上推进本国的北极利益。这些国家在国内高度重视北极事务的同时，也结合自身的国家利益和主要诉求，有选择性地、有重点地参与北极理事会工作组的会议。

三 中国在 PAME 会议中的参与情况分析

2013 年，中国成为北极理事会的正式观察员，这是中国参与北极事务的实践能力不断增强、国际社会对中国在北极事务中的参与实践予以认可，以及中国作为北极事务的"重要利益攸关方"身份得以确认的结果。①

中国早在 2012 年就参与了 PAME 的工作组会议，在当年的 3 月和 9 月，中国以特别观察员的身份分别参加了 PAME 在瑞典举行的第一次会议和在加拿大举行的第二次会议。外交部条法司一等秘书石午虹、时任交通运输部

---

① 孙凯：《参与实践、话语互动与身份承认——理解中国参与北极事务的进程》，《世界经济与政治》2014 年第 7 期，第 42 页。

国际合作司研究员边向国代表中国参会。在这两次会议上，中国积极参与北冰洋评估项目（Arctic Ocean Review Project），并希望北极理事会为中国深度参与北极事务提供指导。① 彼时中国成为北极理事会正式观察员的内外条件已经较为成熟，中国也需要从多个方面深入参与北极理事会的工作。这次参会是中国参与 PAME 事务的开端，中国在成为正式观察员之后，也一直保持对 PAME 会议的持续参与和贡献。

2015 年 2 月在冰岛阿克雷里举行了 PAME 2015 年度第一次会议，时任中国交通运输部海事局危防处处长董乐义、时任中国交通运输部国际合作司联络员王宏伟、大连海事大学航运发展研究院成员张爽代表中国参会，这是中国成为北极理事会正式观察员第一次参加 PAME 的例行会议。这次会议讨论的重要议题是北极航运问题，PAME 也向各观察员国发出了邀请：一是 PAME 邀请各观察员国积极参与 2015 年 8 月 25 ~ 27 日在瑞典马尔默举办的北极航运国际大会（ShipArc 2015）。② 二是 PAME 鼓励各观察员国加入《开普敦渔船安全协定》（The Cape Town Agreement on the Safety of Fishing Vessels，2012），以增强北极渔船安全；鼓励观察员国政府批准《国际船舶压载水管理公约》（The Ballast Water Management Convention），保护北极水域不受污染；鼓励观察员国签署《巴黎和东京港口国管制谅解备忘录》（The Paris and Tokyo MOU）或在《极地规则》（Polar Code）生效后，促进制定《极地规则》的港口国管制指南。三是 PAME 邀请各观察员国向PAME 2015 年度第二次会议提交其自身在北极航运方面的利益以及对 2009年 AMSA 报告的建议。此外，会议还十分关注北极地区生物入侵问题，PAME 邀请观察员国向 PAME 2015 年度第二次会议提交有关北极海洋生物

① "PAME－Ⅰ－2012 Meeting Report,"https：//pame. is/index. php/document－library/pame－reports－new/pame－working－group－meeting－reports/213－pame－i－2012－meeting－report/file/，最后访问日期：2019 年 3 月 18 日。

② "ShipArc 2015"由国际海事组织（IMO）、世界海事大学（WMU）和北极理事会北极海洋环境保护工作组（PAME）主办。以"在不断变化的北极环境中实现安全和可持续的航运"为主题，汇聚了来自监管、治理、产业、原住民、民间团体、学术界和研究领域的参与者，共同聚焦北极航运的安全和可持续问题。

入侵方面的信息。① 这次参会成为中国作为观察员国参与 PAME 中心工作的开端，中国首次在 PAME 会议上接触了航运和生态这两个自身十分重视的议题，有利于中国明确自身利益和责任，为 PAME 发挥自身作用作出应有的贡献。

这之后中国参与了在 2016 年 2 月在瑞典斯德哥尔摩举行的 PAME 2016 年度第一次会议。国家海洋局第一海洋研究所刘焱光研究员、同济大学陆志波教授出席会议。在北极地区的重燃油使用和运输问题上，PAME 在这次会议上鼓励各观察员国支持区域接待设施专家组［Regional Reception Facilities（RRF）Expert Group（EG），RRF-EG］正在进行的各项工作，并邀请各观察员国向北极航运专家组提交减轻污染风险的建议报告。在航运问题上，PAME 鼓励各观察员国审查 PAME 航运工作的拟议标准，并向 PAME 秘书处提交与 PAME 航运工作有关的优先事项报告。② 中国出席这次会议保证了中国参与 PAME 会议的连续性，并能够更加熟悉 PAME 的各项议程。

2017 年 9 月，大连海事大学的韩佳霖研究员代表中国参加了 2017 年 9 月在芬兰赫尔辛基（Helsinki）举行的 PAME 2017 年度第二次会议。这次会议是在 PAME 2017~2019 年工作计划已经开展的背景下召开的。在生态环境方面，工作组邀请观察员国就海洋保护区（MPAs）的相关工作向会议提供经验，对加拿大提交给国际海事组织（IMO）海洋环境保护委员会第 72 号简报（Marine Environment Protection Committee，MPEC）③ 的文件草案提出建议。在航运方面，PAME 邀请观察员国提交本国签发的极地船舶航行证书的信息以及

---

① "PAME - Ⅰ -2015 Meeting Report," https：//pame. is/index. php/document - library/pame - reports - new/pame - working - group - meeting - reports/219 - pame - i - 2015 - meeting - report/file/，最后访问日期：2019 年 3 月 17 日。

② "PAME - Ⅰ -2016 Meeting Report," https：//pame. is/index. php/document - library/pame - reports - new/pame - working - group - meeting - reports/220 - pame - i - 2016 - meeting - report/file/，最后访问日期：2019 年 3 月 18 日。

③ 有关 MPEC72 简报的详细信息，参见 http：//www.imo. org/en/MediaCentre/IMOMediaAccreditation/Pages/MEPC72. aspx/。

本国的北极低影响航行计划资料。① 值得一提的是，当 PAME 邀请观察员国在
PAME 2018 年度第一次会议上发表本国的北极航运利益和活动时，韩国、德
国、意大利积极响应并得到工作组的欢迎，这也能为中国的参与提供启发。

2018 年 10 月，同济大学环境规划与管理研究所所长陆志波第二次代表
中国参加了在俄罗斯符拉迪沃斯托克（海参崴）举行的 PAME 2018 年度第
二次会议。这次会议格外重视观察员国的作用，在《极地规则》的执行、
航运问题研讨会的举办、与北极理事会其他工作组的协调等议题上都能看到
观察员国的参与和努力。此外，中国在这次会议上的亮点是提出要在 PAME
2019 年度第一次会议上就航运问题作发言陈述。② 经过多次参与的积淀，中
国在 PAME 会议上的参与程度也将更进一步提升。

2019 年 2 月，在瑞典马尔默举行了 PAME 2019 年度第一次会议，陆志
波教授和中国极地研究中心成员、"雪龙号"极地科考船船长朱兵代表中国
参加了这次会议。在这次会议上，观察员国的参会数目增加到了 9 个，印度
首次参与其中。观察员国也更受会议重视，在《极地规则》的应用、捕鱼
和航运安全的促进、北极生态的保护等方面发挥了更大的作用。中国第一次
站到台前，由陆志波教授就中国的北极利益和活动做了陈述。现在中国终于
能够在 PAME 会议上发出自己的声音。同时"雪龙号"船长的参会，也是
中国科研力量进军北极海洋环境保护领域的重要体现。③ 中国在这次会议上
获得的突破，不仅要归功于中国北极政策的清晰指导，也要归功于中国之前
多次参会经验的积淀，有了这个良好的势头，中国在未来 PAME 会议和工
作中的作用更加令人期待。

---

① "PAME－Ⅱ－2017 Meeting Report," https：//pame. is/index. php/document－library/pame－
reports－new/pame－working－group－meeting－reports/240－pame－ii－2017－meeting－
report/file/，最后访问日期：2019 年 3 月 16 日。

② "PAME－Ⅱ－2018 Meeting Report-Final," https：//pame. is/index. php/document－library/pame－
reports－new/pame－working－group－meeting－reports/319－pame－ii－2018－meeting－
report/file/，最后访问日期：2019 年 3 月 16 日。

③ "PAME－Ⅰ－2019 Meeting Report," https：//pame. is/index. php/document－library/pame－
reports－new/pame－working－group－meeting－reports/414－pame－i－2019－meeting－
report/file，最后访问日期：2019 年 3 月 15 日。

中国的最近一次参会是 2019 年 9 月在冰岛雷克雅未克举行的 PAME 2019 年度第二次会议,同济大学的陆志波、自然资源部第一海洋研究所的孙承君和国家海洋局极地考察办公室的龙威作为中国代表参加会议。这是冰岛第二次担任轮值主席国后的首次 PAME 会议,冰岛重视北极社区建设和北极理事会观察员国的政策重点也在此次会议上有所体现。[①] 中国代表虽未在此次会议上发言,但只要保持对 PAME 的持续关注和参与,中国未来必将会抓住机会发挥更大的作用。纵观中国在 PAME 中的参会历程,虽然中国的参与起步较晚,但由于中国对北极事务的重视以及中国参与能力的逐步增强,中国在 PAME 中的参与度逐渐提升。

四 其他主要域外国家参与 PAME 的特点分类

受限于域外国家的身份,各个域外国家的北极利益和参与方式呈现一种相似性甚至趋同性:各国的北极利益还是以经济、科研和环境利益为主,参与方式也大多是依托北极理事会等多边协商机制平台间接参与。在此基础上,各国的北极战略和参与重点,又因各自国情的差别和目标需求的不同而各有特色。因此它们在参与 PAME 会议的过程中会展现不同的偏好,发挥不同的作用,汲取不同的信息。根据这些国家在 PAME 会议中表现的特点,可以把这些国家分为以下几种类型:技术知识支持型、特定议题偏好型、议程运转推动型(侧重于工作组研讨会的展开和 PAME 议程的积极参与)。下面就根据这些分类对主要域外国家参与 PAME 的会议情况进行总结和分析。

(一)技术知识支持型:兼具科技、人才优势,为 PAME 提供智力支持

技术知识支持型的国家主要是指在北极科研积累和北极人才储备等方面

---

① "PAME‐Ⅱ‐2019 Meeting Report," https://www.pame.is/index.php/document‐library/ pame‐reports‐new/pame‐working‐group‐meeting‐reports/449‐pame‐ii‐2019‐meeting‐ report/file,最后访问日期:2019 年 3 月 15 日。

具有明显优势的域外国家，在参与 PAME 的过程中能够给予各个议题科学性、专业性的指导和支持。代表国家是英国、德国和法国等。下面以最典型的英国为例，梳理这类国家在 PAME 会议中的参与情况。

"英国与北极有着 400 多年的历史，这些历史记忆经由探险、科学、安全、资源、商业和流行文化而加强。"① 英国的北极活动不仅历史悠久，在北极科研和人才方面，英国也有雄厚的实力。（1）在北极相关科学论文的数量上，英国的发文量仅次于美国、俄罗斯和加拿大这三个北极国家，并且近 2/3 的论文都有国际合著者。（2）在北极科研的载体上，英国有位于斯匹次卑尔根群岛新奥尔松的北极科考站为世界各国的研究人员服务，还拥有由"大卫·爱登堡爵士号"（RRS Sir David Attenborough）领衔的北极科考船队和一系列先进的科考设备。（3）在北极科研国际协作上，英国一直都是国际北极科学委员会等相关国际组织的积极参与者，领导进行了冰、气候、经济－北极变化研究计划（Ice, Climate, Economics-Arctic Research on Change programme, ICE-ARC）等多个北极科考项目，在国际科学界享有很高的声誉。② （4）在国内的北极科研机构和资金上，英国拥有一个庞大、活跃和不断发展的北极研究团体，至少有 77 家英国机构参与北极研究，其中包括 46 所大学和 20 个研究机构。英国北极环境研究活动的资金也十分充裕，2011～2016 年，英国向 138 个个人研究项目提供了超过 5000 万英镑的资金。③ 英国也十分重视 PAME，英国的很多科学家参与 PAME 的工作。④ 在 PAME 会议的参与上，几乎每次英国参加的会议，除了本国派出的代表外，还会有本国

① Duncan Depledge and Klaus Dodds, "The UK and the Arctic," *The RUSI Journal*, 156：3, 2011, p. 73.

② "Beyond the Ice：UK Policy towards the Arctic," https：//www. gov. uk/government/publications/beyond－the－ice－uk－policy－towards－the－arctic/，最后访问日期：2019 年 3 月 17 日。

③ "Adapting To Change：UK Policy towards the Arctic," https：//www. gov. uk/government/publications/adapting－to－change－uk－policy－towards－the－arctic/，最后访问日期：2019 年 3 月 19 日。

④ Diddy Hitchins, "Non-Arctic State Observers of the Arctic Council：Perspectives and Views", *Leadership for the North*, 2019, p. 171.

的海洋科学家作为特邀专家在会议上进行陈述发言。① 他们运用自身的专业知识，在气候、环境和北极航运领域为工作组决策提供信息和智力支持。而英国在增强 PAME 工作的专业性、科学性和效率的同时，也必然会影响PAME 的决策过程，提高英国在中的存在感。

同为西欧发达国家的德国和法国也具有和英国类似的科技和人才优势，在参与 PAME 会议的过程当中也提供了相当大的智力支持，在增强 PAME工作的专业性和科学性的同时，它们也通过这种方式增大了自身在 PAME中的权威性和话语权，成为 PAME "专业而可靠的支持者"。

（二）特定议题偏好型：热衷于某一特定议题，合作参与热情高涨

特定议题偏好型的国家是指对 PAME 会议的某一议题表现出特别的兴趣的国家。这一类国家往往较为实际，虽然国内追求的北极利益可能是多元而全面的，但它们能认清自己最急迫的需求，在 PAME 会议中只对一两个特定议题表现出相当的兴趣，并在这个议题下积极作为，广泛争取合作，成为这个议题的积极参与者甚至是领导者之一。法国十分重视 PAME 的能源和北极旅游议题，也可以归于特定议题偏好型国家之中，而韩国是此类国家的典型。

虽然韩国制定了较为综合且全面的北极政策，但韩国在参与 PAME 会议的过程中明显表现出对北极航运问题的特殊兴趣。这种对航运问题的偏好，一方面基于韩国外向型的经济形态而产生的对航运的重视和依赖。韩国国内学者认为通往欧洲的北极航道有望取代传统的苏伊士运河航道，如果韩国抓住北极航道开发的机遇，韩国将会成为全球航运中心之一。② 另一方面基于韩国世界领先的船舶工业发展要求。韩国的造船工业产值占全国 GDP

---

① 参见《历次代表中国参与 PAME 会议的人员名单》：，https：//pame. is/index. php/document - library/pame - reports - new/pame - working - group - meeting - reports/。

② Yeong-Seok Ha and JungSoo Seo ，"The Northern Sea Routes and Korea's Trade with Europe：Implications for Korea's Shipping Industry," *International Journal of e-Navigation and Maritime Economy*，（2014）：74.

的 5%，提供了近 12 万个就业岗位。[1] 北极航道的开发也将有利于韩国船舶工业的进一步发展。此外，韩国对参与 PAME 会议的热衷还来源于政府的推动，在朴槿惠政府时期，参与 PAME 的会议成为政府的一项具体要求。[2] 除了关注航运议题并积极参与之外，韩国还十分重视合作的参与方式。在 PAME 2015 年度第二次会议上，韩国介绍了本国的北极航运利益，并提出加强与阿留申国际协会（Aleut International Association，AIA）在北极海洋原住民地图使用方面的合作。[3] 在 PAME 2017 年度第一次会议上，韩国邀请 PAME 的航运专家参加韩国的北极合作周（Arctic Partnership Week），这是域外国家北极参与进程中的重大活动，极大地提高了韩国参与北极事务的国际关注度。[4] 在 PAME 2018 年度第二次会议上，韩国和意大利、波兰等国开展了域外国家参与北极航运的研讨会。[5] 韩国的一系列举动收到了较好的效果，不仅表明了自身对于航运利益的侧重，还通过和平合作的方式获得了其他国家的支持，提升了知名度和国际形象。

综观韩国参与 PAME 的策略，其中充满智慧和务实的色彩。韩国能够明确参与 PAME 的会议和航运议程有益于本国航运利益的实现，之后将所有的精力都投入该议题中，"不求大而全，只求专而精"。同时韩国又能合理选择和平合作的参与方式，削弱北极国家的戒备和排斥心理，最终成为 PAME 中"热情积极的合作伙伴"。

---

① Dong-Ho Shin and Robert Hassink，"Cluster Life Cycles：The Case of the Shipbuilding Industry Cluster in South Korea," *Regional Studies*，Vol. 45，No. 10，2011，p. 1395.

② 肖洋：《韩国的北极战略：构建逻辑与实施愿景》，《国际论坛》2016 年第 2 期，第 17 页。

③ "PAME – Ⅱ – 2015 Meeting Report," https：//pame. is/index. php/document – library/pame – reports – new/pame – working – group – meeting – reports/239 – pame – ii – 2015 – meeting – report/file/，最后访问日期：2019 年 3 月 15 日。

④ "PAME – Ⅰ – 2017 Meeting Report," https：//pame. is/index. php/document – library/pame – reports – new/pame – working – group – meeting – reports/221 – pame – i – 2017 – meeting – report/file/，最后访问日期：2019 年 3 月 15 日。

⑤ "PAME – Ⅱ – 2018 Meeting Report-Final," https：//pame. is/index. php/document – library/ pame – reports – new/pame – working – group – meeting – reports/319 – pame – ii – 2018 – meeting – report/file/，最后访问日期：2019 年 3 月 14 日。

（三）议程运转推动型：参与上升到制度层面，为 PAME "添砖加瓦"

议程运转推动型的国家是指在保持对 PAME 会议的持续参与的同时，积极响应 PAME 对域外国家的建议和要求，并通过提出新议题、自发组织研讨会等方式实现 PAME 相关议程顺利运转的国家。这类国家参与 PAME 会议的特点可以归纳为以下三点：（1）长时间持续参与 PAME 会议，与 PAME "相伴相生"；（2）能够提出新的议题，增加 PAME 会议讨论的内容；（3）积极响应 PAME 的要求和建议，当这些要求和建议需要特定的行动去实现时，能够积极参与乃至领导这些活动。换句话说，它们对 PAME 会议的参与和产出的成果已经成了 PAME 正常运行不可或缺的条件。代表国家有波兰、韩国和意大利。下面选取意大利作为重点分析的对象。

与中国、韩国等域外国家相比，意大利在 PAME 中的参与并不那么引人注目，但意大利长期以来也一直保持着对 PAME 会议的参与，而且能够为会议提出新的讨论议题。意大利积极响应 PAME 会议对观察员国的建议和要求，而当这些建议和要求需要开展相关的活动来实现时，意大利更是能够成为组织领导者之一。在 PAME 2017 年度第一次会议上，意大利应邀对本国的北极利益（尤其是航运利益）向大会做了陈述，同时和美国、韩国、阿留申国际协会提出建立北极航运的运行框架，并增强观察员国对北极航运的参与。[①] 在 PAME 2018 年度第二次会议上，意大利和美国、韩国、波兰共同提议在 2019 年举办研讨会，讨论如何进一步加强观察员国对北极航运事务的参与，并得到了 PAME 的欢迎。[②] 意大利在 PAME 会议中的活动，为 PAME 会议的议程丰富和顺利进行作出了很大贡献，也使意大利真正承担起了观察

---

① "PAME - Ⅰ - 2017 Meeting Report," https：//pame. is/index. php/document - library/pame - reports - new/pame - working - group - meeting - reports/221 - pame - i - 2017 - meeting - report/file/，最后访问日期：2019 年 3 月 15 日。

② "PAME - Ⅱ - 2018 Meeting Report-Final," https：//pame. is/index. php/document - library/ pame - reports - new/pame - working - group - meeting - reports/319 - pame - ii - 2018 - meeting - report/file/，最后访问日期：2019 年 3 月 14 日。

员国这一角色，这不仅符合 PAME 日益重视观察员国的趋势，还能提高自身在 PAME 中的地位。

波兰和韩国在 PAME 中的参与也有类似的特点，它们既能够通过长期而持续的参与保持与 PAME 的互动，又能提出新议题丰富会议的内容，同时对 PAME 的要求和建议又能积极执行。在 PAME 日益重视观察员国参与的趋势下，它们无疑会获得更大的参与空间和更多的参与机会。这些国家真正发挥了观察员国的作用，成为 PAME 正常运转的"基石和润滑剂"。

上述对观察员国的分类并不是互相割裂的，一个国家参与 PAME 的特点可能是上述分类的不同比例的综合。但综观在 PAME 参与比较成功的国家，它们都能够找到自己在 PAME 中参与的侧重方向。中国要想进一步实现在 PAME 中的有效参与，这些经验是十分值得学习和借鉴的。

从上文对中国参与 PAME 的梳理和对主要域外国家参与 PAME 的分析，可以得到几个较为直观的结论。（1）在参与的绝对数量上，中国虽有一些积累，但与波兰、法国、意大利等国相比，中国的参与起步较晚；与韩国、日本等亚洲国家相比，在成为北极理事会观察员国后，韩国的参与有 11 次，日本有 7 次，中国仅有 6 次，参会次数也较少。（2）在参与深度上，相比韩国、波兰、意大利等国，中国在参会过程中不够主动，很少主动进行发言，没有表现出自身对某个议题的兴趣。（3）在参与人员的身份上，中国与英国、法国、德国等相比，科学界的人士参会较少。（4）在参与的积极性上，中国与波兰、意大利等国相比，对 PAME 的建议和要求的响应也不够积极。

这能够说明中国目前在 PAME 会议中的参与还是处在一个较初级的阶段，在各域外国家日益重视 PAME，PAME 的参与竞争愈发激烈的当下，必须认真分析中国参与 PAME 的问题和原因，并给出对策与建议。

五　中国参与 PAME 会议过程中存在的问题

尽管中国近年来在 PAME 以及整个北极事务中的参与程度快速提高，但中国的参与仍存在一些有待提升的空间。

（一）参与 PAME 会议的侧重方向不够明确

由于参与 PAME 会议的行动开展较晚，同时在前期缺乏清晰具体的北极政策的指导，与其他参与机制较为成熟的域外国家相比，中国的参与水平虽在迅速提升，但没有抓住参与的先机，仍处在比较初级的阶段，行动较少，参与进展较为缓慢。中国作为一个正在崛起的大国，科学技术迅速发展，也拥有日益丰富的全球治理经验，在 PAME 乃至整个北极治理进程的参与意愿和参与能力上拥有巨大的发展潜力。但是中国目前还没有在 PAME 会议中寻找到适合自己的角色和需要努力的方向，这样就不能释放自身潜力，更好地追求本国的北极利益，并为工作组议程的推进作出贡献。

（二）参会方式较为单一

中国在多次列席旁听的参与后，直到 PAME 2019 年度第一次会议才开始主动发声。总体来说，目前中国参与 PAME 的目的主要还是了解前沿内容，收集相关信息，为北极海洋航行、开发、科研和环境保护提供决策的信息支持，形成的是一个单向的"接收"模式。而国内对会议相关讨论议题的研究和反馈较少，不能及时将会议传达出的前沿信息和自身利益追求有效结合，并发展成为"接收—反馈—互动"的良性循环模式。如果无法持续发出自己的声音，北极治理的"中国存在"将大打折扣，中国也无法为北极治理贡献中国智慧和中国方案。

（三）参会人员涵盖面较窄

现阶段中国的参会代表以政府官员和学者为主，缺乏航道建设、极地研究和海洋环境相关领域的专家和科学家的参与，更缺乏相关企业的参与。①

---

① 参见《历次代表中国参与 PAME 会议的人员名单》，https：//pame. is/index. php/document – library/pame – reports – new/pame – working – group – meeting – reports/。

这种情况在近些年来略有改善，但同为观察员国的英国、德国等国能够持续向会议派遣专家作讲解发言，而在会议邀请的特别专家队伍中并未有过中国人的身影。这不仅源于中国国内北极科研水平的差距，也源于中国国内北极政策的布局和发展阶段的差距。在北极的经济价值愈发凸显的背景下，作为非传统行为体的企业也开始经略北极，在北极开发和治理中的作用日益凸显。[①] 北极的航运、旅游、能源、通信等领域均有中国企业积极参与的身影，中国企业也十分重视在北极开发过程中对海洋环境的保护。但中国的企业代表对 PAME 的重视程度并不高，这不利于中国企业的北极开发工作与北极理事会的政策进行磨合对接，也不利于中国企业接受新的开发技术、开发方式和开发理念。如果这个不足得到解决，中国在北极事务中的参与程度将会更加深入和全面。

（四）中国国内对北极理事会和 PAME 的了解和认识不足

据笔者了解，中国国内民众对中国的北极利益所涉及的大体方面并不清晰，也并不是十分了解北极理事会等北极治理机制。中国国内学界虽然对北极问题的兴趣不断增强，但也缺乏对北极理事会下属工作组的详细研究。随着中国对北极参与的重视，中国需要在北极治理中承担更大的国际责任。但中国在北极理事会工作组层面的参与还未得到国内科研、人才、资金和参与意愿的有力支持，仍具有较大的发展空间，中国对 PAME 乃至整个北极事务的参与不能迅速有力地推进。

六　中国进一步参与 PAME 的建议

经过上文的观察和比较，我们可以看到中国参与 PAME 的优势和不足，也可以看到其他主要域外国家参与 PAME 的特点和经验，中国应该从其他

---

① 孙凯、张佳佳：《北极"开发时代"的企业参与及对中国的启示》，《中国海洋大学学报》（社会科学版）2017 年第 2 期。

国家的有效经验中得到启发并积极借鉴，进而服务中国参与 PAME 乃至整个北极事务的进程。

（一）重视中国北极政策的指导作用，明确自身的前进方向

《中国的北极政策》白皮书充分表明了中国政府积极参与北极治理、承担大国责任、共同应对全球性挑战的立场，体现了中国"人类命运共同体"的治理理念；不仅明确了中国参与北极的政策目标，还明确了中国参与北极的基本原则——尊重、合作、共赢、可持续，这四条原则与 PAME 的工作主旨十分契合。[①] 中国要更加重视包括 PAME 在内的北极治理机制的作用，遵守 PAME 的各项制度和各参与方的正当利益，并努力寻求与 PAME 各与会国和参会主体的互利合作。同时，在 PAME 的参与中要利用好自身的比较优势，找到努力方向，释放参与潜力，依托 PAME，为北极的可持续发展和中国北极利益的实现提供助力。

（二）增加国内北极领域的技术和人才积累

北极已经成为各国竞相争夺的热点区域。中国作为域外国家，在参与北极开发和治理的道路上必然会遇到北极国家的阻碍和域外国家的竞争压力。中国要想真正提升参与程度，获得竞争优势，就应该努力发展国内的北极自然科学和社会科学研究，整合国内科研资源，给予在相关领域有突出优势的高校和科研院所一定的政策支持。增强中国在北极航道开发、海洋水文考察、北极气象研究、北极资源和能源开发以及北极治理和北极外交等方面的技术、学术成果和实践经验的积累。向韩国、英国等国家学习，通过一定的政策倾斜，大力培养北极领域的自然科学和社会科学专业人才，加强中国的人才优势。这样才能从根本上增强中国在 PAME 工作中的参与能力和参与效果。

---

① 《中国的北极政策》，中华人民共和国国务院新闻办公室网站，http：//www.scio.gov.cn/ztk/dtzt/37868/37869/37871/Document/1618207/1618207.htm，最后访问日期：2019 年 12 月 15 日。

（三）重视与其他国家在北极科研和开发方面的合作

中国未来在 PAME 中的参与绝不应该止步于出席会议和发表基本观点，而是应该通过自身科研和经济力量的支持为 PAME 各项议程的发展作出实质性贡献。为了达到这一目的，中国应加强与其他北极国家的联动，在尊重彼此核心利益的前提下开展全方位的协作。在科研领域，中国要发挥已有的科研设施的力量，推进新的破冰船和考察站的建设，积极参与极地联合考察，支持科研机构加强与其他国家的科研协作，推进对北极生态环境、气象水文、资源勘探的研究，为北极的生态环境保护和可持续发展贡献更多的中国智慧。在经济开发领域，中国要在国际法框架内开展与北极国家和其他域外国家的开发合作，在保护好北极生态环境的条件下，运用本国基础技术和资金优势增强北极港口配套基础设施建设、资源开发和运输基础设施建设，真正增强自身的北极参与能力。通过国际合作和增强中国的北极参与能力，承担更多的国际责任，这样才能在 PAME 的决策中发挥更大的作用，反过来促进中国北极利益的实现。

（四）加强国内宣传，提高全社会的极地意识

中国在 PAME 乃至在整个北极事务中的参与必然是一个长期的过程，也必然是一个全民关注、全面参与的过程。我们要加强对北极地区自然、经济、政治的科普和宣传，增强全民的极地意识，提高全社会助力国家参与 PAME 乃至整个北极事务的意识，增强人才优势。同时要加强国内北极学科的重点建设，使北极研究成为涵盖自然科学和社会科学的宽领域、多学科交叉的"北极学"，并使北极学成为"显学"。民众广泛的支持和学科研究的整合相结合，必然会使中国参与 PAME 的意愿和能力大幅提高，使中国迎来 PAME 参与的新局面。

结　语

北极开发热潮不断，域外国家纷纷制定北极政策，推进在北极的实质性

参与，也都十分重视以 PAME 为代表的北极治理机制。其他域外国家在PAME 中参与的特点和经验为中国提供了许多借鉴和启发，而中国需要在重视参与北极事务的同时学习这些国家的有益经验，找到适合自己的方向，补足自身在参与 PAME 会议过程中的短板，利用好 PAME 这个对于域外国家来说十分务实的参与平台，使自身参与北极事务的潜能得到充分发挥，走好北极理事会实质性参与的"初级阶段"。并将这种经验推而广之，运用到中国整个北极治理与开发的参与进程之中。

应该看到，中国的北极参与事业是一个长期的系统性工程，应当在密切关注北极局势变化的同时，加强合作，互利共赢，承担北极治理的大国责任，为整个北极地区的善治和中国北极利益的实现贡献力量。

B.5

冰岛担任北极理事会主席国
（2019~2021年）的战略规划与进展*

沈芃 孙凯**

摘 要： 冰岛是北极理事会成员国之一，2019年第二次担任北极理事会
轮值主席国。2019年就任以来，冰岛与北极理事会经历了各种
新的挑战和机遇。通过研究和观察冰岛在北极理事会工作中已
公布的计划和已进行的行动，我们可以对冰岛任职北极理事会
轮值主席国期间的北极战略的当前特点和未来走向建立一定的
认识。通过对北极理事会新态势的把握，也可以为中国更好地
参与北极事务提供新的视角。

关键词： 北极理事会 轮值主席国 冰岛

北极理事会是北极地区重要的高层次论坛，北极8国每两年轮流担任北
极理事会轮值主席国。北极理事会轮值主席国可以影响北极理事会工作组要
探讨的新问题与相关议程的制定，因此会对北极理事会与北极地区的发展走
向产生影响。2019年5月，冰岛接替芬兰成为北极理事会新一任轮值主席
国。随着全球气候的变化以及北极地缘关系的发展，北极治理面临着诸多新

---

* 本文是泰山学者基金（项目编号 tsqn20171204）和山东省高校青年创新计划（项目编号
2020RWB006）的阶段性成果。
** 沈芃，女，中国海洋大学国际事务与公共管理学院硕士研究生；孙凯，男，中国海洋大学国
际事务与公共管理学院教授、副院长，"泰山学者"青年专家。

的挑战与潜在的机遇，担任北极理事会轮值主席国对冰岛来说是一个在国际层面发挥影响的重要项目，不仅能够强化其在北极 8 国中的地位，也能够获得更多让本国的声音被世界听到的机会。

一　冰岛与北极事务概述

作为一个岛国，冰岛一直将海洋视作重要的资源产地，其地理位置也决定了北冰洋对其生存和发展有着重大的影响。北极不仅会影响冰岛国内资源需求的解决，同时也会影响其国际地位和影响力的获得。

（一）北极对冰岛的重要性

北极问题几乎涉及冰岛社会的各个方面，是冰岛外交政策的一个重点。北极对冰岛的重要性主要体现在环境、资源供给方面，健康的海洋和可持续的渔业是冰岛北极政策的核心。海冰的融化、海水的酸化对冰岛的影响非常直接，冰岛在国家政策和国际参与中，十分强调对气候变化态势的控制。北冰洋渔业也是冰岛一个潜在利益点。2001 年世界捕鱼量最大的国家名单中，冰岛名列第 12 位，渔业年产值占 GDP 的 10.1%，是其第一大支柱性产业。① 同时，渔业衍生出来的皮肤、医疗、时尚和设计产业也在冰岛蓬勃发展。另外，冰岛也将北极定位为其保护自身安全和利益、发挥国际影响力的重要舞台，因而一直将北极放在国家战略的重要位置。

（二）冰岛的北极治理与北极参与

为了更好地进行北极参与，发挥自身在北极的作用，冰岛在国内、国际两个方面通过组织论坛、参与活动、发表本国立场等方式，较为全面地展示了本国对北极地区的认识以及为北极作出的努力。

---

① 中华人民共和国驻冰岛共和国大使馆经济商务参赞处：《冰岛共和国渔业资源与市场调查》，http://is.mofcom.gov.cn/aarticle/ztdy/200309/20030900132693.html，最后访问日期：2019 年 11 月 21 日。

1. 国内方面

冰岛国内在各个领域探索更加环保的方式，以减轻对北极环境的危害，同时进行技术和合作上的广泛尝试，寻找北极开发的最优模式。冰岛政府历来对北极治理有着比较完善的价值体系和治理逻辑，也是较早发布本国北极政策文件的国家之一。2011 年 3 月 28 日，冰岛议会通过《关于冰岛北极政策的决议》，该决议提出了冰岛北极政策的 12 条原则，一直作为冰岛参与北极治理的指导性文件。

在环境保护方面，冰岛政府一直致力于通过自身行动和国际合作减轻气候变化。2015 年 12 月 12 日，冰岛在巴黎气候变化大会上承诺，到 2030 年达成减排 40% 的目标。冰岛政府为此出台了一项为期 3 年的气候变化行动计划，该计划以"到 2030 年将冰岛的碳排放量减少 40%，到 2040 年将变成碳中和"① 为目标，以 16 个项目为基础，包括减少排放、增加对大气的碳封存、支持国际气候变化项目等，增强政府履行更严格的气候变化承诺的能力。2017 年 9 月，冰岛政府又启动了一项新的气候行动计划，包括 34 项具体行动，如增加重新造林、土地复垦和湿地恢复，到 2030 年禁止新登记化石燃料汽车等。②

在能源方面，冰岛的经验为北极地区可再生能源的使用提供了思路。对许多北极偏远地区来说，对化石燃料的依赖仍然是一个巨大的挑战，它们在将来任何时候也都很难实现国家能源电网的建设。因此，北极地区的居民需要发展自己的地方能源系统，比如采用风力、太阳能、潮汐、水力和地热等不同种类能源的混合可再生解决方案。冰岛在利用地热能方面有着先进的技

---

① Prime Minister's Office, "Prime Minister's Address at the Opening of the Arctic Circle-October 19th 2018," https://www.government.is/news/article/2018/10/22/Prime – Ministers – address – at – the – opening – of – the – Arctic – Circle – October – 19th – 2018/，最后访问日期：2019 年 11 月 21 日。

② Prime Minister's Office, "Prime Minister's Address at the Opening of the Arctic Circle-October 19th 2018," https://www.government.is/news/article/2018/10/22/Prime – Ministers – address – at – the – opening – of – the – Arctic – Circle – October – 19th – 2018/，最后访问日期：2019 年 11 月 21 日。

术和经验，也对不同能源技术积极进行投资和研究。^① 研究成果不仅能为冰岛自身清洁能源产业的发展提供新的潜力，还能为北极地区提供更多的能源使用选择。

冰岛政府也致力于推动国内学术界对北极的关注。斯蒂芬森北极研究所、冰岛大学的北极政策研究中心、阿库雷里大学的北极研究和极地法律项目、北极门户网站以及北极动植物保护工作组（CAFF）、北极海洋环境保护工作组（PAME）等构成了冰岛北极学术圈，在北极研究领域有着重要地位。

2. 国际方面

冰岛与北极国家和其他欧美亚的大国都有合作关系，在环保、人权等问题上的长期投入也树立了良好的国际形象，冰岛的先天优势和后天努力都为其在北极事务中赢得了地位。

冰岛着力保持与美国的良好合作关系，同时努力联合西北欧周边国家共同提高在北极事务上的发声能力。对于一个位于北大西洋中部的岛国来说，与邻国保持密切关系至关重要。与此同时，冰岛也必须与国外的新伙伴建立和发展友好的关系和贸易。

中国和冰岛于1971年建交，双边往来逐步发展，多层互访不断开展。2012年，中冰两国签署关于北极合作的框架协议，中国国家海洋局与冰岛外交部签署海洋与极地科技合作谅解备忘录，"雪龙"号极地科考船首访冰岛。近年来，中国－北欧北极研究中心、中冰联合极光观测台、中冰北极科学考察站相继开始运营。2018年10月，第六届北极圈论坛设立中国专题和"中国之夜"活动，2019年在上海召开了北极圈论坛的分论坛。诸多行动体现了冰岛与中国在北极合作、地热能利用、科学合作和文化等方面开展交流与合作的意愿。

---

① Ministry for Foreign Affairs, "Address at the Japanese Ocean Policy Research Institute (OPRI): 'Sustainable Business in the Arctic'," https://www.government.is/news/article/2018/05/30/ Address - at - the - Japanese - Ocean - Policy - Research - Institute - OPRI - Sustainable - Business - in - the - Arctic/, 最后访问日期：2019年11月21日。

冰岛在北极领域具有代表性的国际组织中都发挥着积极的作用。冰岛于 2002 年和 2019 年两次担任北极理事会的轮值主席国，北极理事会的第一任常任秘书长也由冰岛人担任，另外，北极动植物保护工作组和北极海洋环境保护工作组两个工作组的基地也都设在冰岛，冰岛积极支持和参与其工作。2013 年 10 月，冰岛发起成立了北极圈论坛，至今已成功举办了 6 届，每年都吸引众多对北极感兴趣的国家参与，冰岛的行政长官每年都会参加并发表讲话或参与讨论，不断巩固和扩大本国在北极学术圈中的发言权。

冰岛始终强调对北极圈内居民的关注，涉及性别平等、人权保护等各个方面。冰岛从国家北极政策开始，便强调要积极主张保护北极原住民的权利，强调北极原住民在涉及其自身利益的北极事务方面的参与权和决策权，还强调北极原住民有获得保健、教育、就业和交流的权利，这些主张帮助冰岛赢得了来自原住民和国际社会的好感。

二 冰岛在2019~2021年北极理事会轮值主席国期间的规划

2019 年 5 月，在北极理事会部长级会议上，冰岛正式宣布了其在担任北极理事会轮值主席国之后的战略规划。

冰岛承诺将在芬兰主席国工作的基础上，继续推进其未完成的项目，同时引入承载冰岛工作目标的新项目。可持续发展将是其最首要的目标，因此冰岛将目标的主题定位于"共同致力于一个可持续的北极"（Together Towards a Sustainable Arctic）。北极的可持续发展建立在环境、经济和人民三大支柱之上，为了以平衡的方式处理这些支柱，冰岛又划分了四个主要优先领域，分别是北极海洋环境、气候和绿色能源解决方案、北极居民和社区、强化北极理事会。前两个领域仍然是集中在冰岛最为关注和擅长的环境领域，一方面展现其对环境问题的高度关注和治理上的自信，另一方面也可以理解为环境问题是北极理事会立场上相对容易发挥作用的领域。除了长期以来备受关注的污染防治、安全、淡水等问题，冰岛也提出了塑料污染、海洋酸化等问题，有可能在这些相对较新的领域内产生新的影响。除此之外，冰岛对航运、海洋旅游业、生物资源等海洋经济领域也进行了关注，能否为北极的经济开发带来新的思路值得期待。在正式接任轮值主席国之前，冰岛就在多个场合表达了对原住民问题的关注，表示要对原住民给予更多的关注，希望让北极地区的民众享有不同形式的安全和繁荣，包括获得当地医疗保健、教育、就业和交流等权利。冰岛的主席国战略也体现出了这一点，通过针对年轻人的预防措施，增强社区的连通性、北极地区的性别平等。

除了以三大支柱构建起的可持续发展战略，冰岛还期望通过协调北极理事会的沟通、加强建设性合作、观察员国家的参与、加强与北极经济理事会的合作等方法进一步强化北极理事会的作用。

担任主席国一年以来，冰岛推动北极理事会积极地开展和参与了与其目标相适应的诸多项目和活动，显示了北极理事会在北极事务中的强烈存在感。近一年来，北极理事会的大部分工作集中在保护环境和增加北极居民的福祉上，既有与前任主席国芬兰相承接的工作，也提出了一些具有创新性的内容，比如蓝色生物经济、扩大城市合作、完善原住民福利等。通过已公布的项目和行动，我们能够发现冰岛作为主席国开展工作的一些特点和未来的方向。

（一）以可持续发展为导向的人文核心

冰岛本次的北极理事会轮值主席国战略以"可持续发展"为主题，首先是加强在环境问题上的努力，特点是增加对北极社区和居民的关怀。冰岛重视海洋环境问题的解决，尤其是北冰洋的塑料污染、海上安全和防治污染、海洋酸化问题和北极海洋旅游业发展，以及海洋生物资源的创新和有效利用。[①] 鉴于环境的可持续发展本来在冰岛国内也是优先议程，不存在国内政策重点与国际活动方向的分歧，加之冰岛自身在环境保护工作上拥有的先

---

① Arctic Council, "Presentations from Rovaniemi 2018 SAO Meeting," https：//oaarchive. arctic - council. org/handle/11374/2239，最后访问日期：2020 年 1 月 29 日。

进技术、知识与经验，因此冰岛在轮值主席国任期内很可能对北极环境保护工作尤其是海洋垃圾处理工作产生实质性的推动作用。在北极地区环境保护工作的成就反之也会提升冰岛在这些领域的国际地位，从而支持冰岛的长远利益。除此之外，冰岛对原住民城市、社区和居民给予了相对较多的关注，包括健康问题、经济机会、青年参与、气候变化影响，以及原住民知识等议题。2019 年，冰岛组织召开了第一届北极领袖青年峰会，强调北极的青年对北极现在和未来的可持续发展非常重要。[1] 冰岛在其他活动上提出要对原住民的心理健康进行关注，具体项目包括继续从 2013 年开始的性别平等项目，预计在 2021 年将发布关于北极性别和多样性的泛北极报告。[2] 通过这些活动，冰岛更容易获取原住民的信任，消除工作开展的阻碍。

（二）充分调动多层次的国际力量开展合作

冰岛主张北极理事会所有成员国和观察员真正参与北极理事会各工作组的工作，特别强调与国际组织、观察员和北极经济理事会建立更好的合作与联系。冰岛将"与其他利益相关者的区域合作"作为本国的重点工作之一，不仅包括北极国家，也包括受到北极气候变化影响的所有非北极国家，更包括其他的区域组织和私营部门。北极可持续能源未来工具包项目由 Gwich 国际协会 （Gwich'in Council International）、加拿大和丹麦王国政府，以及作为观察员的荷兰共同执行；[3] 北极理事会和北极经济理事会也通过举行联席会议，将政府、企业、原住民和理事会联系到了一起；因纽特人北极圈理事会、萨米理事会等原住民组织，联合国教科文组织政府间海洋学委员会（IOC）、冰岛海洋和淡水研究所、哈佛大学肯尼迪政府学院和国际北极科学

---

[1] Arctic Council, "Stepping up youth engagement in the Arctic Council," https：//arctic – council. org/en/news/stepping – up – youth – engagement – in – the – arctic – council/，最后访问日期：2020 年 2 月 21 日。

[2] Arctic Council, "Gender Equality in the Arctic," https：//arctic – council. org/en/news/gender – equality – in – the – arctic/，最后访问日期：2020 年 6 月 1 日。

[3] 整理自 https：//arctic – council. org/index. php/en/our – work2/8 – news – and – events/548 – planning – for – a – greener – arctic – future，最后访问日期：2020 年 5 月 31 日。

委员会等学术组织也积极参与到北极理事会近期开展的工作当中。① 冰岛作为一个小国，政府可调动的力量较为有限，为了更好地补充参与北极治理的力量，冰岛积极调动多方力量，这一方面对于解决北极问题会有很大推动，另一方面又有利于培养与这些群体的良好关系。

（三）利用在地缘政治格局中的角色进行斡旋

冰岛在国际政治格局中的地位比较特殊，与整个北极地区的三大板块中的两个——北欧和北美——都有密切关系。冰岛虽然不是欧盟国家，但作为欧洲经济区的一部分，很有可能对欧洲国家的北极参与产生积极影响。为了共同的深远利益，西北欧理事会（West Nordic Council）在2012年召开了"西北欧理事会的地缘位置，聚焦北极"专题会议，通过了关于西北欧北极共同战略的建议。② 在2018年北极圈论坛上，也召开了题为"西北欧地区的新地缘政治现实"的临时会议，冰岛提出要确认西北欧国家的需求、兴趣以及纽带，围绕共同利益，如自由贸易、科学研究、可持续发展等组织区域合作。③ 尤其目前冰岛同时还是北欧部长理事会的主席国，基于北欧五国本身在可持续问题上具有共同目标，冰岛更容易发挥协同作用。同时，属于北约阵营的冰岛也是美国进军北极的重要地缘板块。2018年，北约重新启用了冰岛的一座航空站，供美军在北大西洋和北冰洋部署P-8型"海神"反潜巡逻机；④ 同年，冷战结束以来最大规模的北约演习"三叉戟接点

---

① 根据北极理事会官网相关信息整理，https：//www. arctic – council. org，最后访问日期：2020年1月13日。

② Unnur Bra Konradsdóttir and Egill Tlior Nielsson，"The West Nordic Council and the Global Arctic，"*The Arctic Yearbook*，Vol. 3，2014，pp. 473 –474.

③ Ministry for Foreign Affairs，"Ræða ráðherra í viðburði Vestnorræna ráðsins á Hringborði norðurslóða um sviptingar í al？ jóðastjórnmálum og áhrif？ eirra á vestnorræna svæðið，" https：//www. stjornarradid. is/raduneyti/utanrikisraduneytid/utanrikisradherra/stok – raeda – utanrikisradherra/2018/10/20/Raeda – radherra – i – vidburdi – Vestnorraena – radsins – a – Hringbordi – nordursloda – um – sviptingar – i – althjodastjornmalum – og – ahrif – theirra – a – vestnorraena – svaedid/，最后访问日期：2020年3月21日。

④ 《北约重启冰岛军事基地 与俄罗斯展开新一轮博弈？》，凤凰网，http：//news. ifeng. com/ a/20181030/60136042_0. shtml，最后访问日期：2019年12月21日。

2018"在冰岛、挪威、瑞典和芬兰举行。① 种种迹象表明，即使冰岛多次提出要避免北极地区的军事集结和冲突，但依旧有可能为美国的行为"开绿灯"。在两个阵营中都占据位置的冰岛，一方面可以采取行动调和欧洲与美国在北极问题上的关系，另一方面也可以同时争取双方的力量进行北极治理与建设。

（四）仍旧难以克服北极理事会的局限性

北极理事会的组织架构、经费分配、软法性质等局限性决定了其无法对安全、渔业等重要问题进行操作，轮值主席国核心议程的不连续性又使北极理事会无法作出"战略性规划"②。过去两年间，芬兰将探索共同解决方案、环境保护、连通性气象合作、教育等四个方面设定为优先议程并开展工作。③ 而冰岛的计划中只是将环境保护工作保留并提高优先级，芬兰主席国任期内的其他工作又将面临"断代"危险。

冰岛希望加强北极理事会作为国际审议北极问题的首要论坛的地位，④也希望通过沟通协调来增强北极8国平台的合力和作用力，从而弱化北冰洋五国机制。在本次主席国工作规划中，冰岛提出创建北极海岸警卫队论坛的想法。⑤ 该论坛将由冰岛海岸警卫队在未来两年内主持，而防卫力量的引入

---

① Government offices of Iceland, "NATO Exercise Trident Juncture 2018 in Iceland," https：//www. government. is/diplomatic－missions/embassy－article/2018/10/24/NATO－Exercise－Trident－Juncture－2018－in－Iceland－/，最后访问日期：2019 年 11 月 20 日。

② 孙凯：《机制变迁、多层治理与北极治理的未来》，《外交评论》2017 年第 3 期，第 109～129 页。

③ Arctic Council, "Finnish Chairmanship," https：//www. arctic－council. org/index. php/en/about－us/arctic－council/fin－chairmanship，最后访问日期：2019 年 1 月 30 日。

④ Ministry for Foreign Affairs, "Address at the Center for Strategic & International Studies（CSIS）Washington D. C. ," https：//www. government. is/news/article/2018/05/16/Address－at－the－Center－for－Strategic－International－Studies－CSIS－Washington－D. C/，最后访问日期：2020 年 1 月 29 日。

⑤ Ministry for Foreign Affairs, "Iceland's Chairmanship of the Arctic Council," https：//www. government. is/topics/foreign－affairs/arctic－region/icelands－chairmanship－of－the－arctic－council－2019－2021/，最后访问日期：2019 年 5 月 20 日。

也可能增强北极理事会的强制性力量。在 2011 年、2013 年、2017 年，北极理事会先后通过了《北极海空搜救合作协定》、《北极海洋油污预防与反应合作协定》和《加强北极国际科学合作协定》，使北极地区可应用的国际法在特定领域有了一定程度的完善，也使北极理事会对其成员国增强了一定的约束力，但是在北极治理的复杂背景下，仍然有很多空白领域，必须出台相关的国际法进行国家行动的规范。冰岛在其《2017 年外交与国际事务年度报告》上也曾公开表态，认为“有充分的理由希望尽快达成一项协议，以防止北冰洋未经管制的捕捞”①。但从冰岛就任至今的表态来看，其提高北极理事会的效力的主要方式还是通过知识建设作用于决策，推动北极理事会和北极治理的制度化。

三　中国加强和扩展与冰岛北极合作的进路

中国于 2013 年加入北极理事会，2018 年出台《中国的北极政策》白皮书，在北极事务中有着一定的参与度。冰岛与中国有着良好的合作传统，冰岛主席国计划也强调要增强观察员国对北极事务的参与，因此，中国需要把握机会，在冰岛担任北极理事会轮值主席国期间，找到参与北极事务的突破口。在把握北极发展态势的基础上，发挥自身影响力、协调北极地区的沟通合作并推动北极治理的科学化。

（一）借助观察员国身份进行软性参与，扩展公共外交

中国在 2013 年取得了北极理事会观察员国的身份，可借此开展北极公共外交行动。可以从参与六个工作组的活动入手，塑造知识大国和道义大国

---

①　Ministry for Foreign Affairs, "Annual Report on Foreign and International Affairs—The Most Powerful Tool We Have to Safeguard Our Interests," https：//www. government. is/publications/reports/report/2017/05/04/The - most - powerful - tool - we - have - to - safeguard - our - interests2/，最后访问日期：2018 年 11 月 21 日。

的形象，为北极的可持续发展贡献力量。① 为了缓解其他国家对中国北极参与的敏感性，在处理北极问题和参与北极治理时，需要注意方法和态度。因此，中国在与冰岛的北极合作上也应该尽可能地采取较为"软性"的方式，避免用较为直接的方式对其他国家产生刺激。通过私营部门、科研机构合作、学生和民众交流等公共外交方式，不仅可以减轻别国对中国的敌意，也是丰富中国自身外交活动的一个有意义的尝试。积极参与冰岛计划召开的北极能源峰会、北极科学峰会周、北冰洋塑料污染科学会议、国际北极气候会议、北极大学大会等活动，积极参与北极圈论坛，不仅要出席，更要积极有为，作出自己的贡献。通过扩大和丰富与冰岛的北极外交模式，突破传统外交方式，积极扩展第二轨道外交，创新外交形式，也能够为中冰两国的关系和合作带来新的活力。

（二）借力"一带一路"倡议，帮助冰岛进行基础设施建设

冰岛自身的基础设施承载力过低，近年来旅游业的发展和游客的大量涌入，给当地基础设施的供给带来了严峻的挑战；冰岛位于北极的中心地带周围，是距离北极最近的陆地之一，可以作为北极相关活动的重要枢纽和场所；从地理位置来看，冰岛位于东北航道的西端，一旦北极航道开通，冰岛可借此改变其地球边缘的位置，成为北大西洋的交通枢纽；除此之外，冰岛也非常重视海上安全基础设施的建设。因此，坚实的基础设施，包括道路、港口和机场，起着重要作用，该地区更好的连通性将增加企业的机会和提高北极地区居民的生活水平。冰岛已经开始一些尝试，北极航道的开放将使冰岛处于有利的地缘战略地位，尤其是在冰岛东北部，那里有专业技术、国际机场、深水无冰海湾和港口潜力，可以提供转运和

---

① 郭培清、孙凯：《北极理事会的"努克标准"和中国的北极参与之路》，《世界经济与政治》2013 年第 12 期，第 118～139 页。

其他相关服务，① 冰岛也正在考虑通过建设北极铁路线路来建立亚欧新联系。据古根海姆合伙公司估计，未来 15 年北极的基础设施建设投资将需要 1 万亿美元。② 在这种情况下，中国可以把握机会，积极帮助冰岛进行基础设施的投资和建设工作。

中国拥有世界上最大的基础设施建设能力和在气候条件恶劣地区进行基础设施建设的丰富经验，港珠澳大桥、文昌卫星发射中心、哈大高速铁路等都是例子，另外，在美国、中亚、非洲各国也都有中国基础设施建设能力输出的项目。2013 年习近平的"新丝绸之路经济带"和"21 世纪海上丝绸之路"倡议和 2017 年中俄"冰上丝绸之路"合作倡议提出以来，不仅"一带一路"共建国家表现出了极大的关心，作为亚投行创始成员国之一的冰岛也对"一带一路"倡议表现出了强烈的兴趣。冰岛外长在 2018 年访华的时候就曾经提到，冰岛政府密切关注"一带一路"倡议，包括"冰上丝绸之路"倡议。③ 在 2018 年结束的第六届北极圈论坛上，开展了多场中国相关主题讨论，尤其是"冰上丝绸之路"倡议引发了许多国家的积极关注。中国应该发挥自身优势，帮助冰岛增强本国的基础设施承载能力，同时与冰岛合作进行北极地区的基础设施建设。

（三）扩展新领域，加强安全互助与北极合作等

冰岛在规划中提出了包括北冰洋的塑料污染与防治、海洋酸化、北极冰川的数字高程模型（DEM）、北冰洋的淡水内流和集聚、小型北极社区非化石燃料能源生产、黑碳和甲烷等新问题。中国可以在相关方面积极开展技术

---

① Prime Minister's Office, "Closing Statement by the Prime Minister at the Arctic Energy Summit," https：//www. government. is/news/article/2013/10/10/Closing – Statement – by – the – Prime – Minister – at – the – Arctic – Energy – Summit/，最后访问日期：2018 年 11 月 20 日。

② 《中国"一带一路"进入北极》，极地与海洋门户网，http：//www. polaroceanportal. com/article/1454，最后访问日期：2019 年 3 月 24 日。

③ Prime Minister's Office, "Iceland-China Relations will Continue to Strengthen," https：//www. government. is/news/article/2018/09/06/Iceland – China – relations – will – continue – to – strengthen/，最后访问日期：2018 年 11 月 20 日。

与研究合作，提高参与能力和贡献能力，积极参与新领域的开发，掌握主动权和优先权。

作为目前北极观光业的主要承接地之一，冰岛在享受旅游业带来的收益的同时，也面临资源、人力、基础设施等多方面的挑战。中国可以与冰岛开展旅游项目的合作和推广，不仅可以向冰岛输入游客，还可以参与冰岛旅游业的构建和发展，帮助冰岛解决承载力不足的问题。

除了传统安全，冰岛还需要应对资源单一、经济衰退、海难事故等非传统安全威胁。[①] 海难事故可能是一个重大挑战，在一个基础设施缺乏以及搜索和救援手段有限的环境下，冰岛需要保持警惕，继续加强与北极国家的合作。[②] 随着北极海冰的融化和人类活动的日益增加，出于人道关怀的立场，中国也应该积极参与海上搜救工作。同时，出于对其他非传统安全威胁的防范需要，中国也应该对北极地区的气候变化、自然灾害、食品安全、卫生安全和流行病等问题进行充分考量，积极做好防控和应急体系的准备，与冰岛开展相关新领域的活动和合作，同时配合北极理事会的工作，积极贡献人力、物力和技术支持，为中国在北极活动的开展收获支持者和伙伴。

（四）开展科技合作与交往，学习清洁能源等新兴技术

中冰两国在北极科学领域已经有了一定的合作，但仍有拓展的空间。2018 年 10 月 18 日，中国的第二个北极科学考察站——中冰北极科学考察站正式运行，该考察站由中国和冰岛共同筹建。2018 年 10 月 19~22 日，第六届北极圈论坛召开，中国高校极地联合中心组织了来自清华大学等成员高校及中国科学院、中国气象局等科研机构的代表参加论坛，其间还举办了

---

① 钱倩、朱新光：《冰岛北极政策研究》，《国际论坛》2015 年第 3 期，第 58~64 页。
② Prime Minister's Office, "Island in a Sea of Change—How the Arctic is Developing and Iceland Managing," https：//www. government. is/news/article/2015/05/07/Island–in–a–Sea–of–Change–nbspHow–the–Arctic–is–developing–and–Iceland–managing/，最后访问日期：2018 年 11 月 20 日。

"中国之夜"活动，充分体现了冰岛对中国的关注和接纳。

冰岛拥有世界最前沿的地热能源开发技术。2012 年，中国与冰岛签署框架协议，支持两国在地热能源、海洋以及极地科学领域开展深入合作。①中国石油化工集团有限公司和冰岛北极绿色能源公司在这个框架体系下，合作开发地热项目，两个公司已获得来自亚洲开发银行的 2.5 亿美元贷款，以帮助中国开发地热能源。② 地热能的使用能够为改善空气质量和生活质量作出相当大的贡献，不仅将为中国带来好处，也对全球环境有着很大的影响。在其他诸如土地复垦、沙漠化治理等环境问题的处理上，冰岛也有着十分先进的技术和丰富的经验，中国应该积极主动地与冰岛进行合作，在促进中国环境质量改善的同时，与冰岛维持良好的合作关系，培养两国的合作默契，从而为中国日后在北极地区活动的开展奠定良好的基础。

结　语

冰岛对北极理事会轮值主席国的相关工作非常重视，轮值主席国的任务帮助冰岛获得了更大的发言平台和机遇期，抓住任职轮值主席国的机会将极有可能增大冰岛国内经济的发展活力。冰岛以北极理事会轮值主席国身份进行积极活动，不但为其获得了良好的国际声誉，还提高了其在国际社会中的影响力。冰岛在担任北极理事会轮值主席国期间，需要对更多的北极治理问题作出回答。随着北极理事会活动的扩展和影响力的增强，两次担任北极理事会轮值主席国的冰岛如果能够更好地施展本领，推动北极计划的实践，不仅能够为自身利益的获取提供保障，还能够促进整个北极治理的科学化和规范化，对整个人类世界的和平与发展都将有着深远的意义。但是北极区域的一些不可避免的挑战和矛盾也对冰岛轮值主席国工作的开展提出了挑战。如

---

① 《冰岛试点地热利用模式》，时代周报网，http：//www.china-nengyuan.com/news/112832.html，最后访问日期：2019 年 4 月 20 日。

② 《美媒：冰岛地热技术帮北京供暖》，环球时报网，http：//oversea.huanqiu.com/article/2018-09/13137696.html？agt=46，最后访问日期：2019 年 4 月 23 日。

何不受全球政治紧张局势和美俄在北极地区争夺控制力的影响，保持北极地区的安全和稳定性，如何平息美国对观察员国的排斥并扩展非北极国家和组织对北极理事会活动的参与，如何克服可持续发展工作多年来推行速度迟缓、难以取得明显成效的弊端，如何抓住重要战略机遇期对北极五国机制进行突破等，都是冰岛未来可能需要解决的棘手问题。尽管冰岛方面认为可持续发展可能是缓解紧张局势，从而缓解军事集结风险的最重要因素，但这种理想模型的实现尚有很长的路要走。

因此，中国在冰岛担任主席国期间的北极参与，不仅需要积极的态度，也需要保持谨慎，在承担不超过自身能力范围的责任与义务的前提下，扩展合作领域，深化合作层次。我们需要清晰地认识到，冰岛是中国参与北极治理的一个窗口，把握住同冰岛的良好合作伙伴关系，并将其作为中国参与北极事务的一个重要个案，从中获得经验和教训，能够为未来中国建设性地参与北极事务打好基础，进而为北极地区的科学治理贡献中国的力量。

104

开 发 篇

Development Reports

B.6

缔约方批准《预防中北冰洋不管制公海渔业协定》的进展及对中国的影响[*]

刘惠荣　齐雪薇[**]

摘　要： 气候、生态，以及社会经济的变化对北极地区的渔业法律秩序产生了显著影响。《预防中北冰洋不管制公海渔业协定》于2017年正式通过，2018年该协定的缔约方全体签署。2019年缔约方中的俄罗斯、欧盟、加拿大、日本、美国、韩国陆续批准了该协定。通过对该协定的新动态进行实证研究与规范研究可知，《预防中北冰洋不管制公海渔业协定》有较大可能于

　＊　本文为国家自然科学基金项目"海上划界和北极航线专用海图及其法理应用研究"（项目编号41971416）和科技部国家重点研发计划"新时期我国极地活动的国际法保障和立法研究"（项目编号2019YFC1408204）的阶段性成果。

＊＊　刘惠荣，女，中国海洋大学法学院教授、博士生导师；齐雪薇，女，中国海洋大学法学院在读博士研究生。

2020 年得到全部缔约方的批准, 从而正式生效, 全面禁止北冰洋中部公海区域的商业捕捞活动。并且, 在已经批准该协定的 6 个缔约方中, 各缔约方批准的决定均符合其本国或组织当前北极政策的发展趋势和参与北极公海渔业治理的立场。对中国而言, 可积极参与《预防中北冰洋不管制公海渔业协定》的落实, 加强与北极国家及利益攸关方在北极渔业问题上的合作, 强调依据国际法中国所享有的相关权利义务, 推进建立北冰洋公海渔业管理组织的进程, 并不断强化中国参与北极渔业治理的政策支持与能力建设以应对该协定新动态所带来积极影响和消极影响。

关键词: 《预防中北冰洋不管制公海渔业协定》 北极渔业治理 国际合作

引 言

受全球气候持续变暖影响, 大量海洋渔业资源在过去 40 年中逐渐北移, 极大地增强了北冰洋中心公海区域成为新的渔业资源汇集地的可能性。这既给国际社会带来了渔业捕捞的经济机遇, 也带来了环境保护和生物资源养护的现实挑战。① 由此, 2017 年 12 月 5 日, 在华盛顿举行的第六轮北冰洋公海渔业谈判中, 中国、加拿大、美国、俄罗斯、挪威、丹麦、冰岛、日本、韩国和欧盟共同正式通过了《预防中北冰洋不管制公海渔业协定》(Agreement to Prevent Unregulated High Seas Fisheries in the Central Arctic Ocean, 以下简称《协定》)。2018 年 10 月 3 日, 以上 10 方在丹麦自治领格

---

① "Conley H A. Arctic Economics in the 21ˢᵗ Century: The Benefits and Cost of the Cold," http://csis.org/publication/arctic – economics – 21st – century, 最后访问日期: 2020 年 1 月 6 日。

陵兰伊卢利萨特正式签署了《协定》。俄罗斯于 2018 年 8 月 31 日率先批准了《协定》内容。2019 年，又有欧盟、加拿大、日本、美国、韩国依次批准了《协定》，中国正在批准程序的进程中。由此可见，2019 年是《协定》大力推进的重要年份，对未来的走势起到重要的引领作用。

《协定》旨在对由加拿大、丹麦格陵兰、挪威、俄罗斯联邦和美国行使渔业管辖权的水域所包围的中北冰洋单一公海区域（约 280 万平方千米）的渔业资源进行管理。根据《协定》，在未来 16 年内此公海区域中禁止商业捕捞活动，16 年后（2033 年）若无相关签署国家提出反对意见，《协定》有效期将自动延后 5 年。《协定》允许进行受到严格限制的探捕渔业活动，同时鼓励各方联合开展北极渔业科学研究与监测来收集数据，进而为未来商业性渔业活动的管理提供科学基础。此外，《协定》认为，考虑到相关商业捕捞活动还未开启，目前还不具备建立北冰洋公海渔业管理组织的成熟条件，但不排除未来建立的可能性。① 《协定》的达成是北极域内外国家合作解决北极地区问题的成功实践，也是对北极国际合作的积极探索。所以，本文通过追踪《协定》文本磋商、谈判签订，以及各国批准《协定》的发展新动态，总结其落实现状，展望其发展趋势，分析其对中国等北极域外且属于北极事务"重要利益攸关方"的国家、组织的影响，最后讨论中国的应对方法，期望以此《协定》为契机，进一步与北极国家携手共同保护北冰洋，共同促进北极的可持续发展。

一 《协定》的磋商与签订

（一）2007～2015年预备进程

早在 2007 年气候变暖与海冰融化导致的北极渔业资源北移就引起了美

---

① "Agreement to Prevent Unregulated High Seas Fisheries in the Central Arctic Ocean," https://www.mofa.go.jp/mofaj/files/000449233.pdf，最后访问日期：2020 年 1 月 6 日。

国的高度重视。同时，受 2007 年 8 月 2 日俄罗斯在北极点洋底插上了一面钛合金制造的俄罗斯国旗以证明俄罗斯的大陆架向北极延伸这一事件的影响，同年 10 月，美国参议院与其他北极国家以临时备忘录的形式通过了一份临时管制北极公海渔业的决议。此后，美国力推在北极理事会的框架内讨论北冰洋中部公海区域的渔业治理问题，在未得到回应后便放弃与北极理事会的合作，转而与其他北冰洋沿岸 4 国（加拿大、俄罗斯、丹麦和挪威）共同历经 3 次会议，达成了有关北冰洋公海渔业管制的关键宣言——《关于防止在北冰洋中部公海无管制捕鱼的部长级宣言》（又称《奥斯陆中北冰洋公海宣言》）。从宣言文本内容来看，《奥斯陆中北冰洋公海宣言》是对 2014 年北冰洋公海渔业养护会议所列临时措施的肯定与复述，并未提出其他创新性的措施与观点。① 但是从宣言产生的影响来看，《奥斯陆中北冰洋公海宣言》的出台从根本上推动了《协定》进入磋商进程。2015 年起，北冰洋渔业管制磋商逐渐从北冰洋沿岸国向北极域外关注北极渔业的国家开放讨论。2015 年 1 月，北冰洋中部公海区域渔业管理国际研讨会在中国上海举行。②

（二）2015～2017 年磋商进程

2015 年 12 月，北冰洋沿岸五国正式邀请中国、日本、韩国、欧盟、冰岛 5 个参与方共同参与北极公海渔业国际法规则的制定，以《奥斯陆中北冰洋公海宣言》为《协定》的初始磋商版本，以达到使该宣言发展成为具

---

① 临时措施包括："第一，会议各方只有在该区域渔业管理组织或协定成立或达成并按照现代国际标准管理该区域的渔业捕捞之后，才能授权本国船只前往该区域进行渔业捕捞作业；第二，会议各方应共同设立和执行科学研究项目，以提升对该区域生态系统的了解和认知；第三，协调各方在该区域的监测和检查活动；第四，确保该区域的渔业捕捞行为不会与这些临时措施相抵触；第五，确保其他国家的船舶能遵守这些临时措施，并且与会各方一致同意拟议中的这些临时措施不应该妨碍《联合国海洋法公约》和《联合国鱼类种群协定》中涉及有关各方主权权利、管辖权及其义务的相关条款的执行。""Chair's Statement of the Meeting on Arctic Fisheries," http：//www. afsc. noaa. gov/Arctic_ fish_ stocks_ third_ meeting/，最后访问日期：2020 年 1 月 8 日。
② 刘惠荣、宋馨：《北极核心区渔业法律规制的现状、未来及中国的参与》，《东北亚论坛》2016 年第 4 期，第 92 页。

有法律效力的条约的目标。2017 年 12 月 5 日，历时两年、历经六轮磋商（见表 1）的《协定》正式通过，国际社会在北冰洋公海渔业管理进程中迈出了重要一步。

表 1　2015～2017 年北冰洋公海渔业捕捞国际协定的 6 轮磋商进程

时间	地点	进程
2015 年 12 月 1～3 日	美国华盛顿	北冰洋沿岸 5 国和中国、日本、韩国、欧盟、冰岛共 10 方参与者之间进行相关信息的共享
2016 年 4 月 19～21 日	美国华盛顿	首次正式谈判会议，所有代表团承诺同意采取临时措施，以防止在北冰洋中部公海的无管制商业捕鱼活动
2016 年 7 月 5～8 日	加拿大伊卡卢伊特	所有代表团重申同意采取临时措施的承诺，并承诺将促进对北冰洋中部公海海洋生物资源和海洋生态系统的可持续利用与保护。代表团特别讨论了科学研究和监测联合方案以及原住民知识的重要性问题
2016 年 11 月 29 日～12 月 1 日	丹麦法罗群岛	代表团根据 2016 年 10 月分发的主席文本进行工作。所有代表团重申其同意采取临时措施的承诺，并且大多数代表团认为，这是可能在此地区建立一个或多个区域渔业管理组织或制度安排之前一个"分步走"的过程
2017 年 3 月 15 日～18 日	冰岛雷克雅未克	代表团就未来建立正式的区域渔业管理组织或安排的触发机制、缔约方大会的决策机制、《协定》生效、协定适用区域、探捕渔业的管理等内容进行了具体讨论
2017 年 11 月 28 日～30 日	美国华盛顿	美国、俄罗斯、加拿大、丹麦、挪威、冰岛、中国、日本、韩国以及欧盟 10 个国家和地区的政府代表参加会议并就《协定》文本达成一致

磋商过程中，各方争议的焦点包括：未来建立正式的区域渔业管理组织或安排的触发机制、缔约方大会的决策机制、《协定》生效、协定适用区域、探捕渔业的管理等内容。[①] 首先，建立正式的区域渔业管理组织或安排的触发机制是各方争议的核心问题，以美国为首的北冰洋沿岸 5 国最初提出通过制定临时措施来进行管理的提议受到欧盟、中国、日本、韩国等反对，

---

① 《国际磋商各方就〈防止中北冰洋不管制公海渔业协定〉文本达成一致》，中国海洋报网，http://www.oceanol.com/guoji/201712/05/c70695.html，最后访问日期：2020 年 1 月 14 日。

以上参与方建议通过建立专业的区域渔业管理组织来进行北冰洋公海的渔业管理。经过多轮谈判，最终各政府代表团认可"分步走"的方法：在目前商业性渔业活动还不成熟的情况下，先制定《协定》，积累科学数据。待时机成熟后，根据相关国际法，建立正式的区域渔业管理组织。

其次，为解决缔约方大会的决策机制、《协定》生效这两个焦点问题，各方同样寻求了妥协方案。最终规定，缔约方大会的决定采取"协商一致"的原则，《协定》生效必须获得所有9个国家和欧盟的批准。这样避免了在这两个问题上将北冰洋沿海国与非沿海国进行区别对待，给予每方一票否决的权利。同时，为避免在《协定》生效情况下，北冰洋公海"临时性禁渔"变成"永久性禁渔"，会议设计出一个"日落条款"，即给《协定》设定一个初步有效期限（16年），进而使未来建立正式的区域渔业管理组织成为可能。① 之所以将《协定》的初步有效期限确定为16年，是因为北冰洋沿岸5国代表主张20年，部分非沿岸国代表主张10年，还有国家要求偶数年份，最终折中成16年。

最后，尽管由北冰洋沿岸5国加5个北冰洋公海渔业重要利益攸关方构成的"A5 +5机制"不符合多边条约谈判的一般实践做法，但中国、日本、韩国、冰岛和欧盟等仍基于负责任和预防性措施等原则，防止未来可能的商业性渔业在没有充分科学调查和评估前提下开展，积极且有成效地参与了磋商会议。

（三）2017～2018年签署进程

自《协定》于2017年12月完成了文本谈判后，2018年10月3日，格陵兰渔业部部长延森、挪威渔业大臣奈斯维克、冰岛渔业与农业部部长尤里乌森、俄罗斯农业部副部长申斯塔克夫、美国海洋和渔业事务代副助理国务卿基本－弗莱、法罗群岛贸易与外交部部长米克尔森、丹麦外交部北极与北

---

① 《协定》的"日落条款"：根据会议达成的意见，《协定》初步有效期限为16年，从生效日期开始计算。之后如果任一个缔约方均不反对，则可延长5年。

美司副司长尼尔森以及加拿大、中国、日本驻丹麦大使，韩国外交部北极事务大使齐聚于丹麦自治领格陵兰伊卢利萨特举行的《协定》签署仪式，共同签署了《协定》。① 各缔约方就《协定》的成功签署表示，该协议填补了北极渔业治理的空白，初步建立了北冰洋公海的渔业管理秩序和管理模式，有助于实现保护北冰洋脆弱海洋生态环境等目标，并且预计所有缔约方都将批准该协议。该协议将在所有 10 个缔约方批准后生效，有效期 16 年。如果各方同意，它将自动延长额外的 5 年期限。

二 各缔约方对《协定》的批准与影响

自 2017 年 12 月 5 日《协定》草案正式通过之日起，到 2019 年 12 月 31 日止，该《协定》10 个缔约方中共有 6 方先后批准了该《协定》，它们依次是俄罗斯、欧盟、加拿大、日本、美国、韩国。

（一）俄罗斯

2017 年 12 月《协定》草案经 10 个缔约方正式通过后，俄罗斯政府率先于 2018 年 8 月 31 日根据其联邦法律《俄罗斯联邦国际条约》第 11 条第 1 款的规定签署了第 1822 – p 号政府令，批准由农业部提交给外交部和其他有关联邦行政机构商定的《协定》草案的内容，指示俄罗斯农业部代表联邦政府签署《协定》，并允许对《协定》草案内容进行非基本性质的变更。②

俄罗斯政府明确指出，《协定》旨在防止北冰洋中部公海捕鱼不受管制现象的出现，以保护健康的海洋生态系统并确保养护和可持续利用鱼类资源，这是一项长期战略的组成部分。因为《协定》的目的是在未来建立一

---

① 《邓英大使赴格陵兰出席〈预防中北冰洋不管制公海渔业协定〉签署仪式》，水产养殖网，http：//www. shuichan. cc/news_ view – 371599. html，最后访问日期：2020 年 1 月 15 日。

② "ПРАВИТЕЛЬСТВО РОССИЙСКОЙ ФЕДЕРАЦИИ РАСПОРЯЖЕНИЕ от 31 августа 2018 г. No 1822 – p，" http：//www. pravo. gov. ru/proxy/ips/？ doc_ itself = &nd = 102480792&page = 1&rdk = 0&intelsearch = % E2% EE% E4% ED% FB% E9 + % EA% EE% E4% E5% EA% F1 + + &link_id = 8#I0，最后访问日期：2020 年 1 月 20 日。

北极蓝皮书

个国际法律框架，以规范北冰洋中部的公海渔业。俄罗斯政府同时强调，《协定》自生效之日起最初有效期为16年。《协定》规定了缔约方之间在研究活动中的合作，以加深对北冰洋中部的海洋生物资源及其所处的生态系统的了解。还设想每个缔约方将仅根据区域或次区域捕捞组织采取的旨在可持续管理鱼类种群的措施，允许有权悬挂其国旗的船只在协定区域内进行商业捕鱼。最后，俄罗斯政府认为，《协定》签署后，该《协定》的执行将有助于发展北极地区渔业领域的国际合作。①

俄罗斯率先批准《协定》的决定符合俄罗斯北极政策的调整方向。苏联时期，北极地区被视为苏联的军事战略区。苏联解体后，俄罗斯虽成为苏联最大的继承者，但尚未形成较为清晰、连续的北极政策。直到普京出任俄罗斯联邦总统后，俄罗斯的北极政策才逐步出台。② 总结这些政策文件可以得出俄罗斯北极政策的调整方向为：第一，俄罗斯北极政策在发展过程中更具稳定性和连续性，俄罗斯对其北极地区在国家战略中的定位在每一个新的政策中都更加清晰。第二，俄罗斯北极政策逐渐调整为谋求与他国合作开发其北极地区。2008年之前，俄罗斯从未在其北极政策文件中表明允许北极能源开发等领域的国际合作。但2008年之后的俄罗斯北极政策开始以一种主动的姿态邀请其他国家在北极地区开展合作。2013年出台的《俄罗斯联邦北极地区发展和国家安全北极战略》对北极地区的合作作出了更多领域更具体的规定，其中多次涉及积极开展与北极域外国家合作的战略方向。第三，俄罗斯北极政策逐渐调整为在保证北极地区国家安全的基础上更注重发展经济利益，军事力量当前发挥的

---

① "Об одобрении Правительством Российской Федерации проекта Соглашения о предотвращении нерегулируемого промысла в открытом море в центральной части Северного Ледовитого океана," http://government.ru/docs/33861/，最后访问日期：2020年1月20日。

② 俄罗斯北极政策包括：2001年的《俄罗斯联邦北极政策原则草案》、2008年的《2020年前及更长远未来的俄罗斯联邦北极地区国家政策原则》、2013年的《俄罗斯联邦北极地区发展和国家安全北极战略》、2014年的《2020年前俄罗斯联邦北极地区社会经济发展国家纲要》《关于俄罗斯联邦北极地区陆地领土总统令》。

112

主要实际作用是保护经济发展。①

具体到北极渔业治理方面，气候变化导致大部分次北极海域鱼类种群北迁并停留在更适宜栖居的俄罗斯的北极专属经济区内。截至 2019 年 12 月 25 日，俄罗斯在本年度的渔业捕捞量已达 484 万吨，狭鳕、鲱鱼、沙丁鱼捕捞量均持续增加，并且在专属经济区和公海的开放部分，捕捞量增加了 24.5%，达到 32.93 万吨，俄罗斯北极渔业前景良好。② 但是 20 世纪 90 年代鄂霍次克海中部的公海水域中的狭鳕资源因为日本、韩国、波兰等国无节制捕捞导致资源枯竭，俄罗斯率先于 1993 年以封闭海域为依据通过法案，全面禁止了鄂霍次克海中部的公海水域中的海洋捕捞。通过与美国合作，促成了《中白令海狭鳕资源养护与管理公约》这一禁捕协定的成功签署。③ 因此，俄罗斯必然支持当前《协定》对北冰洋中部公海禁渔的管理规定，以避免中白令海狭鳕被捕捞殆尽的事件再次发生，保护其北冰洋专属经济区的渔业资源。同时，基于俄罗斯的北极政策逐渐调整为谋求与他国合作开发其北极地区，俄罗斯现在也乐于与北冰洋沿岸 5 国及北极域外国家共同签署该多边协定，复制中白令海狭鳕资源养护的成功案例。

但是，基于俄罗斯北极政策中对其北极地区安全及战略地位的重视程度较高，俄罗斯对于北极公海渔业管理的发展方向显然无法摆脱其"北极主导国家"以及排他管理的倾向。所以，俄罗斯在批准《协定》的决定中强调该协定的目标之一是以《协定》为基础在未来建立一个具有相对独立性的国际法律框架，来规范北冰洋中部的公海渔业，而非主动纳入北极域外国

---

① 谢晓光、程新波：《俄罗斯北极政策调整背景下的"冰上丝绸之路"建设》，《辽宁大学学报》（哲学社会科学版）2019 年第 1 期，第 184、192 页。

② "Руководитель Росрыболовства провел заключительное в 2019 году оперативное совещание," http：//www. fish. gov. ru/press － tsentr/novosti/29260 － rukovoditel － rosrybolovstva － provel － zaklyuchitelnoe － v － 2019 － godu － operativnoe － soveshchanie，最后访问日期：2020 年 2 月 1 日。

③ 《中白令海狭鳕资源养护与管理公约》的签署国为：中国、日本、韩国、波兰、美国、俄罗斯。其中中国于 1994 年 6 月 16 日签署，1994 年 7 月 16 日批准，1995 年 12 月 8 日对中国生效。

家并建立区域渔业管理组织。这是俄罗斯以预防性措施和生态系统渔业管理为保护伞，排斥域外国家实质性地参与北极公海渔业管理的体现，也是俄罗斯意欲承担北极公海渔业管理"领导者"职责的单边主义的表现。① 由此，俄罗斯批准《协定》后，以及《协定》正式生效后，国际合作下的北极公海渔业管理是否可以更加长足有效地发展，将更多地取决于俄罗斯等北冰洋沿岸 5 国的国际合作意愿。但至少《协定》的批准与生效，对北极公海渔业管理的国际合作尚无负面影响。

（二）欧盟

欧盟理事会于 2019 年 2 月 12 日同意，2019 年 3 月 4 日正式于官方公报发布理事会第 2019/407（EU）号决定，理事会代表欧盟批准《协定》。②

欧盟在第 2019/407（EU）号决定中指出，依据《欧盟共同渔业政策》《联合国海洋法公约》《联合国鱼类种群协定》以及欧盟理事会第 1380/2013（EU）号条例对通过国际合作达到确保海洋生物资源和海洋环境可持续开发、管理和养护目标的要求，2016 年 3 月 31 日欧盟理事会授权委员会代表欧盟参与《协定》谈判，并于 2018 年 10 月 3 日签署该协定，所签署《协定》的内容符合保护海洋生物资源的目标要求，所以欧盟批准《协定》，并由欧盟理事会主席代表欧盟指定《协定》第 15 条所规定的授权交存人。

欧盟批准《协定》的决定符合欧盟自 2008 年以来北极政策的发展趋势。2007 年为了应对俄罗斯在北冰洋底的"插旗"行为，欧盟在其《综合性海洋战略》行动计划中首次强调欧盟是北极治理进程中不可或缺的紧密伙伴。③ 随后，欧盟陆续发布了《欧盟与北极地区》《可持续的欧盟北方政

---

① 邹磊磊、黄硕琳：《试论北冰洋公海渔业管理中北极 5 国的"领导者"地位》，《中国海洋大学学报》（社会科学版）2016 年第 3 期。

② "Council Decision（EU）2019/407 of 4 March 2019 on the conclusion, on behalf of the European Union, of the Agreement to Prevent Unregulated High Seas Fisheries in the Central Arctic Ocean," https：//eur－lex. europa. eu/eli/dec/2019/407/oj，最后访问日期：2020 年 2 月 1 日。

③ 程保志：《欧盟北极政策实践及其对中国的启示》，《湖北警官学院学报》2017 年第 6 期，第 87~92 页。

策》《发展中的欧盟北极政策：2008 年以来的发展与未来的行动步骤》等系列北极战略与决议。从 2008 年发展至今，可以总结出欧盟北极政策的主要目标是：保护北极生态、绿色开发北极资源，以及提升北极治理。欧盟北极政策的主要特点包括：致力于成为北极治理公共产品的提供者、积极谋求北极理事会正式观察员资格、运用市场及资金优势支持北极地区发展、重视在北极问题上的知识积累和技术优势，以及充分发挥在北极治理问题上的议题设定和多边协调能力。

具体到北极渔业治理方面，欧盟作为全世界第四大水产品生产方和北极渔业的重要输出市场，渔业捕捞占水产品总产量的 80%，水产品养殖业占总产量的 20%，2015 年渔业捕捞量为 516 吨，并在《欧盟共同渔业政策》的控制下逐年维持稳定。[①] 因此，欧盟支持在具有充分科学证据的基础上，与北极国家一道对北极渔业资源加以可持续利用。欧盟认为，《联合国海洋法公约》《联合国鱼类种群协定》《生物多样性公约》等国际法文件是加强北极渔业治理的制度性基础，而强化实施相关国际、区域和双边协定以及相关机制安排则是促进北极渔业管理进一步发展的关键。总体而言，欧盟在北极渔业治理中，对内整合与协调不同部门的资源，使其渔业、海洋、环境、气候等政策领域中均包含对北极事务的参与；对外为了取得俄、美、加等国对其参与北极渔业治理正当性的理解和支持，更加注重与北极域内国家在渔业等北极事务方面的合作与妥协。

综上，欧盟自 2016 年起积极参与《协定》的磋商与谈判，并且成为《协定》签署之后第二个批准《协定》的缔约方，体现了欧盟面对其海豹出口禁令与商业制裁使加拿大、丹麦、俄罗斯屡次反对其加入北极理事会的事实，迫切抓住本次参与保护北极公海生物资源的机会，继续积极争取成为北极理事会正式观察员的政策方向。但是在英国正式脱欧、难民危机和债务危机等大背景下，欧盟持续有效参与北极治理仍旧面临较大挑战，从而影响

---

① https：//ec. europa. eu/fisheries/facts_figures_en？qt – facts_and_figures = 4，最后访问日期：2020 年 2 月 2 日。

《协定》的落实与发展。① 例如，欧盟成员国中作为北极国家之一的丹麦更倾向于在北冰洋沿岸 5 国协商机制中实现其北极利益；德国、法国等主要成员国对参与北极治理中存在的利益分歧仍协调无果。所以，欧盟面对内部成员参与北极治理存在利益分歧、北极地区缺乏整体治理架构、北极理事会目前难以承担全面管理北极事务的重担等政治现实，积极参与《协定》的制定与实施，也体现了欧盟调整参与北极治理的战略安排，以达成其北极政策目标的努力。

（三）加拿大

2019 年 5 月 29 日，加拿大对接渔业海洋和海岸警卫队部的国会秘书肖恩·凯西代表国会宣布加拿大批准了具有历史意义的《协定》，称《协定》的生效实施可以防止北冰洋中部公海出现不受管制的渔业捕捞行为。这是首个在公海进行任何商业性捕捞之前达成的如此大规模的国际协议。②

加拿大政府强调，作为具有法律约束力的《协定》禁止在其生效后至少 16 年内在北冰洋中部的公海部分进行商业捕鱼，并签署了一项联合科学研究和监测计划，以增进对北冰洋中部及其周围地区生态系统的了解，进而确定该地区何时可进行可持续的鱼类种群捕捞。同时，《协定》还规定了北极原住民及其社区的参与，认识到原住民及其社区的当地知识在保护北冰洋方面的关键价值。公告还指出，北极的现在及未来发展一直是加拿大政府的优先关注事项。《协定》表明了加拿大与其合作伙伴在北冰洋中部负责任管理方面的领导地位，是加拿大为国际海洋治理作出贡献并打击非法捕捞（IUU）的努力的一部分。非法捕捞是一个全球性问题，影响到鱼类种群以及海洋的健康和可持续性。因为北冰洋中部公海未来存在发

---

① 除《欧盟共同渔业政策》框架下的海洋生物资源养护属于欧盟专属权能之外，涉北极事务的渔业、航运、环境和能源等众多政策领域，均由欧盟与其成员国共享相关权能。

② "Canada Ratifies Landmark International Agreement to Prevent Unregulated Fishing in the Central Arctic Ocean," https://www.canada.ca/en/fisheries – oceans/news/2019/05/canada – ratifies – landmark – international – agreement – to – prevent – unregulated – fishing – in – the – central – arctic – ocean.html, 最后访问日期：2020 年 2 月 3 日。

生捕捞活动的可能性，所以确保在捕捞活动发生之前建立健全的科学和管理制度将有助于保护该地区的生态系统和环境。最后，加拿大政府决定2019年5月29~30日在渥太华举行一次《协定》缔约方会议。继续利用国际合作的趋势，着重解决若干《协定》中悬而未决的问题，以确保《协定》顺利生效，例如根据《协定》规划和制定《科学研究与监测联合计划》等。

加拿大批准《协定》的决定符合其北极政策的核心目标，同时也与小特鲁多政府北极安全战略的发展动向具有一致性。自冷战时期以来，加拿大日益提升对其北方地区的重视程度，近年来更是把北方地区的发展视为加拿大未来发展的关键性因素。[①] 2006~2015年哈珀政府时期，加拿大极为重视北极问题。哈珀政府将维护主权安全、加强在北方地区的治理，以及限制北极域外国家参与北极事务作为其北极政策的核心主题，并首次提出了系统的北极战略。但是，自2015年小特鲁多政府上台至今，小特鲁多政府逐渐调整了加拿大北极政策的方向，在重新寻求与俄罗斯的合作和对话的同时，不断强调多边合作的重要性。并且，2017年小特鲁多政府颁布的新国防政策大幅度降低"主权"一词的使用频率，转向重视北极非传统安全。[②] 2019年加拿大发布了新北极政策，取代2009年、2010年的两个政策文件，重点关注开展合作、改善与原住民的关系以及促进社区自我治理。

具体到北极渔业治理方面，加拿大是"理性的实用主义者"[③]。2018年加拿大渔业捕捞量达375万吨，其中海洋渔业捕捞量为80万吨，约占总捕捞量的21%。[④] 加拿大具有丰富的渔业管理经验，且渔业管理制度完备。就

---

① 张耀：《加拿大与俄罗斯北极政策比较及对我国的启示》，《山东工商学院学报》2015年第4期，第12~17、62页。

② 郭培清、李晓伟：《加拿大小特鲁多政府北极安全战略新动向研究——基于加拿大2017年新国防政策》，《中国海洋大学学报》（社会科学版）2018年第3期，第9~15页。

③ 邹磊磊、张侠、邓贝西：《北极公海渔业管理制度初探》，《中国海洋大学学报》（社会科学版）2015年第5期，第7~12页。

④ "Canada's Fisheries Fast Facts 2019," https：//www.dfo - mpo.gc.ca/stats/fast_facts_2019.pdf，最后访问日期：2020年2月8日。

北极渔业在内的新兴渔业，加拿大 2001 年出台了《加拿大新兴渔业政策》，鼓励采取预防性措施和基于生态系统的渔业管理方式管理北极渔业等新兴渔业。① 随着生物资源养护措施的进一步发展，加拿大逐渐接受公海禁渔措施的应用。加拿大 2014 年宣布禁止在本国的北极水域开展商业捕捞活动，并于 2015 年与其他北冰洋沿岸 5 国达成了北冰洋公海渔业禁捕的临时措施之后，继续游说其他重要的北极利益攸关方加入，积极促成了《协定》的签署与生效，并且积极制定《协定》之下的《科学研究与监测联合计划》以促进《协定》的落实与实践。这既是加拿大意欲承担北极公海渔业管理"领导者"职责的北极主权宣示表现，也体现了加拿大北极政策逐渐转向开展多边合作，并且更加关注环境、原住民等非传统安全的治理提升。2019 年 10 月，加拿大第 43 届联邦众议院选举举行，小特鲁多总理领导的自由党继续掌权加拿大政府。所以，从目前来看，加拿大将继续致力于《协定》的生效与实践，以《协定》为基础，通过国际合作的方式，进一步完善北极公海渔业治理的制度。

（四）日本

日本于 2019 年 5 月 17 日由国会通过投票批准了《协定》，之后于 7 月 23 日向加拿大交存同意书，7 月 26 日由外务省正式公布批准《协定》，② 成为第四个批准《协定》的缔约方。

日本外务省在公布批准《协定》的决定的同时，也发布了关于《协定》批准的《声明》。在《声明》中，日本指出：该《协定》规定了预防性保护和管理措施在该水域中的应用，防止在北冰洋中部公海无节制捕鱼。目的是保护海洋生态系统的长期健康。这是确保养护和可持续利用鱼类资源的长期战略的一部分。日本缔结该《协定》意味着日本将积

---

① 刘惠荣、宋馨：《北极核心区渔业法律规制的现状、未来及中国的参与》，《东北亚论坛》2016 年第 4 期，第 86~94、128 页。

② "中央北極海における規制されていない公海漁業を防止するための協定，"https：//www.mofa.go.jp/mofaj/ila/et/page23_002885.html，最后访问日期：2020 年 2 月 8 日。

极实现这些目标，并确保日本渔业的稳定发展。在《声明》中，日本还明确提出在缔结该《协定》后应承担的义务为：由于缔结该《协定》，日本以及挂有日本国旗的船只将必须执行仅在符合区域渔业管理机构等采取的养护和管理措施或《协定》缔约方将来可能根据第 5 条第 1 款（c）项所确定的临时养护和管理措施的基础上，在商定水域中进行商业捕鱼的规定。①

日本批准《协定》的决定符合日本对北极治理最新政策的反应。日本在 2013 年成为北极理事会正式观察员后，迅速对北极事务作出了政策反应。2015 年日本政府综合海洋政策本部正式出台官方的《日本北极政策》，核心内容如下：第一，表明尊重国际法的立场，并积极参与制定有关北极的国际规则与协议；第二，彰显科学技术实力，加强国际合作；第三，看重北极资源利益，密切关注北极航道的开发。② 由此可以看出，日本当前的北极政策与欧盟的一系列北极政策在出发点上具有很大的相似性，均为发达国家视角下的"大国责任感"，目的是进一步保障其参与北极事务的必要性与正当性；同时日本也对本国在北极的资源利益作出了强调，体现了作为非北极国家在北极事务中的关注点。

具体到北极渔业治理方面，日本是世界渔业大国，近海捕捞业、远洋捕捞业和海水养殖业都很发达，总捕鱼量居世界第一位。其中远洋渔业在 20 世纪 60 年代初到 70 年代末达到全世界第一位，但《联合国海洋法公约》正式生效后，受周边海洋沿岸国家划定 200 海里专属经济区的影响，日本远洋渔业的生产海域面积大幅缩小，船队不得不改变传统的远洋渔业作业方式，转向公海作业，渔获量明显下降。③ 日本渔业产量在 1984 年底达到 1280 万吨的峰值，其后一直呈下降趋势。2017 年日本渔业产量为 430 万吨，

① "中央北極海における規制されていない公海漁業を防止するための協定の説明書" https://www.mofa.go.jp/mofaj/files/000449234.pdf，最后访问日期：2020 年 2 月 8 日。
② 韩立新、蔡爽、朱渴：《中日韩北极最新政策评析》，《中国海洋大学学报》（社会科学版）2019 年第 3 期，第 58~67 页。
③ 乐家华：《日本远洋渔业发展现状及趋势》，《世界农业》2013 年第 5 期，第 37~40、154 页。

其中渔业捕获量为 330 万吨。日本在全球渔业产量中的份额从 1985 年的 13.4% 下降到 2016 年的仅 2.2%。[①] 日本在顺应世界渔业治理发展趋势的前提下，不断调整本国远洋渔业政策以保障本国渔业资源的稳定供给。早前北冰洋渔业资源丰富，是日本远洋渔业的主要捕捞海域之一。但是当前北冰洋渔业活动主要在北极国家的专属经济区进行。而随着海冰融化加剧，未来在北冰洋中部公海开展商业渔业的可能性越来越大。所以日本一直以来都在本国尊重国际法的立场，并积极参与制定有关北极的国际规则与协议等北极政策的引导下，积极参与北冰洋公海渔业的治理。但是在立场上不同于美国坚决的"资源保护主义"，日本更加主张对北冰洋公海区域渔业资源的合理利用。所以，此次日本在签署并批准《协定》，呼吁其他缔约方批准，以使《协定》早日生效的同时，也发表了《声明》强调日本在严格遵守区域渔业管理机构养护措施以及《协定》禁渔规定的同时，仍然在北冰洋中部公海区域享有捕鱼权。综上，日本签署并批准《协定》的决定符合日本对北极治理最新政策的反应，是日本作为渔业捕捞大国，为保障其自身在北冰洋公海所享有的渔业等资源的开发使用权，同时提高其作为北极理事会正式观察员在北极治理中的实质性存在，而对自身直接的利益诉求进行妥协的长远性决定。在北极公海真正具有支撑商业渔业的能力之后，日本必然以《联合国海洋法公约》以及《协定》等国际法律文件为基础，通过倡议建立北极公海区域渔业管理组织等方式，维护自身在相关公海区域的公海捕鱼权。在此之前，日本对于《协定》生效后的落实也必然留有若干维护公海捕鱼自由的处理方法。

（五）美国

2019 年 8 月 27 日美国政府发言人办公室宣布美国成为继俄罗斯、加拿

---

① "White Paper on Fisheries（Summary）（FY 2018 Trends in Fisheries, FY 2019 Fisheries Policy）," https：//www.maff.go.jp/e/data/publish/attach/pdf/index–166.pdf，最后访问日期：2020 年 2 月 5 日。

大和欧盟之后第四个批准《协定》的缔约方①（事实上美国批准《协定》的时间晚于日本，是第五个批准《协定》的缔约方）。

美国政府发言人办公室在宣布批准《协定》的决定时强调：由于北极公海大部分地区全年都被冰覆盖，所以目前北极公海尚无商业捕鱼活动。然而，随着该地区一年中夏季时间不断加长，无冰面积不断扩大，各方预计在可预见的将来北极公海区域将有可能进行商业捕鱼，所以 2018 年 10 个缔约方签订了该《协定》。该《协定》是当前首个在某区域开始出现捕鱼活动之前，就采取预防措施保护该地区不受商业性捕鱼影响，且具有法律约束力的多边国际协议。该《协定》的两个主要目标分别是：第一，防止在北冰洋中部公海区域进行无节制的捕捞活动；第二，推进北冰洋中部公海上科学研究和监测活动的国际合作。

美国批准《协定》的决定继承了奥巴马政府时期的北极政策，也符合特朗普政府时期美国北极政策转变的发展趋势。2013 年 5 月，《美国北极地区国家战略》在奥巴马政府的推动下出台了。作为美国历史上首份正式的北极政策文件，该文件明确了当时美国北极事务的优先议程，包括维护安全利益、加强国际合作，以及做负责任的北极管理者。② 然而，自 2017 年 1 月 20 日特朗普政府正式上台后，奥巴马政府时期的北极政策逐渐被改变。特朗普政府采取了越来越多的措施以重塑其北极事务"领导者"角色。军事上，特朗普政府大力增强在北极地区的军事部署，有将北极推向"再军事化"的趋势；经济上，特朗普政府不再关注北极气候变化，转而十分重视能源开发，北极或可迎来"能源开发时代"；外交上，在巩固与北欧盟友关系的同时，美国主动修护美俄的北极关系，试图借助俄罗斯进一步提升美国在北极地区的影响能力和控制力。同时，继美国海岸警卫队 2019 年 4 月

---

① "The United States Ratifies Central Arctic Ocean Fisheries Agreement," https：//www. state. gov/ the－united－states－ratifies－central－arctic－ocean－fisheries－agreement/，最后访问日期：2020 年 2 月 5 日。

② "National Strategy for the Arctic Region," http：//www. whitehouse. gov/sites/default/files/does/ nat_arctic_strategy. pdf，最后访问时间：2020 年 2 月 5 日。

22 日发布新版《北极战略展望》后，美国国防部于 2019 年 6 月 6 日公布了《北极战略》①，在报告中美国不再重视北极地区的气候变化，视中国为北极地区的一个"战略竞争者"，并给出了北极地区已进入"战略竞争时代"的结论。由此可见，美国现在的北极政策更倾向于重组北极地区秩序，以及夺取北极地区的绝对领导权。②

具体到北极渔业治理方面，在北极渔业治理尤其是北冰洋公海渔业治理进程中，美国一直发挥着主要作用，被绿色和平组织视为该议题领域的"急先锋"。③ 保障北极渔业资源的可持续开发与塑造美国北极治理的领导者地位是美国积极推动北冰洋公海渔业治理的两大主要原因。④ 首先，美国 2018 年渔业捕捞量为 430 万吨，相比上年减少了 5.3%，其中 88% 为鳍鱼。⑤ 为了避免 20 世纪 90 年代白令海鳍鱼捕捞危机的再次发生，保障阿拉斯加州的主要产业支柱，美国必须为实现北极渔业资源的可持续开发提出相应措施。其次，美国自 2007 年以来开始重视北极治理，避免在北极治理中被边缘化，所以美国开始在实践中以资源保护为旗帜，不断推动北冰洋公海渔业资源养护措施的发展与落实，期望借助北冰洋公海渔业治理的议题，来塑造负责任大国的形象和北极治理领导者的地位。2015 年 7 月北冰洋沿岸 5 国发表的《奥斯陆中北冰洋公海宣言》就是在美国自 2007 年以来的相关倡议和推动下达成的。随后，美国又建议启动更广泛的谈判范围，达成多边协议。美国通过积极和主动鼓励非北冰洋沿岸国的加入以达到增强《协定》

---

① "Report to Congress Department of Defense Arctic Strategy," https：//media. defense. gov/2019/ Jun/06/2002141657/ – 1/ – 1/1/2019 – DOD – ARCTIC – STRATEGY. PDF，最后访问日期：2020 年 2 月 6 日。

② 郭培清、邹琪：《特朗普政府北极政策的调整》，《国际论坛》2019 年第 4 期，第 19 ~ 44、155 ~ 156 页。

③ "The Nuuk Arctic Fisheries Meeting：Breakthrough or Lost Cause," http：//www. greenpeace. org/usa/Nuukarctic – fisheries – meeting – breakthrough – lost – cause/，最后访问日期：2020 年 2 月 6 日。

④ 赵宁宁、吴雷钊：《美国与北冰洋公海渔业治理：利益考量及政策实践》，《社会主义研究》2016 年第 1 期，第 128 ~ 134 页。

⑤ "Fisheries of the United States, 2018 Report," https：//www. fisheries. noaa. gov/resource/ document/Fisheries – united – states – 2018 – report，最后访问日期：2020 年 2 月 10 日。

制度合法性和有效性的目的。综上，美国牵头且积极促成《协定》的签署与生效，既继承了奥巴马政府时期做负责任北极管理者，加强北极事务国际合作的优先议程，同时也符合特朗普政府时期拉拢北约盟友、重组北极地区秩序、获取北极地区绝对领导权的转变方向。目前，《协定》的签署与生效对于美国而言，获取北极治理领导权的代表性意义大于保护北极公海渔业资源的实际意义，美国对该《协定》内容的关注角度也更加偏向于其国际法意义。所以，在《协定》的进一步落实与北极公海渔业治理模式的发展问题上，美国必然更倾向于加入北冰洋沿岸 5 国的利益阵营，在保障自身北极地区主权和利益的前提下，继续以先进的科学研究成果为支撑，提出新的倡议，继续争取控制北极公海渔业治理模式发展的主导权，不排除美国以《协定》为基础，继续对北极公海渔业治理建章立制，或者促成区域渔业管理组织的产生，并成为管理主体核心成员的可能性。

（六）韩国

2019 年 10 月 22 日韩国外交部完成了批准《协定》以及根据《协定》第十五条①递交批准文书给《协定》保管者加拿大的流程。② 截至 2019 年 12 月 31 日，韩国是继加拿大、欧盟、美国、日本和俄罗斯之后第 6 个完成上述程序的国家。

韩国在外交部批准公告中指出，《协定》的缔结是采取"临时"措施，防止北冰洋公海上的无节制捕鱼行为，以便在被北冰洋沿岸 5 国的专属经济区包围的中北冰洋公海部分保护和可持续利用海洋生物资源。并且强调了《协定》第十一条"生效"条款以及第十三条"期限"条款的适用：

---

① 《预防中北冰洋不管制公海渔业协定》第十五条：1. 加拿大政府为本协定的保管者。2. 批准、核准、接受或加入的文书应交存于保管者。3. 保管者应将所有批准、接受、核准或加入文书的交存情况通知所有签字方和所有缔约方，并履行 1969 年《维也纳条约法公约》规定的其他职能。

② "ROK Completes Domestic Ratification Procedure for Agreement to Prevent Unregulated High Seas Fisheries in Central Arctic Ocean," http：//www. mofa. go. kr/eng/brd/m_ 5676/view. do? seq = 320797，最后访问日期：2020 年 2 月 10 日。

《协定》将在 10 个缔约方全部完成其国内或组织内批准程序并交存批准书后 30 天生效。它将在生效后 16 年到期（每次可延长 5 年）。同时韩国还提出根据《协定》，韩国政府计划积极参与北冰洋中部公海区域的海洋环境和渔业资源生态系统的研究，并为北极渔业资源的保护和可持续利用作出贡献。最后列出了缔约方将继续就保护北冰洋公海生态系统的方法进行讨论，包括在 2019 年 11 月 13~14 日在加拿大耶洛奈夫召开的旨在分享北极原住民知识和经验的研讨会以及 2020 年 2 月 11~13 日在意大利伊斯普拉召开的讨论科学专家的联合研究的"临时科学协调小组"会议，并且计划于 2020 年 6 月前后在缔约方之间举行一次筹备会议。

韩国批准《协定》的决定符合其北极政策构建以及战略拓展的发展路径。在 2013 年成为北极理事会正式观察员后，韩国作为亚洲首个发布北极政策的国家，先后于 2013 年和 2015 年公布了《北极政策基本计划》《北极政策执行计划》两份北极政策文件，将韩国的北极政策由方向规划推入制度实施。[1] 韩国北极政策的发展方向是将韩国塑造为北极国家可靠且负责任的合作伙伴，推动北极地区的可持续发展。为此韩国的北极政策主要由四大任务构成。[2] 为完成任务，韩国北极政策的拓展路径如下：第一，以北极理事会为平台开展多边外交，与北极周边国家建立并维持良好的合作关系；第二，加强北极科考活动；第三，大力推进极地海工产品系列化，打造亚欧北极航道枢纽港以及加强与北极国家在航运、勘探矿产资源、造船业和远洋工业、北冰洋渔业等韩国北极商业核心领域的商务合作；第四，积极参与北极治理国际规则的设立以及完善国内北极立法体系。[3] 所以，韩国北极政策的核心诉求是商业利益。

具体到北极渔业治理方面，北冰洋也是韩国远洋捕捞的重点区域，再加

---

① 金胜燮：《七个政府部门构建北极政策基本计划》，《韩国海洋》2014 年第 1 期，第 132~133 页。

② 韩国北极政策的四大任务：第一，扩大与北极国家合作基础；第二，增强北极科考和研究活动；第三，创造出新的北极商业模式；第四，加快北极法律和管理机构建设。

③ 肖洋：《韩国的北极战略：构建逻辑与实施愿景》，《国际论坛》2016 年第 2 期，第 13~19、79 页。

上相较于中国、日本等近北极的东北亚国家，北极国家对韩国的好感度较高。北极国家多把韩国看作一个普通的合伙人，而非野心勃勃的域外势力。所以，对于韩国而言，参与北极渔业治理不仅仅是借助参与该治理来塑造韩国是负责任国家的形象，促进国际合作从而提高本国在北极治理中的国际地位等北极政策的需要，韩国参与北极渔业治理更加关注的是如何更好地通过与北极国家的合作以达到北极渔业资源的实际开发与利用，促进韩国造船业的进一步发展，以为韩国带来实际的商业利益。根据韩国海洋水产开发研究所最新报告，韩国 2017 年海洋渔业捕捞量为 375 万吨，其中深远海捕捞量为 47 万吨，占总捕捞量的 12.5%。韩国海洋与渔业的目标是到 2030 年，海洋与渔业产值达到全国生产总值的 10%，最终成为全球海洋领导者。[①] 并且，韩国与俄罗斯、挪威等北极国家已经在远洋捕捞业、造船业、港口共建以及北极航道商业化等方面建立了良好的合作关系。[②] 综上，韩国作为注重开发北极商业利益且与北极国家建立了良好合作关系的缔约方，批准《协定》，同意在北冰洋中部公海区域禁止商业捕捞的决定，符合韩国在与北极国家合作基础上获取商业利益的战略途径。因为相比于北冰洋公海中尚无商业捕捞可行性的渔业资源而言，韩国必然更加看重北冰洋沿岸国家在北冰洋专属经济区中丰富渔业资源的商业利益。所以在《协定》后续的落实研讨会中，韩国必然积极参与，以进一步促进其与北极国家的密切联系。

（七）小结

基于俄罗斯、加拿大、美国、欧盟、日本、韩国 6 个缔约方对《协定》的批准及其影响的实证分析，可以总结出以下结论。

第一，2018 年在"A5 + 5"机制下由北冰洋沿岸 5 国加上 5 个北冰洋公海渔业的重要利益攸关方共同签署的《协定》，在 2019 年有 6 个缔约方完

---

① https：//www. kmi. re. kr/web/contents/contentsView. do? rbsIdx = 224，最后访问日期：2020 年 2 月 12 日。

② 肖洋：《韩国的北极战略：构建逻辑与实施愿景》，《国际论坛》2016 年第 2 期，第 13 ~ 19、79 页。

成了对该《协定》的批准程序，其中俄罗斯、加拿大、美国属于北冰洋沿岸 5 国（A5）成员，而欧盟、日本、韩国则属于 5 个北冰洋公海渔业的重要利益攸关方（+5）。《协定》第十一条"生效"条款规定"该协定在十个缔约方全部批准或接受后生效"①，因此截至 2019 年，还需挪威、丹麦、冰岛、中国 4 个缔约方批准，《协定》即可生效。由此可知，《协定》有较大可能性于 2020 年得到全部缔约方的批准正式生效，在获得充足科学信息以及建立渔业管理机制之前，禁止北冰洋公海商业捕捞活动，并且该协定首创的"A5+5"合作机制在北极地区治理中切实有效，这种模式也存在推广到航道、环境等北极治理问题的可能性。

第二，不同于北极理事会所制定的三个具有法律约束力的国际协定②，也不同于国际海事组织框架下通过的《极地水域船舶航行安全规则》，《协定》是根据一般国际法规则，由北冰洋沿岸国和非沿岸国与欧盟一起平等磋商形成的针对北极特定海域的治理规则，它丰富了北极国际治理的内容。并且，渔业问题仍是目前北极国际治理的空白。尽管北极理事会、国际北极科学委员会、国际海洋开发理事会等机构开展了有关北极鱼类资源的科学信息收集与研究工作，但都是集中在科学研究或科学建议层面，不涉及具体管理事务。③ 所以，从这个层面看，《协定》填补了国际海洋渔业治理和北极渔业治理的空白，为未来北冰洋公海渔业的科学管理打下了坚实基础。

第三，在已经批准《协定》的 6 个缔约方中，各缔约方批准《协定》的决定均符合其本国或本联盟当前北极政策的发展趋势，并且根据北冰洋公海渔业资源及治理对各自国家或联盟利益影响的不同，在批准《协定》的文件中分别作出了不同层面的强调，体现了对自身立场与利益的维护（见表 2）。在共同呼吁北极公海渔业资源的保护与可持续开发需要国际合作的基础上，

---

① "Agreement to Prevent Unregulated High Seas Fisheries In the Central Arctic Ocean," https://www.mofa.go.jp/mofaj/files/000449233.pdf，最后访问日期：2020 年 2 月 12 日。

② 北极理事会的三个具有法律约束力的国际协定：《北极海空搜救合作协定》《北极海洋油污预防与反应合作协定》《加强北极国际科学合作协定》。

③ 《国际磋商各方就〈防止中北冰洋不管制公海渔业协定〉文本达成一致》，中国海洋报网，http://www.oceanol.com/guoji/201712/05/c70695.html，最后访问日期：2020 年 2 月 12 日。

俄罗斯、美国、加拿大作为北冰洋沿岸 5 国的成员，气候变暖导致北极海域的鱼类北迁，北冰洋沿岸国家专属经济区内渔业资源不断增加，《协定》的生效在保护北极公海渔业资源的同时并不会减弱以上各国在北冰洋的渔业所产生的经济利益，因此 3 国积极批准了《协定》，并在批准决定中弱化《协定》内容中对公海捕鱼自由的保护性措施（如禁捕），突出强调建立北极公海渔业管理法律框架以及科学研究与监测活动的国际合作，体现了 3 国各自对北极渔业及其他治理的主导性身份与排他性管理模式的倾向，以及通过对中北冰洋公海渔业事务的管理谋求整个北极事务主动权的意图。欧盟作为争取成为北极理事会正式观察员的政府间组织与已经成为北极理事会正式观察员的日本和韩国在批准《协定》时，一方面更加注重强调各自积极承担国际责任的立场，希望以《协定》为平台，提高对北极治理的参与度；另一方面，日本与韩国作为非北冰洋沿岸国家的渔业捕捞大国也同时注重于《协定》生效期限、缔约方义务等关键性条款以及《协定》进一步实践与落实的安排，从而避免《协定》生效后北冰洋公海"临时性禁渔"变成"永久性禁渔"，并且给《协定》设定了一个初步有效期限（16 年）以保障其对北冰洋公海渔业资源的开发使用权和增加权未来建立正式的区域渔业管理组织的可能性。

表 2　各国批准《协定》的立场强调

俄罗斯	在批准《协定》的决定中强调以《协定》为基础在未来建立一个规范北冰洋中部公海渔业的国际法律框架，而未强调按"分步走"最终建立区域渔业管理组织的管理模式。这满足了俄罗斯保护自身在北冰洋专属经济区等海域开发利用渔业资源的需要，也表现了俄罗斯排斥域外国家实质性参与北极公海渔业管理，意欲承担北极公海渔业管理"领导者"职责的单边主义的目的
美国	牵头且积极促成《协定》的签署与生效，关注《协定》的国际法意义多于其实施可行性。既继承了奥巴马政府时期做负责任北极管理者，加强北极事务国际合作的优先议程，也符合特朗普政府在警惕俄罗斯北极军事装备的同时，拉拢北约盟友、缓和美俄关系、重组北极地区秩序、获取北极地区军事政治资源等绝对领导权的转变方向
加拿大	积极游说除北冰洋沿岸 5 国之外重要的北极利益攸关方也加入《协定》，并且积极制定《协定》之下的《科学研究与监测联合计划》以促进《协定》的落实与实践。这既是加拿大意欲承担北极公海渔业管理"领导者"职责的主权宣示表现，同时也体现了其北极政策逐渐转向开展多边合作，并且更加关注环境、原住民等非传统安全的治理提升

续表

欧盟	自2016年起积极参与《协定》的磋商与谈判,并且在《协定》签署成功之后第二个批准《协定》,体现了欧盟面对加拿大、丹麦、俄罗斯屡次反对其加入北极理事会的事实,迫切抓住本次参与保护北极公海生物资源的机会,继续积极争取成为北极理事会正式观察员的政策方向;同时也体现了欧盟面对内部成员参与北极治理存在利益分歧、北极地区缺乏整体治理架构、北极理事会效力欠佳等现实,积极调整其参与北极治理的战略安排,达成其重视北极生态与北极治理等政策目标的努力
韩国	作为注重北极商业利益开发并且已与北极国家建立良好合作关系的缔约方,批准《协定》,同意在北冰洋中部公海区域禁止商业捕捞的决定,符合韩国在与北极国家合作基础上获取北极商业利益的战略途径。在《协定》后续的落实研讨会中,韩国必然抓住机会,积极参与,以进一步促进与北极国家的密切联系,保障其在北极的资源开发权利,提升北极理事会正式观察员的作用
日本	作为北极理事会的正式观察员,日本在签署并批准《协定》的同时,也发表了《声明》,强调日本在严格遵守区域渔业管理机构养护措施以及《协定》禁渔规定的同时,仍然在北冰洋中部公海区域享有捕鱼权。这是日本作为渔业捕捞大国,为保障其自身在北冰洋公海所享有的渔业资源等开发使用权,同时提升其在北极治理中的实质存在,而对自身直接的利益诉求进行妥协的长远性决定

三 各缔约方批准《协定》对中国的影响及中国的应对

(一)对中国的影响

中国作为北极事务的重要利益攸关方以及《协定》的10个缔约方之一,对中国而言,各缔约方批准《协定》的决定产生的影响主要有以下三点。

第一,给中国带来了批准《协定》的紧迫感。截至2019年,已有6个缔约方批准《协定》,占目前所有缔约方的60%。《协定》的生效条款规定10个缔约方全部批准或接受后,《协定》即生效。所以,截至2019年《协定》的生效进程已过半。并且与中国同样作为北极公海渔业资源利益攸关方的5个缔约方中已有日本、韩国、欧盟三方批准《协定》,所占比例也已过半。中国作为北极事务的重要利益攸关方于2018年正式发布了《中国的北极政策》白皮书，白皮书中已经表明了对待北极渔业问题的基本立场，即在依法合理利用北极资源部分明确指出："中国支持就北冰洋公海渔业管理制定有法律拘束力的国际协定。"① 所以，中国在 2018 年 10 月 3 日正式签署《协定》后，接下来的程序应当是批准《协定》。截至 2019 年底，尚未批准《协定》的中国，面对过半缔约方的批准，可能会受到一定的外界压力，促使其对《协定》的批准程序予以进一步重视与推进，以维护其负责任大国的形象。

第二，进一步限制了中国在北极的公海捕鱼自由。依据《联合国海洋法公约》第 87 条，公海对所有国家开放，不论沿海国或内陆国，均享有公海自由，其中包含受"公海生物资源的养护和管理"限制的捕鱼自由。② 但是，随着沿岸国家在北冰洋内已划定的海洋边界以及俄罗斯在北冰洋 200 海里外大陆架申请的提出与审议通过可能性的增大，③ 俄罗斯、美国、加拿大和挪威等国在北冰洋上拥有管辖权的范围不断扩大，而北冰洋上的公海面积在不断缩减。同时，北冰洋沿岸 5 国又以美国牵头积极促成了《协定》的达成与签署，并且随着各缔约方批准《协定》的数量不断增加，《协定》的生效日益临近，该《协定》以养护北冰洋中部公海渔业资源为目标，通过预防措施，提前禁止在此公海区域内的捕捞活动，导致除北冰洋沿岸国家外的其他北极重要利益攸关方在北极公海之上的捕鱼权被进一步压缩与限制。中国支持就北冰洋公海渔业管理制定有法律拘束力的国际协定，并且更倾向于基于《联合国海洋法公约》建立北冰洋公海渔业管理组织以给予利益攸

---

① 中方态度："中国支持就北冰洋公海渔业管理制定有法律拘束力的国际协定，支持基于《联合国海洋法公约》建立北冰洋公海渔业管理组织或出台有关制度安排。中国致力于加强对北冰洋公海渔业资源的调查与研究，适时开展探捕活动，建设性地参与北冰洋公海渔业治理。中国愿加强与北冰洋沿岸国合作研究、养护和开发渔业资源。"参见《中国的北极政策》白皮书，http://www.scio.gov.cn/zfbps/32832/Document/1618203/1618203.htm，最后访问日期：2020 年 2 月 15 日。

② 《联合国海洋法公约》，https://www.un.org/zh/documents/treaty/files/UNCLOS - 1982.shtml #7，最后访问日期：2020 年 2 月 15 日。

③ 宋文燕：《关于俄罗斯北冰洋 200 海里外大陆架申请案的研究》，硕士学位论文，山东大学，2019。

关方一定的实际管理权。但是《协定》认为，考虑到相关商业捕捞活动还未开启，目前还不具备建立北冰洋公海渔业管理组织的成熟条件。只是不排除未来建立北冰洋公海渔业管理组织的可能性。而美国、俄罗斯等国家在批准《协定》时均避免提及建立公海渔业管理组织的计划，并更多强调《协定》禁渔的法律强制力以及开展北极渔业科研活动的必要性。所以，随着《协定》的进一步批准和生效，中国在北极公海的捕鱼自由将进一步被压缩。虽然中国渔业生产稳中有进，但主要以养殖为主（中国预计2019年水产品总产量6450万吨，与上年基本持平，捕捞减量明显，养捕比达到78∶22①）。并且由于部分捕捞方式的不合理，自2003年起，中国近海90%以上的水域已经几乎无鱼可捕。② 中国是一个新兴的远洋渔业国家，2016年远洋捕捞量就已达198万吨，且远洋渔业捕捞量总体仍呈上升趋势。③ 因此中国必须重视未来在北冰洋公海渔业资源中所应获得的合法利益，重视在北冰洋及其公海进行渔业资源的综合调查。此类调查将对在该海域从事渔业生产的中国远洋渔船作业产生直接指导意义，为中国在上述海域渔业的可持续开发提供科学依据。对比而言，渔业产业在冰岛、挪威等北欧国家更是支柱性产业，所以北欧国家在北极公海渔业治理方面更为看重公海渔业资源的开发潜力，如挪威1976年就依据《斯匹茨卑尔根群岛条约》设立了斯匹次卑尔根群岛的200海里渔业保护区，维护其渔业资源。所以《协定》对北冰洋公海捕鱼自由的限制在一定程度上是导致截至2019年挪威、冰岛、丹麦作为《协定》缔约方中的北欧国家，与中国一同成为剩余尚未批准《协定》的4个缔约方的因素之一。

第三，为中国参与北极治理提供了一个更为完整的平台。随着全球气候变化，北极冰雪融化加速。北极在战略、经济、科研、环保、航道、资源等方面的价值不断提升。中国作为北极事务的重要利益攸关方，并且是地缘上

---

① 《2019年渔业渔政工作"十大亮点"》，http：//www.yyj.moa.gov.cn/gzdt/202001/t20200116_6336135.htm，最后访问日期：2020年2月15日。
② 刘子飞：《中国近海渔场荒漠化：评价、原因与治理》，《农业经济问题》2019年第6期，第105~116页。
③ 陈晔、戴昊悦：《中国远洋渔业发展历程及其特征》，《海洋开发与管理》2019年第3期，第88~93页。

的"近北极国家",北极的变化关系到中国在农业、林业、渔业、海洋等领域的经济利益。2018 年中国发布《中国的北极政策》白皮书,提出中国北极政策的目标是:认识北极、保护北极、利用北极和参与治理北极,维护各国和国际社会在北极的共同利益,推动北极的可持续发展。① 但是在美国等西方国家恶意散布"中国威胁论"并故意抹黑中国参与北极事务以控制北极的背景下,中国通过与北极国家建立合作从而合理利用北极资源的路径困难重重。然而,北极渔业资源的开发利用政治敏感度较低、投入小、回报周期较短,相比于矿产、油气等政治敏感度较高的资源开发与利用,更加不易引起较大的国际关注与争端。② 因此,我国可以从北极渔业资源开发入手,基于《协定》鼓励各方联合开展北极渔业科学研究与监测,积极与北极国家开展多方位高层次合作,一方面可以获取渔业经济利益,另一方面可以通过与其他北极国家建立起来的良好合作关系来进一步深入其他北极资源的开发合作。随着批准《协定》的缔约方的增加以及对《协定》进一步落实所做的各方面强调与安排,作为北冰洋公海捕捞活动开启前达成的首个国际管理协定,该《协定》必将成为北冰洋渔业管理秩序和管理模式发展的基础。并且《协定》所开创的北冰洋沿岸 5 国和重要利益攸关方共同协商北极地区治理的合作模式也将有可能进一步推广到其他如北极环境治理等问题上。中国始终以负责任大国和重要利益攸关方的立场积极参与《协定》的谈判,提出中国的具体主张,并签署该《协定》,奠定了中国进一步参与北极公海渔业治理的基础,也打开了中国与北冰洋沿岸国家合作进行渔业科学研究和渔业资源开发的大门,为中国参与北极治理提供了一个全方位、多层次的活动平台。

(二)中国的应对

基于当前中国北极政策的发展趋势与各缔约方批准《协定》对中国所

---

① 《中国的北极政策》白皮书,http://www.scio.gov.cn/zfbps/32832/Document/1618203/1618203.htm,最后访问日期:2020 年 2 月 16 日。
② 张淼:《北冰洋中央区公海渔业管理制度建设与中国策略》,硕士学位论文,武汉大学,2018。

产生的影响，中国可采取以下措施。

　　首先，积极参与和承办《协定》的落实研讨会，加强与北极国家及利益攸关方在北极渔业问题上的合作。面对各国陆续批准《协定》并积极召开或参与针对落实《协定》所涉及的原住民利益维护、科学合作协调等研讨会和筹备会议的新动态，中国应当抓住签署《协定》所带来的参与北极渔业治理的机会，避免被动旁观，在积极表明中国在北冰洋公海渔业问题上一贯坚持科学养护、合理利用总立场的基础上，就具体问题提出中国的针对性主张。同时，中国还应当充分利用《协定》搭建的北极渔业合作平台，在努力与北冰洋沿岸国家建立渔业科学合作与管理等双边关系的同时，与日韩等有北极渔业利益共同诉求的利益攸关方形成合力，鼓励国内科研机构和企业的加入，以渔业合作为平台逐步达成全面的北极治理多边外交协定。

　　其次，依据国际法，中国对北冰洋公海生物资源的养护与利用既享有权利也负有国际义务，通过多方合作，共同推进建立北冰洋公海渔业管理组织的进程。《中国的北极政策》白皮书提出"尊重"是中国参与北极事务的重要基础和基本原则之一。但尊重是相互尊重，面对北冰洋沿岸国家在各自北极政策的指导下，凭借地缘优势、政治及经济优势不断操控北极公海渔业管理制度的构建过程，并在实质上排斥域外制度参与者，以蚕食北极域外国家在北冰洋依法享有公海自由的倾向，作为非北极国家，中国必须在国际法层面进一步强调依据《联合国海洋法公约》《斯匹次卑尔根群岛条约》等国际法，中国对北冰洋公海生物资源既享有合理利用与开发的权利，也负有环境保护与资源养护的国际义务，只有在尽可能多的利益攸关方加入的基础上，《协定》的生效才会进一步提升北冰洋公海渔业制度构建的公正性与合法性。若在北极公海渔业管理中获得绝对主导权的是北冰洋沿岸国家，则该公海制度必然违反了国际法。所以，为了保证北冰洋公海渔业制度的合法性，同时保证各方的合法权利与义务，推进北冰洋公海渔业管理组织的进程是必要且迫切的。中国可以向国际社会宣扬"共商、共建、共享以及共筑北极命运共同体"的先进理念，并以负责任大国的立场号召更多关心中北冰洋公海渔业的国家和国际组织能够加入该进程的推进中。①

最后，重视新兴的极地海洋权益，加强我国参与北极渔业治理的政策支持与能力建设。从缔约方根据各自的北极政策陆续批准《协定》的新动态可以看出，各国及国际组织越来越重视其在极地地区的权益维护与开发。我国作为尚未批准《协定》的4个缔约方中唯一的非北极国家，承受着一定的外界所带来的批准《协定》的紧迫感。就中国而言，签署《协定》并不意味着结束了对中北冰洋公海区域渔业治理的参与过程，而仅仅是参与的开始，应当提高对该《协定》批准程序的重视程度，根据外交等实际需要，适度加快批准的进程。虽然《协定》认为，考虑到相关商业捕捞活动还未开启，目前还不具备建立北冰洋公海渔业管理组织的成熟条件，但不排除未来建立北冰洋公海渔业管理组织的可能性。所以中国在国际上表明立场并号召推动建立该管理组织的同时，也应当进一步完善中国极地渔业管理政策及远洋渔业治理法规，形成系统的远洋渔业法律体系，从制度上维护中国的公海自由。并且，应当加强中国在北冰洋生物资源研究方面的能力建设。② 以《协定》要求制订科学研究和监测联合计划为契机，加强对北极地区的科学研究投入，进一步掌握北极地区生态环境和资源现状。③ 参与北冰洋公海渔业治理离不开科学研究的支撑，未来《协定》中具体养护与管理措施的制定需要有大量监测数据的获取以及对北冰洋生物多样性研究结果的支撑，科学研究能力的大小将决定一个国家在此区域治理中的贡献度和话语权。只有具备强大的极地科研能力，才能真正提高在极地治理中的实质性存在。

---

① 王玫黎、武俊松：《"利益攸关方"参与模式下中北冰洋公海渔业开发与治理》，《学术探索》2019年第2期，第45~51页。

② 唐建业：《北冰洋公海生物资源养护：沿海五国主张的法律分析》，《太平洋学报》2016年第1期，第93~101页。

③ 孟令浩：《〈防止中北冰洋不受管制公海渔业协定〉的检视与中国的应对》，《海南热带海洋学院学报》2019年第3期，第78~85页。

四　结语

在气候变化导致北冰洋鱼类资源持续北迁的趋势下，各国关注点逐渐从北极主权争夺转为对北冰洋未来渔场所带来的巨大经济利益。《协定》是北冰洋公海捕捞活动开启前达成的首个国际管理协定。这种预防性措施将北冰洋环境变化与国际合作有机结合起来，并且在一定程度上防止了北极国家在北冰洋公海渔业管理制度构建的程序及方式上获得绝对的主导地位。作为负责任渔业大国，中国尊重北冰洋沿岸国在北极渔业管理中的重要地位，也倡导在国际法框架下进行极地渔业管理的国际合作，为北极渔业资源的可持续开发贡献力量，共同建设真正意义上的北极命运共同体。

B.7
"冰上丝绸之路"建设中的国际税收优惠问题研究[*]

董 跃 杨立铭 戚 鹏^{**}

摘 要： 随着共建"冰上丝绸之路"倡议的提出，中国与俄罗斯以及北欧5国面临着前所未有的合作机遇，这种机遇不仅体现在国家层面，更体现在各国经济实体之间的投资与贸易中。充分利用"冰上丝绸之路"沿线各国税法和税收协定中的税收优惠法律制度，有助于消除双重征税、降低企业税负，鼓励其参与"冰上丝绸之路"建设。当前，中国"冰上丝绸之路"的建设集中在北极"东北航道"沿线区域，而区域内国际税收优惠制度对促进"冰上丝绸之路"的建设还有诸多不足之处。为更好地建设"冰上丝绸之路"，中国应与沿线国家在补充和完善税收协定内容以及加强税务信息沟通方面加强合作。

关键词： "冰上丝绸之路" 税收优惠制度 北极航道

中国与各方共建"冰上丝绸之路"，旨在依托北极航道的开发利用，为

---

* 本文是国家社会科学基金课题"中国增强在北极实质性存在的法律路径研究"（项目编号13CFX125）的阶段性成果。

** 董跃，男，中国海洋大学法学院副院长、副教授、硕士生导师，中国海洋大学海洋发展研究院研究员；杨立铭，男，中国海洋大学法学院国际法学硕士生；戚鹏，男，中国海洋大学法学院国际法学硕士生。

促进北极地区互联互通和经济社会可持续发展带来合作机遇。① 从合作区域
来看，当前"冰上丝绸之路"的建设集中在"东北航道"沿线国家，包括
俄罗斯和北欧 5 国（挪威、瑞典、芬兰、丹麦、冰岛）。在实现北极"冰上
丝绸之路"倡议的过程中，国际和各国国内税收法律制度是影响相关企业
在沿线国家经贸决策的重要因素，进而关系到建设实效，有必要减轻相关行
业的税收负担，降低企业在沿线区域的投资和运营成本。各界对"冰上丝
绸之路"沿线国家和地区的税收优惠制度的系统研究较少，更缺乏从"冰
上丝绸之路"建设需求出发开展的专门研究，因此有必要明确"冰上丝绸
之路"所涉行业的税负种类，系统梳理沿线国家国内重点行业税收优惠制
度。在此基础上，本文结合中国与沿线国家双边税收协定的内容，找出建设
"冰上丝绸之路"过程中面临的问题与障碍，并提出具体的解决方案。

一 "冰上丝绸之路"沿线国家国内
税收优惠法律制度

（一）俄罗斯

俄罗斯的国内税收法律制度是一个庞大而复杂的法律体系，包括《俄罗
斯联邦税法典》（以下简称《税法典》）及其一系列修正案与依据《税法典》
制定的法规，规定了俄罗斯在联邦（Федеральные）、地区（Региональные）
和地方（Местные）三个层面上适用的一般原则和税种。俄罗斯联邦税务
局（FTS）负责执行俄罗斯的所有税收立法，俄罗斯联邦财政部提供俄罗
斯金融领域的一般管理，也包括国家的税收政策指导。目前，俄罗斯的
基本税种制度由联邦税、特别税、地区税和地方税制度组成。在俄罗斯
法中，依据本国法注册的公司属于本国的居民公司，需要依法就来源于
俄罗斯境内外所得纳税，非居民公司则仅需对来源于俄罗斯境内的所得

---

① 中华人民共和国国务院新闻办公室：《中国的北极政策》，人民出版社，2018。

纳税，而俄罗斯政府对外商投资管理的法律在近些年的变动较大，因此，在讨论俄罗斯的税收优惠政策之前，有必要对俄罗斯法律中关于俄罗斯管理外国投资的法律进行梳理，以便于实现对俄罗斯税收优惠对象的具体理解。

1. 俄罗斯管理外国投资的法律

俄罗斯管理外国投资的法律可以分为两种类型：一类是适用于俄罗斯国内投资和外国投资的一般规则。主要包括《俄罗斯联邦民法典》《俄罗斯联邦股份公司法》等，这些法律规定了在俄罗斯设立法人实体、购买构成法人实体授权资本的股份（参与性股份）、公司治理和法人登记等行为的一般程序。在最近对《俄罗斯联邦民法典》进行的重大修订中，所有俄罗斯法律实体现在分为单一实体和公司，公司所有者持有股份，而单一实体的所有者则不持有。根据新规则，股份公司可以是国有公司和私营公司，有限责任公司只能是私营公司。

另一类则只适用于规范外国投资行为，主要法律是《俄罗斯联邦外国投资法》（以下简称《外国投资法》）和《外资进入对国防和国家安全具有战略性意义行业程序法》（以下简称《战略投资法》）。前者确定了投资者在俄罗斯境内投资、营业、获取利润，以及外国投资者商业活动条件的国家保障。《战略投资法》则确定了外国资本投资俄罗斯经济战略部门的程序。在"冰上丝绸之路"重要的开发领域——石油和天然气开发部门，因属于在具有"国家重要性"的底土从事矿物勘探和生产活动，需要获得来自俄罗斯联邦政府的该项"战略性许可"。但是，持有该许可证并不是认定该公司具有"战略性意义"的决定因素，实际上，俄罗斯政府已经在不断降低外国投资者进入这些行业的门槛，并出台了多项法律文件为外国投资者进入国家垄断行业和公共服务领域提供便利，2015 年颁布的《俄罗斯联邦国家—私人合作、自治地区—私人合作和俄罗斯联邦特定法规修订联邦法》、于 2014 年制定并在 2017 年发表的《俄罗斯联邦北极地区至 2025 年的社会经济发展国家计划》都为外国资本进入俄罗斯北极地区参与基础设施建设、油气资源开发提供了便利的渠道和法律保障。

2. 俄罗斯对"冰上丝绸之路"建设的税收优惠法律和政策

自 2014 年爆发"克里米亚危机"以来,俄罗斯遭受了西方国家的多轮经济制裁。美欧等国的投资是俄罗斯经济增长的重要动力,制裁使美欧国家的企业放弃了投资,俄罗斯经济增长因此受到负面影响。此外,制裁导致俄罗斯本国的资本外逃,更加重了俄罗斯的财政困难。[①] 为在短时间内加快俄罗斯北极区域的经济发展和解决财政收入问题,俄罗斯联邦政府和地区政府不断提供多种具有竞争力的税收优惠法律和政策工具吸引外国资本参与东北航道建设、油气资源开发等项目。

俄罗斯国内与"冰上丝绸之路"建设相关的税收优惠法律主要包括以下几项。

(1)《俄罗斯联邦外国投资法》

《俄罗斯联邦外国投资法》规定了针对外国投资者的一般税收优惠规则。根据该法规定,在外国投资者对俄罗斯联邦政府确定的优先投资项目(主要涉及生产领域、交通设施建设和基础设施建设项目)进行投资时,如果投资总额不少于 10 亿卢布,将根据《海关法典》和《税法典》的规定对外国投资者给予相应进口关税和税收的优惠。[②]

(2)对特定地区和特定行业投资实施优惠的法律法规与政策

地区和地方当局可以通过区域性立法向投资者提供区域性的税收优惠。例如,在某些地区,利润税税率由 20% 的标准税率可以降至 15.5%(部分地区可降为零),并给予投资者优惠的交通运输税和土地税税率。

具体到"冰上丝绸之路"建设的重要地区——俄罗斯远东地区,有三种特别税收制度,分别针对区域投资项目(RIPS)、跨越式发展区(TASEG)和符拉迪沃斯托克自由贸易港。俄罗斯为吸引投资在一些特殊领域区域制定出台了一系列的政策法规,主要包括五类:第一,经济特区,《经济特区法》及其修正案对区域内投资的市场准入、居住要求、经营范围

---

① 丁一凡:《乌克兰危机对欧洲经济的影响》,《欧洲研究》2014 年第 6 期。
② 《俄罗斯联邦外国投资法》第四条。

以及征收程序方面的规定做了部分调整；第二，区域投资项目，为远东地区的企业提供投资计划的制度性优惠安排；第三，跨越式发展区，为远东地区的特定区域或城市提供特殊的行政管理方式以及税收优惠等政策支持，其在区域上不能和经济特区重叠适用；第四，自由贸易港，主要指符拉迪沃斯托克，区域内将在关税和进出口贸易许可等方面提供优惠安排；第五，特别投资合同，主要针对在创新型产业领域的投资者。

2015 年正式生效的俄罗斯联邦《跨越式发展区法》规定，区内企业将可享受特殊的税收优惠条件，俄远东跨越式发展区新投资项目的主要优惠包括：免除 5 年的利润税、财产税和土地税；10 年内实行 7.6% 优惠保险费率（俄企目前为 30%）；简化出口退税审批手续；建立自由关税区，对高技术类进口商品免征增值税；为投资者一站式办理行政审批手续。[①] 总体来说，跨越式发展区、符拉迪沃斯托克自由贸易港和区域投资项目享有比经济特区更优惠的政策。特别投资合同则根据项目本身的条件和约定而享有相应的优惠政策。[②]

总的来看，俄罗斯对外国投资在"冰上丝绸之路"建设中的税收优惠法律制度呈现多层级和多地区共同扶持、重点区域和重点行业相互交织的状态。俄罗斯的税收法律体系相较于其他"一带一路"国家更为完善，税收优惠法律制度具备一定竞争力，但也存在明显不足，最大的问题是缺少对"冰上丝绸之路"建设区域的专门及整体的税收优惠政策，而在该区域的经营往往面临更为特殊和复杂的风险。保证在俄罗斯"冰上丝绸之路"建设过程中各种投资项目的盈利能力是吸引外资的关键问题之一，这就需要专门的法律和政策工具为俄罗斯北极区域企业提供税收优惠，减少当地企业的税务成本。俄罗斯政府也已经着手通过制定专门法律解决上述问题，2019 年，俄罗斯远东与北极发展部制定了一项关于优惠制度的法律草案（О государственной

---

① 中国国际贸易促进委员会、中国国际商会驻俄罗斯代表处：《中资企业在俄罗斯经营指南——俄罗斯中资企业 2016 年度白皮书》，2016。
② 中国国际贸易促进委员会、中国国际商会驻俄罗斯代表处：《中资企业在俄罗斯经营指南——俄罗斯中资企业 2016 年度白皮书》，2016。

поддержке предпринимательской деятельности в Арктической зоне Российской Федерации），为包括俄罗斯北极大陆架近海石油开采、陆地石油开发、液化天然气和采矿等四类领域的大型项目提供税收优惠，此外，还为建设基础设施进行单独的税收减免。①

（二）北欧5国

在投资法律方面，严格意义上，北欧 5 国均无专门法律为外国投资者提供特殊投资优惠，各国对待外国投资基本持鼓励态度，对其施行国民待遇原则。在税收优惠法律方面，只存在适用于投资部分行业和特殊地区的税收优惠法律制度，如冰岛 2010 年颁布了《初始投资鼓励法》，该法案意在促进冰岛的商业领域投资（金融类投资除外），其中，投资于首都以外地区的新设企业，在符合该法规定的一系列投资金额、股份构成、运营年限、效益指标等诸多标准的情况下，可以获得税收和相关费用减免且享受 10 年的所得税税率上限固定。在税收优惠政策方面，丹麦在 2017 年底宣布了一项改善股权投资条件的新税收方案；挪威向已通过挪威研究理事会（Research Council of Norway，RCN）和挪威创新署（Innovation Norway）批准的项目提供税收抵免，并为中小企业提供额外支持。

相较于其他欧盟国家，北欧 5 国的公司所得税税率相对较低，近年来一直在下降。丹麦的企业所得税税率从 1985 年的 50% 下降到 22%，挪威为 24%。瑞典的企业所得税税率将在 2021 年 1 月降至 20.6%，与欧盟平均 21.3% 的税率以及其他大多数发达经济体的税率相比更具有竞争力。

二 中国与"冰上丝绸之路"沿线国家的 国际税收协定

国际税收协定是有关国家之间签订的旨在协调彼此间税收权益分配关系

---

① Минвостокразвития сформировало систему преференций для инвесторов Арктики：Министерство Российской Федерации по развитию Дальнего Востока и Арктики，2019.

和实现国际税收行政协助的书面协议。为避免对所得和财产双重征税以及防止偷漏税，各国之间普遍签订双边性的税收协定。[①] 截至 2019 年 1 月，中国与俄罗斯、北欧 5 国都签订了避免双重征税协定，这些协定为跨国投资和从事其他经济活动的企业设立了多种税收优惠方案，减轻了企业在东道国的税务负担，帮助降低了企业投资和运营成本，有利于提升企业的盈利能力和市场竞争力，也进一步消除在"冰上丝绸之路"建设过程中的投资和贸易障碍，提高企业在参与建设过程中的积极性。

（一）与俄罗斯签订的避免双重征税协定

中俄 2014 年签订了新税收协定并于 2015 年达成中俄税收协定修订议定书，新版议定书适用于 2017 年 1 月 1 日后产生的所有个人所得和企业所得。新协定的主要条款包括：1. "缔约国一方居民"（居民企业）的认定规则；2. 企业"常设机构"的认定规则；3. "关联企业"的认定规则；4. 关于股息、利息、财产收益、劳务、董事费等个人和企业所得的税收安排；5. 消除双重征税方法；6. 关于防止协定滥用的一系列措施。

新协定在中国适用于个人所得税和企业所得税，在俄罗斯适用于团体利润税和个人所得税，新协定在一定程度上体现了中国国内税法对外资企业税种规定的修改。此外，在消除双重征税方面，新旧中俄税收协定都对企业税收设定了直接抵免和间接抵免，新协定将间接抵免的持股比例要求由不少于10% 提高到了 20%，即中国居民企业从俄罗斯取得股息，且其拥有支付股息的俄罗斯居民公司的股份不少于 20%，由此增大了企业获得间接抵免的难度。在限制税率方面，协定第十条规定符合条件的企业，可以享受税额最高不超过支付股息 10% 的限制税率。

（二）与北欧5国签订的避免双重征税协定

中国与北欧 5 国的双边税收协定谈判起步于 20 世纪 80 年代。1986 年

---

① 崔晓静：《中国与"一带一路"国家税收协定优惠安排与适用争议研究》，《中国法学》2017 年第 2 期。

起，中国先后同挪威、丹麦、芬兰、瑞典 4 国签订首份避免双重征税协定，1996 年与冰岛达成双边税收协定，并在随后的时间内依据经贸合作的需要和国际税收形势的变化，以议定书的形式完善和更新这些协定，形成了较为完整的避免双重征税协定体系。由此，中国与北欧 5 国的跨国企业除了可以利用直接抵免和间接抵免条款避免被双重征税以外，满足条件的企业还可以依据税收协定中的股息、利息条款享受限制税率优惠。

为了适应中国与北欧国家的经贸合作发展新趋势、服务"一带一路"建设，在原有税收协定体系的基础上，中国与北欧国家正在积极商讨修订双边税收协定，在特定行业达成积极的减税、免税条款。以中国与瑞典的双边税收协定为例，中瑞两国于 1986 年 5 月 16 日签订《关于对所得避免双重征税和防止偷漏税的协定》及其议定书，在 1999 年和 2017 年又分别签订了修订协定的附加议定书以及修订协定和附加议定书的议定书，以上四份文件构成了中瑞两国避免双重征税的税收协定体系，该协定体系设置了直接抵免和间接抵免两种消除双重税收的方式。2017 年，中瑞两国在双边税收协定的修订书中商定，对以船舶或飞机的方式从事经营国际运输业务的两国企业，从其中任意一方取得的收入，应在另一方免征一切税收。

三 "冰上丝绸之路"国际税收优惠制度存在的问题

（一）沿线国家税收优惠制度存在的问题

俄罗斯税收立法在 1990 年之后发生了重大变化，先是将苏联时期较为复杂的税收体系简化成以《税法典》为核心的税收法律体系，而在近几年，又逐渐复杂化，甚至比简化前更为复杂。俄罗斯庞杂的税务征管法律体系以及依据特别法律产生的地区优惠税率，为中国企业了解并享受其国内税收优惠造成了一定的困难。另一个问题是，近些年，俄罗斯税法制度、投资政策受到国内政治、经济环境的影响较大而频繁变动，立法的不稳定性可能会使投资者担心这些变化带来繁重又费时的负担，也加剧了投资者对政府税收优惠承诺的不信任感。在当今全球形势动荡、油价波动和地缘政治不确定性的背景下，俄罗斯的税收制度仍将会进行频繁调整。

北欧国家的情况则不同，高效、简便且长期稳定的税收法律体系在一定程度上降低了企业的遵守成本，但税收政策是北欧国家公共政策的核心工具，北欧 5 国高福利政策的公共支出主要由税收提供，注重公平的社会理念也决定了其对外商投资难以提供具有吸引力的税收优惠法律和政策。对外国投资企业实行与本国企业的同等待遇，保证税收公平，减少了外企在投资时的非国民待遇风险，但也减弱了经济活力。

（二）双边税收协定中存在的问题

1. 部分双边税收协定未及时更新

这一问题主要针对中国与冰岛、挪威的双边税收协定。中国与冰挪两国的协定均在 20 世纪签订，最长已 30 多年未经更新。相较当年，在协定签订的背景、投资国与东道国的角色等关键问题上已经发生了很大变化，无法为"冰上丝绸之路"倡议服务。20 世纪 80 年代和 90 年代，中国作为资本输入国，签订的双边税收协定多倾向于维护来自投资输出国的税收管辖权，目的是确保来自外国投资所带来的税收，尽量防止税收管辖权划分有利于投资来源的发达国家，但随着"冰上丝绸之路"的建设逐步推进，中国仍未及时依据战略需求调整税收协定立场。

2. 常设机构认定时限较短

常设机构是双边税收协定中用于确定跨国营业利润的税收征管权的基本制度，即只有当跨国投资人在投资目的地国的营业利润是通过设在投资目的地国的常设机构实现的，这部分营业利润，投资目的地国才有权征税。[①] 中国在"冰上丝绸之路"沿线国家的投资集中于基础设施建设、油气资源开发等规模大、投资周期长的行业，在认定常设机构的标准上，出现了各协

---

① 陈红彦、马楚莹：《"一带一路"基础设施投资的国际税收法律制度完善》，《华南理工大学》（社会科学版）2018 年第 20 期。

定之间不一致的情况,其中一半的条款规定常设机构的认定时间标准短于12个月(见表1)。常设机构认定标准门槛较低的问题在一定程度上增加了企业在境外的纳税负担。

表1 中国与"冰上丝绸之路"沿线6国双边税收协定中常设机构的认定时间标准

国家	一般	建筑工程类	油气开发类
俄罗斯	18个月	18个月	
冰岛	12个月	12个月	
挪威	6个月	6个月	12个月内累计30天
丹麦	12个月	12个月	
瑞典	6个月	6个月	
芬兰	6个月	6个月	

注:依据中国与6国签订的避免双重征税协定条文统计。划斜线处为没有就此事项的规定。
资料来源:中华人民共和国国家税务总局网站。

3. 缺少税收饶让条款

税收饶让起源于英国议会针对海外企业减税的讨论,但税收饶让条款首次出现在1957年美国和巴基斯坦的协定草案中。税收饶让是税收协定特有的规定,其内容是在缔约国一方本该缴纳但因优惠政策而未缴纳的税款,被视同已经缴纳,回国后照样可以抵免。这种制度能够让企业在域外享有的减免税优惠得到真正的落实,但中国与"冰上丝绸之路"沿线6国的双边税收协定体系中,基本包括直接抵免、间接抵免和限制税率条款,唯独缺少税收饶让条款。按照中国以往惯例,一般是在同经济较差的发展中国家的税收协定中商定互相给予税收饶让,在同发达国家的税收协定中争取对方国家单方给予饶让待遇。这一安排基本依据资本流向,但从整体投资总量来看,中国是"冰上丝绸之路"沿线国家的资本输出国,其中最大的投资目的地国是俄罗斯。中国企业在俄罗斯的投资在较长时间内都位于"一带一路"国家中的前列,俄罗斯为投资特殊地区、特别行业的企业设置了优惠税率,但因缺少税收饶让条款,中国企业在俄因税收优惠政策而免除或减少的税额在中国可能得不到抵免,在这种情况下,只是将税收从免除税收的俄罗斯转移到中国境内,这在一定程度上打击了中国企业赴俄投资的积极性。

四 完善"冰上丝绸之路"国际税收优惠制度的对策

(一)适当延长常设机构的认定标准

中俄两国围绕北极航道开发的"冰上丝绸之路"建设需要中国企业在外承包港口及周边区域包括铁路、公路、通信等基础设施项目,实现区域内经济要素的整合、流通。常设机构认定时限过短导致中国企业境外税负增加,低门槛的认定标准也不符合"冰上丝绸之路"互利共赢的目标。中俄2015年新税收协定已经将常设机构的认定期限由 12 个月调整为 18 个月,但北欧 5 国中最短时限只有 6 个月,据此,中国有必要在接下来更新的与北欧 5 国的税收协定中,适当延长或者对建筑类行业实行特殊的常设机构认定标准。

(二)增加有限制的税收饶让条款

税收饶让条款的缺位使中国企业实际享受"冰上丝绸之路"沿线国家的税收优惠可能性大大降低,在与这些国家的双边税收协定中增设税收饶让条款十分紧迫。对企业在境外所得享受的税收减免金额视作已经缴纳,这一途径的意义不仅是减少税负,还可以帮助企业提高在北极区域内基础设施建设和项目营运的资金风险抵御能力,提高其海外竞争力。

配合"冰上丝绸之路"倡议增加税收饶让条款,还有几个需要注意的问题:1. 应当平等互利,互相给予。中国仍是发展中国家,仍对发达国家高新技术产业投资需求量较大,"冰上丝绸之路"沿线国家包括了北欧的发达国家,该区域国家在环保技术、海洋经济、通信等产业上有明显的技术优势,实现双向的税收抵免,不仅有利于中国企业"走出去",还有利于引进北欧优势产业,实现互利共赢。2. 限制税收饶让条款适用的行业和资金规模、所得类型。传统"一带一路"投资目的地国大部分为劳动力密集、基础设施较差、税收优惠较多的发展中国家;"冰上丝绸之路"投资

目的地国除俄罗斯外，均是发达国家，法律制度、行业标准、操作规范更加严格和规范，在基建、能源开发行业对外国投资的税收优惠也较少，人口总量、人口分布、基础设施条件、气候环境等基本国情与其他"一带一路"共建国家有所不同。为实现"冰上丝绸之路"倡议，应当根据具体国情、经济需求、成本效益，以运营行业和资金规模、所得类型为标准进行限制适用，确保税收饶让条款推进"冰上丝绸之路"建设的目标指向性和实质有效性。

（三）以部分免税法替代抵免法

上述税收饶让条款的限制性使用可以在一定程度上减少企业税负，但是也存在一定的风险：一是增加企业和税务机关在计算抵免项目上的负担；二是监管风险，对东道国的税收优惠部分免于在居住国征税，这部分的税收优惠难以受到居住国税务机关的监管；三是可能的滥用风险，企业可能会利用转移定价、铺设导管等方式规避税收，东道国可能设立高税率再提供税收优惠，利用税收饶让条款形成虚假优惠。

免税法的使用在中国与"冰上丝绸之路"沿线国家的税收协定中并不多见，中俄税收协定中将利息条款由原先的5%限制税率改为在来源国免税，中挪税收协定中对以船舶或飞机的方式从事经营国际运输业务的两国企业实行双边免税。免税法在减税效果、减税成本、监管成本上都优于抵免法，但中国签订的多数税收协定中采用的是抵免法，可以先考虑在"冰上丝绸之路"沿线国家的税收协定中增设适用于如运输业、建筑业等部分重点行业及其境外参股的股息和利息所得的免税条款。

（四）促进沿线国家和企业间的税务信息沟通

出于历史、地理、政治方面的原因，中国企业对东北航道沿线国家提供的税收优惠制度认识较少，信息的不畅通在一定层面上影响国际税收优惠制度的有效性。有必要从以下几点加强"冰上丝绸之路"沿线国家间的税务信息沟通：1. 加强沿线国家税收机关间税收优惠政策合作，搭建税收优惠信息交换统一平台；2. 中国税务机关应当及时编纂沿线国家税收指南，为企业提供及时、准确的税收优惠信息；3. 税务机关可以通过专题宣传或第三方服务的方式帮助企业应用"冰上丝绸之路"沿线国家的税收优惠制度，实现税收减负。

B.8
北极地区的海洋产业发展
及对我国的意义

马琛 唐泓淏 余静 李学峰 岳奇*

摘 要： 气候变暖造成的北极海冰减少增强了北极地区的开发潜力。
北极八国正积极抓住这一发展机遇，从自然资源、基础设施
建设等方面进行油气和矿产、渔业和旅游资源的开发，并着
手部署国内发展战略和规划。俄罗斯、美国和加拿大的油气
和采矿业是其北极发展的重中之重，尤以资源大国俄罗斯为
甚，油气和采矿业的发展可谓俄罗斯经济复苏的希望。相对
而言，北欧五国的策略是平衡发展各行业，大部分国家在油
气和采矿业尚未成熟时，渔业和旅游业在其经济社会中的位
置举足轻重。气候变化不仅为北极八国创造了机遇，也是中
国参与北极事务的机遇。中国应当抓住这一机遇参与到北极
的开发利用中，成长为不可或缺的"北极力量"。

关键词： 北极八国 海洋产业 油气和采矿业

全球气候变暖导致北极冰雪融化加速，使北极在地缘战略、自然资源、

---

* 马琛，女，中国海洋大学海洋与大气学院博士研究生；唐泓淏，男，中国海洋大学海洋与大
气学院博士研究生；余静，女，中国海洋大学海洋与大气学院副教授；李学峰，男，博士，
国家海洋技术中心助理研究员；岳奇，男，博士，国家海洋技术中心副研究员。

航运及科研方面的价值日益凸显，北极"寒地"逐渐成为各国关注的"热土"。① 北极的越来越"可接近"使航道利用和资源开采成为可能，同时也为商业和旅游带来机会。北极国家正积极谋划各自北极地区的发展宏图。中国在北极地区拥有重大国家利益，是北极事务的重要利益攸关方。② 因此，本文聚焦油气和采矿业、基础设施建设、渔业和旅游业等北极地区开发利用的现状，对此进行研究，以了解北极地区海洋产业的发展进程，这有利于中国在北极治理及"冰上丝绸之路"建设中发挥更积极、重要的作用，增强中国在北极事务中的话语权。

一 北极地区海洋产业发展现状

自 2007 年俄罗斯在北冰洋海底插旗以后，北极八国③迅速对此作出反应，纷纷出台和更新修订自己的北极政策，以确保本国在北极的利益不受威胁。这八个国家的北极政策的一个共同点是将促进北极地区社会经济发展、抓住商业机遇作为北极事务的核心事项之一。同时，气候变暖造成的北极海冰减少增强了北极地区的开发潜力。北极八国正积极抓住这一发展机遇，从自然资源、基础设施建设等方面进行油气和矿产、渔业和旅游资源的开发，并着手部署各自国内的发展战略和规划。

（一）俄罗斯

1. 油气和采矿业

俄属北极地区是俄罗斯重要的能源储备库，这里的天然气开采量占全俄开采量的80%，石油开采量占全俄开采量的60%。目前俄罗斯有资质开发北极大陆架资源的只有俄罗斯石油公司（以下简称"俄油"）和俄罗斯天然

---

① 李振福：《加强北极区域的"通实力"》，《中国船检》2019 年第 4 期，第 52～55 页。
② 中华人民共和国国务院办公室：《中国的北极政策》，http://www.gov.cn/zheng-ce/2018-01/26/c-o-n-t-e-n-t_5260891.htm，最后访问时间：2019 年 6 月 25 日。
③ 北极八国是指俄罗斯、美国、加拿大、挪威、丹麦、冰岛、芬兰、瑞典。

气工业股份公司（以下简称"俄气"）。俄罗斯北极海域辽阔，所辖油气区块众多，不同海域的油气开采情况也不同，目前除俄气位于伯朝拉海的普里拉兹罗姆油田（Prirazlomnoye Field）投入生产外，其余北极海域油气区块均处于前期勘探和评价阶段，大部分是以与国际石油巨头成立合资企业的方式开展研究。①

俄罗斯北极陆上的油气生产区主要集中在亚马尔—涅涅茨自治区和克拉斯诺亚尔斯克边疆区，该地区主要以生产天然气闻名。② 目前，俄罗斯北极地区最瞩目的一个项目为俄气的"亚马尔"特大项目（Yamal megaproject）。据推测，亚马尔半岛的总资源存储量可达26.5万亿立方米天然气、16亿吨气体凝析油和30亿吨原油。该项目将在北极圈内建设一个新的天然气生产中心，包括32个油气田。③ 根据项目规划，该项目最终将使亚马尔半岛的天然气产量达到3600亿立方米。另外，在阿尔汉格尔斯克、涅涅茨自治区和科米共和国地区有一个俄罗斯北极地区重要的油气储藏区：蒂曼－伯朝拉（Timan-Pechore）盆地。该产区自20世纪70年代开始迅速发展，至今仍是俄罗斯油气最重要的生产区之一。涅涅茨自治区在其《2030年前涅涅茨自治区社会经济发展战略》中明确说明要进一步发展该油气区。但由于该地区气候条件恶劣，因此在该地区开采石油存在一定的困难。

俄罗斯北极地区也拥有丰富的镍、铜、煤、金、铀、钨和钻石等矿产资源。俄罗斯北部的采矿业非常发达。西伯利亚富含几乎所有具有经济价值的金属矿石，如镍、金、钼、银和锌。同时也存在已知最大的煤、石膏和钻石矿床。萨哈共和国（雅库特）的钻石产量约占世界毛坯钻石供应量的25%。俄罗斯北部也蕴藏丰富的铁、锡、铂、钯、磷灰石、钴、钛、稀有金属、陶

---

① 郭俊广、管硕、柏锁柱等：《俄罗斯北极海域合作开发现状》，《国际石油经济》2017年第3期，第80页。

② "U. S. Energy Information Administration Country Analysis Brief: Russia," https://www.eia.gov/inter-national/content/analysis/countries_long/Russia/russia.pdf，最后访问日期：2019年6月30日。

③ http://www.gazprom.com/projects/yamal/，最后访问日期：2019年6月30日。

瓷原料、云母和宝石。大部分矿产资源蕴藏在科拉半岛。①

2. 基础设施建设

（1）北极港口

俄罗斯在北部海岸从西到东有一系列中小型港口散布在北极地区各自治区、边疆区和州，主要的港口包括摩尔曼斯克港（Murmansk）、阿尔汉格尔斯克港（Arkhangelsk）、瓦兰迪港（Varandey）和萨别塔港（Sabetta）等。北方海航道（Northern Sea Route）的货运量正逐步增加。2018 年，北极港口的货运量为 1800 万吨，增长 25%，其中摩尔曼斯克港货运量达 6000 万吨（包括北极以外运输），比 2017 年增长 18.1%；阿尔汉格尔斯克港增长 15%。② 2018 年新港萨别塔由于亚马尔天然气项目的商业运营货运量增长超过 130%，2019 年前 8 个月增长仍达 100%，处理货物 1840 万吨；蒂曼 - 伯朝拉地区石油专用港瓦兰迪 2019 年上半年货运量比 2018 年增长 6.6%，为480 万吨。③

俄罗斯试图将北方海航道打造成未来具有全球竞争力的运输大动脉，普京的目标是到 2024 年北方海航道的货运量增加至 8000 万吨。依目前趋势看俄罗斯需作出进一步努力才有可能实现这一目标。俄罗斯针对北方海航道水域制订了全面的港口建设和升级计划。根据《2020 年前俄属北极地区社会经济发展国家纲要》，俄罗斯将重点建设萨别塔港和摩尔曼斯克交通运输枢纽。此外，俄罗斯还成立了"北部深海区有限责任公司"，以其为主体共投入 250 亿卢布建设全新的阿尔汉格尔斯克港。④

（2）铁路和机场

俄罗斯铁路分布的一大特点是南密北疏，靠近北极地区几乎没有铁路。

---

① "Natural Resources," https：//arctic. ru/resources/，最后访问日期：2019 年 6 月 30 日。

② https：//bellona. org/news/arctic/2019 - 01 - russian - port - data - show - huge - increases - in - arctic - shipping，最后访问日期：2019 年 11 月 21 日。

③ https：//thebarentsobserver. com/en/industry - and - energy/2019/09/big - growth - russian - arctic - ports，最后访问日期：2019 年 11 月 21 日。

④ 赵隆：《共建"冰上丝绸之路"的背景、制约因素与可行路径》，《俄罗斯东欧中亚研究》2018 年第 2 期，第 106～120、158 页。

因此北方的交通运输主要依靠机场。但由于该地区的投资显著增加，因此铁路建设已被纳入俄罗斯国家及北极地区各个州、自治区和边疆区的规划中。

北纬铁路（Northern Latitudinal Railway）是预计在亚马尔—涅涅茨自治区建造的一条全长 707 千米的铁路，该铁路途经奥布斯卡亚（Obskaya）—萨列哈尔德（Salekhard）—纳德姆（Nadym）—新乌连戈伊（Novy Urengoy）—克罗特恰耶沃（Korotchaevo）及接入该线路的铁路支线。该铁路连接了亚马尔—涅涅茨自治区的西部和东部地区。北纬铁路计划于 2018～2022 年建设，预计交通量将达到 2400 万吨（主要是凝析油和石油货物）。① 但资金问题一直是该项目实施的重要阻碍。专家估计其造价将超过 2300 亿卢布（约合 34.5 亿美元）。为解决资金问题，俄罗斯铁路公司计划出资 1050 亿卢布（约合 15.75 亿美元），其他所需资金将通过租让特许经营权的方式获得。北纬铁路的建设不仅有助于扩大俄罗斯北方地区的油气开采和巩固俄罗斯在北极的地位，还将加快北方海航道基础设施的发展。另外，为配合亚马尔天然气项目的发展，俄气在亚马尔半岛建设了全长 525 千米的奥布斯卡亚—博瓦年科沃（Bovanenkovo）铁路，连通了博瓦年科沃气田。该铁路于 2011 年全线通车，全年全天候运行，快速、经济有效，确保了技术设备、建筑材料和人员的输送。根据《2030 年前俄罗斯铁路发展战略》规划，俄罗斯计划投入 7000 亿卢布（约合 111 亿美元）兴建和翻新共计 1252 千米的"白海—科米—乌拉尔大铁路"（Belkomur），该线路对俄罗斯具有战略意义，因为它直接连接乌拉尔、科米共和国和阿尔汉格尔斯克、摩尔曼斯克和芬兰的不冻港，并将极大地改善俄罗斯边境地区的运输服务，并有助于开发俄罗斯丰富的木材资源。②

机场是俄罗斯北极地区交通运输最重要的工具之一。沿北极沿海建有一系列大大小小的机场。根据《2010～2020 俄罗斯交通运输系统的发展：航空篇》规划，俄罗斯将对国内的机场进行大幅翻新重建。

---

① "Northern Latitudinal Railway," https：//en. wikipedia. org/wiki/Northern _ Latitudinal _ Railway，最后访问日期：2019 年 6 月 30 日。

② http：//www. belkomur. com/en/belkomur/2. php，最后访问日期：2019 年 6 月 30 日。

（3）跨北极光纤

俄罗斯于 2019 年开始建设横跨其北极地区的海底光缆，预计持续至 2025 年。光缆线路从科拉半岛北莫尔斯克起至符拉迪沃斯托克，总长约 12700 千米，将连接俄罗斯北极沿岸所有军事设施（包括西伯利亚北海岸、北极群岛及未来可能重新服役的冷战时期的军事基地），为军事通信提供实时传输。① 该光缆线路将极大地增强俄罗斯尤其是其北极地区的防御能力。

3. 渔业

俄罗斯渔业主要包括海洋捕捞和水产养殖。近年来俄罗斯的海洋捕捞产量不断增加，相对于海洋捕捞，俄罗斯水产养殖的发展水平远远落后。目前，俄罗斯北极地区的渔业发展主要集中在西北地区（巴伦支海）。而俄罗斯其他北极海域（喀拉海、拉普捷夫海、东西伯利亚海和楚科奇海）的渔业则相对不发达。据俄罗斯联邦渔业局研究，属于北极海域的喀拉海具有成为捕捞区的巨大潜力，可能成为俄罗斯的渔业中心。俄罗斯将出台关于在喀拉海发展有前景的渔业的计划。② 据相关研究，楚科奇海也可能是最具发展潜力的海域。③

俄罗斯渔船和渔业基础设施的落后限制了其渔业的发展。在其发布的《俄罗斯渔业发展战略》（至 2030 年）中，俄罗斯将渔业船队的现代化、渔业加工设施和分配中心的建设及远东地区的海洋捕捞和水产养殖作为俄罗斯渔业发展的重点，并引入了新的投资机制。④

4. 旅游业

在经济萧条的情况下，俄罗斯正在努力推广旅游业。俄罗斯北极旅游的

---

① "The Barents Observer," https：//thebarentsobserver. com/en/security/2018/04/russia – slated – lay – military – trans – arctic – fibre – cable，最后访问日期：2019 年 11 月 21 日。

② https：//tass. com/economy/994090，最后访问日期：2019 年 6 月 30 日。

③ https：//www. seafoodsource. com/features/can – russias – arctic – deliver – on – big – fishing – promises，最后访问日期：2019 年 6 月 30 日。

④ https：//www. flandersinvestmentandtrade. com/export/sites/trade/files/market _ studies/2017 – Russia – Fish – sector – Overview. pdf，最后访问日期：2019 年 6 月 30 日。

发展潜力巨大。虽然近几年北极旅游业有了明显的增长，但基础设施的落后、相对偏远的位置及高额的旅行成本给北极旅游业发展带来了阻碍。2019～2025年的俄罗斯联邦旅游计划将北极旅游业作为一个单独的类别展开，旨在促进俄罗斯北极地区的旅游业发展并降低相关成本。① 在《2020年前俄罗斯旅游战略》中，俄罗斯规划了各联邦区旅游业的发展重点。在该战略框架下，将在阿尔汉格尔斯克地区发展旅游休闲集群，重点发展远东地区的旅游业。

（二）美国阿拉斯加北极地区

1. 油气和采矿业

阿拉斯加北坡盆地是北极外围最重要的油气盆地之一。2018年，美国地质调查局（United States Geological Surrey，USGS）对包括阿拉斯加国家石油储备区（National Petroleum Reserve-Alaska，NPR-A）在内的北坡盆地的天然气水合物资源重新进行评估的结果表明该地区未探明的技术可采天然气水合物资源储量约为54万亿立方英尺（约 0.15×10^{12} 立方米）。② 阿拉斯加和加拿大北极地区所处的美亚海洋盆地的油气蕴藏量仅次于俄罗斯北极海域。石油生产堪称阿拉斯加经济增长的引擎。阿拉斯加最高产的是普拉德霍湾（Prudhoe Bay）油田。原油输送主要依靠跨阿拉斯加管道系统（Trans-Alaska Pipeline System，TAPS）。

阿拉斯加金属采矿业产出主要为金、银、锌和铅，占阿拉斯加州GDP的7%。③ 阿拉斯加目前有5个主要在产金属矿区④，其中位于北极圈内的红

---

① https：//www.highnorthnews.com/en/russia－boosts－arctic－tourism，最后访问日期：2019年6月30日。

② USGS，"Assessment of Undiscovered Gas Hydrate Resources in the North Slope of Alaska，" https：//pubs.usgs.gov/fs/2019/3037/fs20193037.pdf，最后访问日期：2019年11月21日。

③ "Alaska Metals Mining，" http：//groundtruthtrekking.org/Issues/MetalsMining.html，最后访问日期：2019年11月21日。

④ 阿拉斯加的5个矿区为：红狗（Red Dog）锌－铅矿、诺克斯堡（Fort Knox）金矿、波戈（Pogo）金矿、肯辛顿（Kensington）金矿和格恩斯奎克（Greens Creek）银矿。

狗（Red Dog）锌－铅矿区是世界上最大的锌矿之一，拥有世界上最丰富的锌储量，其锌产量占世界锌总产量的 10%。[①]

2. 基础设施建设

美国阿拉斯加北极地区的基础设施建设相对薄弱。美国北极地区没有深水港。阿拉斯加州交通运输与公共设施部（the Alaska DOT&PF）和美国陆军工程兵团曾进行过一项阿拉斯加北极深水港口研究（the Alaska Deep Draft Arctic Ports Study），旨在评估出潜在的深水港，并选择将诺姆港（Nome Port）作为建造试点，但该项研究已于 2015 年暂停。2018 年美国陆军工程兵团再次宣布将针对诺姆港进行其是否适合建设深水港的可行性研究。[②] 阿拉斯加北极地区的陆路（公路和铁路）系统与中南部地区相比不发达，稀疏零散，但在沿海和内陆分布有诸多小型机场，机场是该地区的主要交通方式。

北极光纤（Arctic Fibre）项目由加拿大北极光纤公司提出，旨在建设通过北极水域（西北航道）连接英国和日本的海底电缆系统。作为该项目的第一阶段，阿拉斯加段海底光缆已铺设完毕并于 2017 年投入使用。该段光缆全长 1200 英里（约 1931 千米），连接诺姆（Nome）和普拉德霍湾（Prudhoe Bay）。

3. 渔业

阿拉斯加拥有世界上最富饶的渔场之一。阿拉斯加北极地区商业捕捞业、休闲渔业和自给性渔业主要分布在北极－育空－卡斯科奎姆（Arctic-Yukon-Kuskokwim）的淡水河和沿海地区，主要渔获物包括鲑鱼、鲱鱼、鳟鱼、鳕鱼和帝王蟹。阿拉斯加水产养殖起步较晚，且主要分布在东南和中南部地区。

渔业对阿拉斯加的经济和社会构成具有举足轻重的影响。海鲜产业创造了大量工作岗位，其中海鲜加工是阿拉斯加最大的产业。作为重要的经济增长引擎，阿拉斯加十分重视对渔业的可持续管理，也因此保证了渔业年产量

---

① 张辉、徐九华、成曦晖：《美国阿拉斯加红狗铅锌矿床地质特征及成矿模式》，《地质通报》2015 年第 6 期，第 1011~1025 页。

② https：//www.arctictoday.com/deepwater－port－alaskas－arctic－essential－u－s－national－security/，最后访问日期：2019 年 11 月 21 日。

和资源的保护。中国是阿拉斯加海产品第二大出口市场，由于受中美持续贸易摩擦的影响，阿拉斯加对中国的海产品出口量在 2018 年下降了 20%。[①]

4. 旅游业

旅游业是阿拉斯加近几年在经济衰退的情况下唯一缓慢增长的行业。2018 年夏季游客超过 200 万人次，比 2017 年增长 5%；旅游业创造的产值约为 45 亿美元，创造的就业岗位占阿拉斯加州的 1/10。[②] 阿拉斯加北极的文化、冰川、野生动物和群山吸引着越来越多的游客。但北极地区在旅游业中所占比例尚小。据阿拉斯加州商务、社区和经济发展部（Department of Commerce，Community and Economic Development）对 2017 年阿拉斯加州旅游业经济影响的研究，2017 年北极旅游业创造岗位和游客消费仅占整个旅游业的 1%，劳动力收入不足 0.01%。[③]

（三）加拿大

1. 油气和采矿业

加拿大北极地区油气资源蕴藏量约占加拿大油气总量的 1/3。北方油气主要集中在麦肯齐山谷（Mackenzie Valley）、北极群岛（Arctic Islands）和麦肯齐三角洲/波弗特海（Mackenzie Delta/Beaufort Sea）。近年来由于石油价格下跌及来自加拿大南部廉价充足的油气供应，且海上油气开采成本高，其北方陆上和海上油气开发活动已完全陷入停滞。[④] 目前仍在产的只有位于麦肯齐三角洲的伊基尔气田（Ikhil gas field）和麦肯齐山谷中部的诺曼韦尔斯油田

① "Resources Development Council for Alaska," https：//www. akrdc. org/fisheries，最后访问日期：2019 年 6 月 28 日。

② https：//www. alaskatia. org/Research/Visitor% 20Volume% 20Summer% 202018% 20Report% 202_15_19. pdf，最后访问日期：2019 年 11 月 21 日。

③ https：//www. commerce. alaska. gov/web/Portals/6/pub/Tourism – Research/Visitor – Impacts 2016 –17 – Report –11_2_18. pdf？ ver = 2018 – 11 – 14 – 120855 – 690，最后访问日期：2019 年 11 月 21 日。

④ https：//business. financialpost. com/commodities/energy/canada – puts – arctic – in – a – snow – globe – as – it – freezes – oil – and – gas – development – just – as – norway – russia – accelerate，最后访问日期：2019 年 11 月 22 日。

（Norman Wells oil field）。2016 年，奥巴马和特鲁多签署《美国 – 加拿大北极领导人联合声明》（The United Stated – Canada Joint Arctic Leaders' Statement），随后特鲁多宣布无限期停止签发新的北极水域油气开发许可，每 5 年针对油气活动进行一次基于科学的评估，并于同年启动波弗特地区和巴芬湾及戴维斯海峡战略环境评估（Strategic Environmental Assessment），此举旨在评估油气活动带来的环境影响，保护北方脆弱的生态系统，应对气候变化。

北方地区被视作加拿大矿业发展的下一个前沿阵地，蕴藏丰富的钻石、金、银、铜和铁等矿产。采矿业是加拿大西北地区（Northwest Territories, NWT）、努纳武特（Nunavut）和育空（Yukon）的支柱产业。西北地区盛产钻石，努纳武特盛产金和铁，育空盛产金、银、铜等。努纳武特和育空是加拿大北方最具吸引力的矿产勘探和投资地区。近年来，努纳武特和育空这两地掀起了 21 世纪淘金热，为加拿大北方的经济发展注入新活力。相较而言，西北地区的钻石产量达到峰值，未来 5 年内将以每年 1.6% 的平均速度收缩。① 但西北地区仍将受益于努纳武特和育空采矿业的发展。

2. 基础设施建设

尽管意识到北极开发的前景，但加拿大北极地区基础设施建设尚不完善。加拿大唯一的北极深水港是位于马尼托巴省（Manitoba）的丘吉尔港（Port of Churchill），海上通过哈德逊海峡（Hudson Strait）与大西洋连接，陆上通过哈德逊湾铁路运输谷物等货物。丘吉尔港与摩尔曼斯克港之间的季节性海上航线被称为"北极桥"（Arctic Bridge），是加拿大北极地区进出口贸易的重要渠道。尽管该航线能明显减少加拿大面向欧洲和亚洲市场的时间和距离成本，但丘吉尔港的货运量不足以维持其运转，于 2016 年关闭。② 随后该港口被北极门户集团（Arctic Gateway Group）收购。2008 年加拿大北极伊卡卢伊特（Iqaluit）地区制定《伊卡卢伊特深水港项目战略计划》，拟在巴芬兰岛伊卡卢伊特市建设深水港。该港口目

---

① https：//www. mining. com/gold – mines – inject – new – life – canadas – far – north/，最后访问日期：2019 年 11 月 22 日。

② https：//arcticbridge.com/，最后访问日期：2019 年 11 月 22 日。

前尚在建设中。

加拿大北方地区约占加拿大领土总面积的 40%，但人口稀疏，环境相对恶劣，因此北方地区公路和铁路网不发达。相比较而言，北方地区货物运输更依赖于海运（大部分集中于努纳武特地区），客运更依赖于航空运输。①为应对气候变化，实现《加拿大清洁空气议程》（Canada's Clean Air Agenda）目标，加拿大交通运输部制定了《北方交通适应计划》 （Northern Transportation Adaptation Initiative，NTAI）以建设、改造升级北方地区现有交通运输系统来适应气候变化带来的影响。②该计划于 2011 年启动。2019年 8 月，加拿大政府宣布将投资超 1.5 亿美元铺设从努纳武特伊卡卢伊特至格陵兰努克（Nuuk）长 1700 千米的海底电缆以促进加拿大北方的宽带服务。此外，对娱乐和绿色基础设施项目的投资有所增加，这些均为加拿大北方的发展奠定了基础。

3. 渔业

加拿大北极水域渔业资源丰富。鱼类是因纽特人的主要食物来源，其中尤以北极鲑为主。虽然相对未受到大规模开发，但加拿大北极已面临局部地区渔业资源枯竭的状况。考虑到北极生态系统的脆弱性，加拿大对北极渔业实行基于生态系统的管理，基于预防原则，不鼓励在科学知识不足的情况下颁发大规模商业捕鱼许可证。2014 年，加拿大渔业与海洋部签署的《波弗特海综合渔业管理框架》（The Beaufort Sea Integrated Fisheries Management Framework）更规定除非经过科学论证证实捕捞是可持续的否则禁止在加拿大波弗特海进行商业捕鱼。③目前，北极沿海原住民主要依赖于小规模、以社区为基础的渔业。

努纳武特是加拿大商业捕鱼业的主要贡献地之一。努纳武特的主要经济

---

① "Statistics Canada," https：//www150. statcan. gc. ca/n1/pub/16 - 002 - x/2009001/article/10820 - eng. htm，最后访问日期：2019 年 6 月 25 日。

② "Canada," https：//www. tc. gc. ca/eng/corporate - services/des - reports - 1260. htm，最后访问日期：2019 年 6 月 25 日。

③ https：//oceansnorth. org/en/what - we - do/fisheries/，最后访问日期：2019 年 6 月 25 日。

鱼种是北极鲑、北极虾和大比目鱼。努纳武特面临严重的粮食安全问题，渔业的进一步发展也成为解决该问题的途径。尽管前景明朗，但努纳武特商业捕鱼的发展仍受制于基础设施不足、高成本、地理位置偏远和行业规范不到位等因素。

4. 旅游业

加拿大北极 3 个地区的旅游业近年来都在缓慢增长。西北地区 2011 年发布的《旅游业 2015》（Tourism 2015）计划的实施截至 2015 年为其创造了 1.466 亿美元收入（占其当年 GDP 比重小于 1%），随后于 2016 年发布《旅游业 2020》（Tourism 2020），目标是到 2020 年实现旅游业收入超 2.07 亿美元。① 旅游业是育空地区第二大经济产业，每年创造收入超 1 亿美元，育空地区超过 25% 的就业岗位是旅游业提供的。② 努纳武特旅游业主要分为社区和文化旅游及海上邮轮旅游。为了发展旅游业，努纳武特旅游和文化产业部门（Tourism and Cultural Industries，TCI）实施了诸如旅游从业者培训等一系列计划和项目。加拿大北极旅游业的发展主要受制于交通、住宿等基础设施不完善，专业从业人员的不足和市场不成熟等。加拿大联邦和地区政府更注重投资油气和采矿业。

（四）挪威

1. 油气资源

油气开发活动是挪威当前福利社会的支柱。2018 年挪威中央政府的石油活动净收入总额达 2510 亿挪威克朗，2020 年预计为 980 亿挪威克朗（受新冠肺炎疫情影响下降），③ 石油行业对挪威经济和福利社会的融资至关重要。

---

① "Tourism," https：//www.iti.gov.nt.ca/en/tourism，最后访问日期：2019 年 6 月 25 日。

② "Tourism Industry Association of Canada," https：//tiac - aitc.ca/cgi/page.cgi/_ membership.html/100 - Government - of - Yukon - Dept - of - Tourism - Culture? attr = organization，最后访问日期：2019 年 6 月 25 日。

③ https：//www.norskpetroleum.no/en/economy/governments - revenues/，最后访问日期：2019 年 11 月 22 日。

挪威管辖的海域面积几乎是挪威陆域面积的 6 倍，在此区域中约有一半海底由含有油气的沉积岩构成。[①] 挪威大陆架的油气区块位于北极地区的包括挪威海的北部和巴伦支海。挪威海面积 289000 平方千米，是北海面积的 2 倍，然而在油气开采的成熟度上远不及北海，较早投入生产的哈尔滕浅滩（Haltenbanken）油田，已生产油气 20 多年。目前挪威海已有 19 个油气田投入生产，[②] 天然气区块和管道也已延伸至北极圈内。

巴伦支海的挪威部分面积约为 313000 平方千米，是挪威大陆架上最大的海域。在挪威三大油气海区中，巴伦支海的油气开发潜力最大，但目前挪威仅在北纬 74°30′以南的区域进行了油气开发活动。目前巴伦支海仅有斯诺赫维特（Snøhvit）和格里亚特（Goliat）两个运营中的油田，分别于 2007 年和 2016 年投产。

Patchwork Barents 收集的数据显示，2014 年挪威北极圈内海域天然气产量为 74.6 亿立方米。挪威北极海域天然气产量的大部分份额来自挪威国家石油公司的斯诺赫维特液化天然气项目，这也是世界上最靠近北极的天然气开发项目，2014 年更是创下了 52.2 亿立方米的产量纪录。随着挪威国家石油公司在挪威海的油田项目和极地油气管道建设计划的实施，挪威海也即将成为重要的天然气产区。[③]

2. 基础设施建设

交通与运输是挪威北极战略中政府优先考虑的五个领域之一。运输系统的发展，包括基础设施建设、跨境运输以及高水平的海上安全保障是挪威北极战略中最重要的措施之一。

挪威政府在 2016 年 2 月 29 日发布了《国家运输计划 2018 ~ 2029》（National Tranport Plan 2018 – 2029）白皮书，优先考虑了北极地区的几个主要的发展项目，强调了渡轮容量、山区道路、北部地区机场对于挪威北部地

① https：//www. norskpetroleum. no/rammeverk/rammevilkarpetroleumshistorie/，最后访问日期：2019 年 6 月 27 日。

② https：//www. norskpetroleum. no/en/facts/field/，最后访问日期：2019 年 11 月 22 日。

③ http：//www. patchworkbarents. org/node/154，最后访问日期：2019 年 6 月 27 日。

区社会的重要性，同时十分注重交通运输行业的跨境关系与国际合作。目前挪威北部共有 8 个机场，主要为旅游业提供服务，其中最大的特罗姆瑟（Tromsø）机场推出"北极光机场"的概念，在国际旅游业中具有一定的影响。根据《欧洲国际走廊协定》，挪威还提议将其北部的 RV 93 号公路重新规划到挪威 – 芬兰边境，使其成为欧洲 45 号公路的一部分。数据显示，近 10 年来挪威北极地区港口货物周转量均高于邻近的俄罗斯港口。① 纳尔维克港（Narvik）是目前巴伦支地区货物周转量最大的港口，2014 年该港运输了超过 2100 万吨来自瑞典北部的铁矿石。同样，在挪威最北部的芬马克郡，港口货运量也在增加，2014 年芬马克郡港口货物周转量达 5500 万吨。挪威公司 Norterminal 在 2015 年通过向挪威环境局的申请，获准在希尔克内斯港（Kirkenes）转运多达 600 吨的俄罗斯石油。②

在运输计划的规划期间，挪威政府计划在诺尔兰（Norrland）、特罗姆瑟（Tromsø）、芬马克（Finnmark）北部三郡投资约 283 亿挪威克朗用于道路建设，这将显著缩短到挪威北部地区的旅行时间，为游客提供更为安全和可靠的交通方式。航空业在挪威北部三郡地位极高，国内航班出行频率远高于全国其他地区，挪威计划进一步优化航线和机场结构，为北部地区提供更优质的航空服务。计划同样包含北部铁路发展的新举措，一是国家铁路网在北部三郡加快延伸，二是在北部地区建立跨境连接的新铁路。在港口和航道项目中，挪威计划修复朗伊尔城的港口基础设施，设立大型客运站，并通过为经营不善的航运企业提供支持来服务当地社区。③

挪威北极地区目前有 3 条主要的海底光缆：斯瓦尔巴海底电缆系统（Svalbard Undersea Cable System，长 2714 千米，2004 年铺设完成，连接斯匹次卑尔根群岛和挪威大陆）、博多（Bodø）—罗斯特（Røst）海底电缆

---

① "Russian Arctic ports down, Norwegian up," http：//www. patchworkbarents. org/? q = nordland，最后访问日期：2019 年 11 月 22 日。

② "Nenets oil gives boost to Norwegian port," http：//www. patchworkbarents. org/? q = finnmark，最后访问日期：2019 年 11 月 22 日。

③ https：//www. regjeringen. no/no/dokumenter/grunnlagsdokument – nasjonal – transportplan – 2018 – 2029/id2477391/，最后访问日期：2019 年 6 月 27 日。

（长 109 千米，2016 年铺设完成）和极圈电缆（Polar Circle Cable，长 1004 千米，2007 年铺设完成，连接挪威北极地区的沿海城市）。

3. 渔业

挪威北极海域渔业资源十分丰富。2017 年，挪威北部海域鱼类和贝类捕捞量达 663320 吨，产值约 280 亿挪威克朗。[①] 2018 年挪威北部三郡渔民数量达 5300 人，渔船总量达 3292 艘。[②] 目前挪威的东北大西洋鳕鱼的产卵量正处于历史高位，是世界上最重要的鳕鱼种群之一。作为可再生生物资源，挪威对其渔业资源进行了配额管制，以保证其可持续利用。

养殖业在挪威仍是新兴产业，但在北部海域也处于持续增长中，2012 年大西洋鲑鱼和虹鳟鱼产量为 45.9 万吨，占挪威总量的 37%。在北部三郡中，诺尔兰郡水产养殖规模最大，并且是海域生产利用率最高的郡，2012 年养殖量达 23 万吨，占挪威水产养殖量的一半以上。[③]

4. 旅游业

挪威北部是目前挪威大陆上面积最大且人烟最稀少的地区，面积超过全国的 1/3。挪威北部旅游资源丰富，夏季有午夜太阳，冬季有神奇北极光，又是萨米人的故乡，拥有美丽的海岸线和悠久的沿海文化，吸引众多游客前往北极旅游。挪威北部有 150 多家床位超过 20 张的酒店，其中约半数位于诺尔兰郡，1/4 分别位于特罗姆瑟郡和芬马克郡。2007～2011 年，挪威北部酒店的游客入住数量增长缓慢，仅从 180 万人次增长至 210 万人次，增长了约 17%。[④]

斯匹次卑尔根群岛一直是游客的向往之地。斯匹次卑尔根群岛已获得可

---

① https：//www. fiskeridir. no/Yrkesfiske/Tall – og – analyse/Fangst – og – kvoter/Norges – fiskerier，最后访问日期：2019 年 11 月 22 日。

② https：//www. fiskeridir. no/content/download/8252/101982/file/fiskermanntallet – for – innevaerende – aar. xlsx，最后访问日期：2019 年 11 月 22 日。

③ https：//www. regjeringen. no/no/tema/mat – fiske – og – landbruk/fiskeri – og – havbruk/Norsk – havbruk – snaring – /id – 7 – 54210/，最后访问日期：2019 年 6 月 27 日。

④ "Opplev Norge-unikt og eventyrlig," https：//www. regjeringen. no/no/dokumenter/meld. – st. – 19 – 2016 – 2017/id – 2543824/? ch = 2#kap2 – 1 – 1，最后访问日期：2019 年 11 月 22 日。

持续旅游目的地认证，该认证代表了对那些采取了系统的措施减少旅游业负面影响的旅游目的地的肯定。2016年，斯瓦尔巴机场抵达游客数量8.5万人次，住宿游客数量达6.5万人次，总住宿天数14.2万天。2015年，斯匹次卑尔根群岛旅游文化产业收入达6.3亿挪威克朗，从业人数达480人。①

（五）格陵兰（丹麦）

1. 油气和采矿业

格陵兰岛陆上和近海的油气储量相当可观。据美国地质调查局2008年调查，格陵兰东、西、北三个盆地潜在油气资源藏量约为520亿桶油当量。② 目前，格陵兰已向外国企业颁发了20多个油气勘探许可证，但真正进行过深入钻探活动的只有持有最多许可证的凯恩能源公司（Cairn）。根据《格陵兰石油和矿业战略2014～2018》，格陵兰油气活动将主要集中在詹姆森州、西南格陵兰、迪斯科湾（Disko Bay）、努苏阿克、巴芬湾和戴维斯海峡。

格陵兰岛矿产资源丰富，已探明的矿产种类主要有金、锌、铁、铅、有色宝石和其他工业矿物。采矿活动主要集中在格陵兰岛西部和西南部。截至2018年格陵兰已颁发了6个开采许可证，但只有位于西格陵兰的Aappaluttoq宝石矿投入生产。③ 预计到2022年将共有4座矿山投入运营。新矿的发展受格陵兰外部经济因素和内部基础设施建设的制约。格陵兰经济目前仍依赖于丹麦政府的补贴。格陵兰政府将油气和采矿业视为实现其经济独立的抓手。

2. 基础设施建设

受制于自然条件，格陵兰岛内没有铁路、内陆水路，城市间也没有公

---

① https：//www.visitnorway.cn/places-to-go/northern-norway/，最后访问日期：2019年6月27日。

② https：//pubs.usgs.gov/fs/2008/3049/fs2008-3049.pdf，最后访问日期：2019年11月23日。

③ "Mining in Greenland," https：//www.lexology.com/library/detail.aspx? g=4f55d3ae-c021-4867-a366db82-a74a3c05，最后访问日期：2019年11月23日。

路。主要的交通方式是海运、航空、雪地车和狗拉雪橇。格陵兰城市与机场基本上位于沿海地区。西格陵兰岛的城市与机场明显多于东格陵兰岛。格陵兰岛有5个主要港口：埃格瑟斯明讷港（Egedesminde Port）、戈特霍布港（Godthab Port，又名努克港）、马尔莫里利克港（Marmorilik Port）、纳萨尔苏瓦克港（Narssarssuaq Port）和苏克托彭港（Sukkertoppen Port）。

格陵兰于2009年投入使用的海底电缆系统格陵兰连接（Greenland Connect）长4780千米，连接冰岛和加拿大。2016年，格陵兰电信公司宣布将延长格陵兰西部段的电缆线路至格陵兰北方。

3. 渔业

格陵兰经济主要依赖海洋捕捞、水产品加工和贸易。渔业是格陵兰的支柱产业。海产品占格陵兰货物出口总量的85%以上，格陵兰岛内超过1/5的人从事渔业相关行业。[①] 格陵兰的渔业产量全部来自海洋捕捞，主要集中在格陵兰岛西部海域。格陵兰地处北极圈严寒地带，渔业品种较少，主要有北极甜虾、大西洋鲭鱼和格陵兰大比目鱼。

格陵兰渔业实行分配制度，分为近海小规模渔业和海上大规模渔业。捕虾业实施个人可转让配额制度（Individual Transferable Quota System），格陵兰大比目鱼渔业实施许可证和总允许捕捞量（Total Allowable Catch，TAC）制度。渔业易受捕捞量和市场价格的影响，对渔业的过度依赖已经引起了格陵兰政府的重视，其正通过发展旅游业和工矿业等稳固岛内经济根基。

4. 旅游业

为了摆脱对渔业的依赖，格陵兰政府不断促进旅游业的发展。旅游业已是格陵兰岛第三大经济支柱产业。格陵兰建立了5个重点旅游地区，其中以迪斯科湾为中心的北格陵兰地区是旅游业最发达的地区。交通基础设施的不足限制了旅游业的发展。格陵兰的旅游方式通常为飞机和邮轮结合。目前直飞格陵兰的只有两条路线：哥本哈根—格陵兰和冰岛—格陵兰。为了改善交

---

① "Fisheries," http：//climategreenland.gl/en/weather－climate－and－the－atmosphere/fisheries/，最后访问日期：2019年11月23日。

通状况，格陵兰计划新建或扩建卡科尔托克（Qaqortoq）、努克（Nuuk）和伊卢利萨特（Llulissat）的3座机场。邮轮旅游近年来势头强劲，仅2015～2018年就增长了126%。① 格陵兰工业、能源和研究部（Ministry of Industry, Energy and Research）正制定2020～2023年新旅游战略，将更加重视旅游业的可持续发展。

（六）冰岛

1. 油气和采矿业

冰岛正缓慢地发展油气业。冰岛大陆架东北部的德雷基（Dreki）海域和北部的甘莫（Gammur）最具有油气商业化潜力。德雷基北部的战略环境评估已经完成，因此已可在该地区颁发勘探和生产许可证。2008年，冰岛工业部宣布开放冰岛东北部德雷基海域远海石油钻探。2009年5月，德雷基扬马延（Jan Mayen）海域龙（Dragon）区石油勘探执照首轮招标正式开始议标。2013年冰岛颁发了两个海上油气勘探许可证。同年，中国和冰岛签署《中国—冰岛自由贸易协定》，冰岛先后邀请中国央企中海油和中石化参与冰岛北极海域的油气开发。2014年，中海油获得德雷基（Dreki）油气产地的第3份勘探许可，自此德雷基油气产地由中海油、Eykon Energy和Petoro Iceland合资经营，其中中海油控股60%。但由于结果不理想，成本高且风险大，冰岛的石油勘探活动随着中海油和Petoro Iceland的退出而暂停。②

冰岛几乎没有探明的矿产资源。冰岛可再生能源丰富，是世界上最大的绿色能源生产国。可再生能源产业提供了近85%的一次能源，水利和地热发电提供了冰岛所有电力。③ 丰富的可再生能源同时吸引了国外铝生产商在

---

① "Tourism Statistics Report Greenland 2018," http：//www.tourismstat.gl/，最后访问日期：2019年6月28日。

② 国际极地与海洋门户网，http：//www.polaroceanportal.com/article/694，最后访问日期：2019年6月28日。

③ "Energy Data," https：//askjaenergy.com/iceland－introduction/energy－data/，最后访问日期：2019年11月23日。

冰岛扎根，使冰岛成为世界上主要的铝冶炼国家之一。冰岛约 87% 的化石燃料消耗来自交通运输业和渔业。[①] 2017 年，冰岛议会批准《陆上和近海运输能源转型决议》（Parliamentary Resolution on Energy Transition），推动交通运输业的能源转型。冰岛化石燃料主要依赖进口，能源转型可提升冰岛国内可再生能源的市场份额，降低进口依赖，同时实现减排目标。

2. 基础设施建设

由于人口少，居民居住分散，冰岛陆上的一个重要特点是没有铁路。目前正在规划修建凯夫拉维克（Keflavík）国际机场至雷克雅未克（Reykjavík）市区的轻轨。

冰岛国内运输主要依靠公路。国家级公路约 1.3 万千米，其中最主要的公路——1 号环岛公路全长 1339 千米。主要城镇之间路况较好。但许多高地道路只在夏季开放。公路以数字命名，位数越少，等级越高，路况越好。

冰岛货物运输主要依靠海运。冰岛海岸线长 4970 千米，沿海建有大小 62 个港口码头，其中 15 个码头可停泊货轮和邮轮。环岛海运是冰岛国内传统的运输方式，但由于运输时间和货物周转不便等，除了大型设备采用环岛海运外，多改为陆地和航空运输。冰岛主要港口有雷克雅未克（Reykjavík）、斯特勒伊姆维克（Straumsvík）、内斯克伊斯塔泽（Neskaupstadur）、阿克雷里（Akureyri）等。雷克雅未克港位于冰岛西南沿海法赫萨（Faxa）湾内的科拉（Kolla）湾的南岸，濒临大西洋的东北侧，与北极圈相近，是冰岛最大的海港。雷克雅未克新建的 Sundahöfn 港是最重要的外贸港，承担了全国约 70% 的进出口和中转运输量，年吞吐量约 23 万个标准集装箱。[②] 冰岛还有 3 个为电解铝厂修建的专用港，其余港口多为渔港。

3. 渔业

渔业是冰岛的传统行业，也是冰岛的支柱产业。渔业占冰岛 GDP 的比

---

① "Fuel Use," https://nea.is/fuel-use/，最后访问日期：2019 年 11 月 23 日。

② http://www.4allports.com/port-overview-reykjav%C3%ADk---sundah%C3%B6fn-iceland-pid297.html，最后访问日期：2019 年 6 月 28 日。

重常年在 10% 左右，海洋产品占出口总量的 40% 以上。[①] 由于全球气候变暖，海水温度升高，鱼类种群不断北移，对冰岛来说，这也意味着新的捕鱼场和潜在的新经济增长点的出现。冰岛周边海域，即巴伦支海和冰岛及东格陵兰周边海域，位于寒暖流交汇处，渔业资源丰富，是世界著名渔场，是冰岛渔民的传统捕鱼场地。冰岛渔业种类主要有鳕鱼、比目鱼、红鱼等。水产养殖业则由于海水温度不适宜而发展缓慢。经过实验和研究，冰岛开始利用地热发电厂产生的温排水进行水产养殖，实现了废水再利用，主要养殖品种为鲑鱼。渔业的持续繁荣得益于冰岛的负责任渔业（Responsible Fisheries）。冰岛的渔业管理主要基于对鱼类种群和海洋生态系统的广泛研究，以此安排相关渔业活动，确定总允许捕捞量。

4. 旅游业

冰岛位于北极圈边缘，属寒带地区，但境内多火山，地热资源丰富，因此又被称为"冰与火之国"。冰岛境内景观奇特，旅游资源丰富，对冰岛经济的贡献不断增大，特别是近几年兴起的北极观光旅游，更成为冰岛旅游业发展的一大助力。2017 年，冰岛迎接了超过 200 万人次来自世界各地的游客。2008 年金融危机后，旅游业成为冰岛政府着重发展的产业之一。2013 年以来，旅游业已取代渔业成为冰岛最大的创汇产业，其占 GDP 的比重由 2009 年的不足 4%，上升为 2017 年的 8% 以上。[②] 冰岛旅游业的过度增长（Overtourism Phenomenon）限制了渔业和制造业的发展，使过去 10 年冰岛的渔业和制造业有所萎缩。2018 年冰岛旅游业增长速度开始放缓。冰岛国内也出现了对旅游业过度依赖的担忧。

（七）芬兰

1. 油气和采矿业

芬兰本土没有油气资源储备，但由于气候寒冷和能源密集型工业的需

---

① "Export Statistics," https：//www. responsiblefisheries. is/seafood‑industry/export‑statistics/，最后访问日期：最后访问日期：2019 年 11 月 23 日。

② "Tourism Satellite Accounts," https：//statice. is/statistics/business‑sectors/tourism/tourism‑satellite‑accounts/，最后访问日期：2019 年 6 月 28 日。

求,人均能源消耗极高。芬兰约71%的能源需求通过进口满足,[①] 俄罗斯几乎提供了芬兰所需的全部天然气和80%的石油。芬兰拥有先进的清洁能源技术,生物能、核能和水能的大量使用降低了芬兰对石油、煤炭、天然气和泥煤的依赖,并成为生产二代生物燃料的全球领导者。[②] 芬兰是应对气候变化的积极响应者,同时希望提高本国在北极地区的竞争力。清洁技术(Cleantech)和生物经济(Bioeconomy)成为芬兰参与北极事务的切入点。为促进芬兰北极能源专业知识的出口,芬兰积极开展公司间合作,尤以俄罗斯和挪威的双边合作为主。

据芬兰地质调查局(Geological Survey of Finland, GTK)资料,芬兰目前已发现十多种矿产资源,其中具有相对优势的是镍、锌、铜、铬和金等。重要的成矿区带包括中央拉普兰绿岩成矿带(Central Lapland Greenstone Belt),该地区勘探活动最为活跃,已有矿包括 Agnico Eagle 金矿、Boliden 镍-铜矿和 Anglo American 镍-铜矿床。尽管储量丰富,但芬兰矿产资源尚未进行大规模开发。现有采矿活动主要分布在芬兰北部和东部。芬兰传统的产品是石灰石等工业矿物(不用于制造金属)。随着芬兰对金属矿业的重视,特别是亲矿业发展政策的出台,芬兰成为北欧国家乃至世界矿业投资环境最好的国家之一。加之先进的技术、完善的基础设施和严格的安全标准,众多跨国矿业公司将目光投向芬兰。据芬兰安全与化学品管理局(Tukes)统计,2018年芬兰矿业投资达3.9亿欧元,增长29%;矿物总开采量为1.3亿吨,增长8%。[③]

芬兰采矿业在环境保护和技术方面的标准非常高。芬兰的雄心是到2020年成为生态高效矿产行业(Eco-efficient Mineral Industry)的全球领先

① OECD, *Fossil Fuel Support Country Note*:*Finland*, April 2019.

② "International Energy Agency," https://www.iea.org/countries/finland#more-finland,最后访问日期:2019年6月28日。

③ "Review of Mining Authority on Exploration and Mining Industry in Finland in 2018," https:-//tukes.fi/documents/5470659/6373016/Mining+in+Finland+2018/9d25562b-f170-0cf3-a5cd-a6fdf-bec711f/-Mining+in+Finland+2018.pdf,最后访问日期:2019年11月25日。

者，这一目标得到了芬兰科技创新资助机构 Tekes（Finnish Funding Agency for Technology and Innovation）于 2011～2016 年推出的绿色矿业计划（Green Mining Program）的支持。芬兰通过倡导《金属采矿作业最佳环境做法指南》（Best Environmental Practices in Metal Mining Operations）为北极项目中的生态高效采矿作出贡献。[①]

2. 基础设施建设

巴伦支地区采矿业、旅游业、能源工业的发展及东北航道的开通同样刺激了芬兰北极地区交通运输的发展。芬兰与巴伦支海及其枢纽（如摩尔曼斯克和特罗姆瑟）缺乏良好的连接。同样，从波的尼亚湾向东或向北至挪威也没有客运或货运联系。芬兰当前非常重视北极地区基础设施的建设。目前，芬兰已有一些正在讨论中的北部交通运输计划。具体内容如下。[②]

（1）波的尼亚走廊（Bothnian Corridor）。该走廊属于欧盟跨欧洲交通网络（Trans-European Transport Networks）核心之一。[③] 该走廊延伸至波的尼亚湾两侧的瑞典和芬兰，联通瑞典和芬兰南北部，同时连接挪威和俄罗斯。该走廊将北欧与欧洲大陆连接，将有效促进芬兰和瑞典北部工业产品的输出。

（2）巴伦支铁路（Barents-Link Railroad），从瑞典北部和挪威穿过芬兰边境检查站奥卢（Oulu）和瓦蒂乌斯（Vartius）到俄罗斯西北部，再穿过阿尔汉格尔斯克连接西伯利亚大铁路。该铁路将服务于芬兰北部经济发展。

（3）摩尔曼斯克线（Murmansk Link）由公路和铁路组成。这条走廊将芬兰北部与摩尔曼斯克地区连接起来。萨拉坎达拉克沙铁路（Salla-Kandalaksha Railway）是这个开发项目的一部分。

（4）北冰洋铁路（Arctic Ocean Railway）是芬兰、挪威、俄罗斯等国际

---

① "Finland's Strategy for the Arctic Region 2013," https：//vnk. fi/documents/106 – 16/334509/Arktinen + strategia + 2013 + en. pdf/6b6fb723 – 40ec – 4c17 – b286 – 5b – 5910 – fbec – f4/Arktinen – + strategia – + 2013 + en. pdf, 最后访问日期：2019 年 6 月 28 日。

② "Finland's Strategy for the Arctic Region 2010," https：//arctic – portal. org/ – images/ – stories/ – pdf/J0810_ Finlands. pdf. 最后访问日期：2019 年 6 月 28 日。

③ https：//bothniancorridor. com/en/bothnian – corridor/#status, 最后访问日期：2019 年 11 月 25 日。

运输、能源供应产业发展的走廊。尤其对芬兰而言，北冰洋铁路不仅加强了芬兰北部至北冰洋的联系，同时与芬兰南部相接，串联至欧洲大陆，联通大西洋与东北航道，对芬兰的进出口贸易具有重要意义。项目规划了 5 条备选路线，2018 年芬兰和挪威共同进行的可行性研究结果表明最可能实现的路线是从芬兰罗瓦涅米（Rovaniemi）或克密加维（Kemijärvi）至挪威北极港口城市希尔克内斯（Kirkenes）。①

芬兰在恶劣天气和冰雪条件下的航运业专业知识和技术使其北极拉普兰省（Lapland）成为国际汽车工业进行冬季试验的重要地区。2015 年，芬兰提出将在拉普兰建立用于智能运输和自动驾驶的世界一流北极智能运输测试生态系统（Arctic Intelligent Transport Test Ecosystem）——Aurora。该项目的目标是通过智能运输系统提高跨境交通的安全性和效率。

除了北极铁路系统，芬兰另一重要的北极基础设施计划是东北航道通信电缆项目（the Northeast Passage Telecommunications Cable Project）。该电缆将连接波罗的海光缆（Baltic Fibre Cable，连接芬兰赫尔辛基和德国罗斯托克），从而使从亚洲（中国、日本）经挪威、俄罗斯和芬兰至中北欧的快速物理通信成为可能。东北航道电缆的水下部分将连接中国、挪威希尔克内斯和俄罗斯科拉半岛，全长约 10500 千米。② 芬兰原计划 2017 年成立东北航道电缆公司，2019～2022 年施工，但该项目目前已推迟。

3. 渔业

芬兰渔业包括商业捕捞、水产养殖、鱼类加工和贸易。芬兰全国约有 1700 家渔业公司。渔业各部门中，鱼类加工创造收益最高。2017 年，芬兰渔业公司总收入为 9.59 亿欧元，其中鱼类加工总收入最高达 3.54 亿欧元，鱼类批发收入紧随其后为 3.29 亿欧元，鱼类零售贸易、水产养殖和商业海

① Finnish Transport Agency, "Arctic Ocean Railway Report 2018," https：//julkaisut. vayla. fi/ pdf8 -/lr_2018_arctic_ocean_railway_report_web. pdf，最后访问日期：2019 年 11 月 25 日。

② P. Lipponen, R. Svento, "Report on the Northeast Passage telecommunications cable project: Summary", https：//julkaisut. valtioneuvosto. fi/bitstream/handle/10024/79130/Reports% 203 - 2016. pdf? sequence = 1&isAllowed = y，最后访问日期：2019 年 11 月 25 日。

洋捕捞的收入分别为 1. 53 亿欧元、0. 86 亿欧元和 0. 37 亿欧元。[①] 芬兰渔业市场主要依靠进口，占销售总量的 80%，其中 50% 来自挪威。

芬兰商业捕捞最主要的经济鱼种是波罗的海鲱。波罗的海鲱捕捞总价值占芬兰海洋捕捞的 90%，芬兰总捕捞价值的 70%。[②] 主要海洋捕捞区域分布在波的尼亚海。波罗的海鲱主要用作饲料。芬兰食用鱼主要来源于水产养殖。约 95% 的水产养殖鱼种是虹鳟鱼。2018 年虹鳟鱼产量约为 1320 万公斤，占芬兰生产的食用鱼量的 90% 以上。[③] 芬兰水产养殖鱼类一方面作食物供给，另一方面为保护濒危物种而放养。休闲垂钓堪称芬兰的国民活动。芬兰休闲渔民接近 160 万人，超过芬兰总人口的 1/4。[④] 垂钓渔获物主要是鲈鱼和梭子鱼，近两年渔获量有所下降。

为降低进口依赖，芬兰十分重视水产养殖的发展。芬兰政府制定了水产养殖战略（Aquaculture Strategy 2022），以改善行业的经营环境，目标是使芬兰大陆的水产养殖产量到 2022 年增加 2 倍，达到 2000 万公斤，产值超 1 亿欧元。[⑤] 水产养殖生产效率及技术是芬兰水产养殖业发展的优先事项。由芬兰自然资源研究所（Natural Resources Institute Finland）牵头研究的循环水产养殖（Recirculating Aquaculture）技术已应用于欧洲白鱼、北极鲑等鱼类的养殖，随着技术的不断成熟，未来还可能应用于虹鳟鱼的养殖。

4. 旅游业

旅游业是芬兰北极发展的重点行业。拉普兰是芬兰发展北极旅游业的主要地区，旅游业目前也是拉普兰发展最快的产业之一，发展速度高于其他北

---

① "Profitability of Fishery," https：//stat. luke. fi/en/profitability – of – fishery，最后访问日期：2019 年 11 月 22 日。

② "Commercial Fishery," https：//www. luke. fi/en/natural – resources/fish – and – the – fishing – industry/commercial – fishery/，最后访问日期：2019 年 11 月 22 日。

③ "Aquaculture 2018," https：//stat. luke. fi/en/aquaculture，最后访问日期：2019 年 6 月 29 日。

④ "Recreational Fishing," https：//www. luke. fi/en/natural – resources/fish – and – the – fishing – industry/recreational – fishing/，最后访问日期：2019 年 11 月 22 日。

⑤ "Aquaculture Strategy 2022," https：//mmm. fi/en/fisheries/strategies – and – programmes/aquaculture – strategy，最后访问日期：2019 年 6 月 28 日。

欧国家。拉普兰 2017 年国际旅游增长 22%，2018 年增长 6%；拉普兰可容纳 10 万张床位，2018 年登记住宿 300 万人，比 2017 年增长 3%；旅游业占拉普兰 GDP 的 5.7%。[①] 拉普兰旅游业亚洲市场正显著扩大，中国已成为拉普兰第五大游客来源国。不断增长的旅游业逐渐成为拉普兰的经济支柱。

除了独特的自然风光，拉普兰的基础设施、服务水平、国际定位以及旅游研究和教育水平标准都是最高的，这些也是其旅游业获得成功的原因。同时，地理位置的偏远是旅游业发展的一个特殊挑战。因此安全和风险管理尤为重要，高效的航空、公路和铁路旅行服务将对拉普兰未来国际旅游业的增长至关重要。

芬兰十分重视在北极地区发展可持续旅游业，并提出可持续旅游目的地项目（Program of Sustainable Travel Destination）（2017~2019 年），目标是将北极旅游业打造成芬兰旅游业市场策略的先锋，将北极旅游业的成功经验向全国推广。通过该项目，芬兰将平衡旅游业的季节差异性，提高旅游业产能利用效率。这一举措已在拉普兰地区获得一定成效。

（八）瑞典

1. 油气和采矿业

瑞典境内缺乏石油和天然气储备，主要依赖进口。瑞典石油市场由沙特公司 Preem 主导。天然气市场分散在批发和零售业，且完全从丹麦进口。与北极沿海 5 国相比，瑞典在北极虽然没有直接的国家能源利益，但瑞典工业支撑着能源部门的发展，特别是石油和天然气的勘探和分配。换句话说，瑞典不受任何直接能源利益的影响，更多的是基于对化石燃料必须以可持续方式开采的基本认识。瑞典重视可再生能源在能源供给中的地位。瑞典可再生能源丰富，主要为生物能和水力发电。包括核能在内的可再生能源提供了瑞典国内 2/3 的能源供应，在经合组织（OECD）成员国中仅次于冰岛，瑞典

---

① "Tourism," https：//www.lapland.fi/business/tourism－industry－in－lapland/，最后访问日期：2019 年 11 月 25 日。

国内发电已经几乎实现了脱碳。①

瑞典的矿产资源包括金、银、铁、铜、铅、锌、钨、铀、砷等，铁是瑞典三大资源之一。储量丰富的矿区主要位于北博滕省（Norrtottens）和西博滕省（Västerbottens）的谢莱夫特奥市（Skellefteå）。北博滕省的矿产主要为铁矿，西博腾省的矿产主要是金及其他基本金属。目前，瑞典已探明铁矿储量为 36.5 亿吨，是欧洲最大的铁矿砂出口国。铀矿储量为 25 万～30 万吨，硫、铜、铅、锌、砷等矿则主要分布在北部和中部地区，储量不大。瑞典共有 16 座矿山，其中 15 座为金属矿，1 座为黏土矿，矿山主要分布在北极圈内。② 由于瑞典矿产储量丰富，且具有多年的采矿经验、科学完备的采矿技术以及高水平的基础设施与设备，采矿业构成了瑞典的经济基础。

2. 基础设施建设

瑞典北部采矿业的发展与交通基础设施的不足产生了矛盾。瑞典已将基础设施的建设提上日程。波的尼亚走廊（Bothnian Corridor）同样是瑞典斯堪的纳维亚北部的核心项目，重点是铁路的建设。瑞典北部重工业高度依赖该走廊的发展。其中最重要的是北波的尼亚铁路（North Bothnia Line）。该铁路将沿瑞典北部海岸线连接于默奥（Umeå）和吕勒奥（Luleå），全长 270 千米，将于 2029 年前首先建造长 120 千米的于默奥－谢莱夫特奥段。新东岸铁路线（New East Coast Line）将缓解瑞典最长最忙碌的铁路线耶夫勒（Gävle）—松兹瓦尔（Sundsvall）的状况，使其货运量翻番。瑞典《国家货运战略》提出将在 2025 年实现铁路货运量增加 50%，要实现这一目标，预计将投入 1100 亿瑞典克朗。铁矿石线（Malmbanan）是瑞典北极港口吕勒奥—挪威北极港口纳尔维克的跨境铁路线，主要用于运输铁矿石，该路线也将进行重建。哈帕兰达铁路（Haparanda Line）是连接俄罗斯—芬兰—瑞典—挪威的重要跨境路段，但由于哈帕兰达（芬兰）站的设计和设备尚不完善而未得到充分利用，目前也计划重建。

---

① OECD, *Fossil Fuel Support Country Note*：Sweden，April 2019.
② "Mines in Sweden," https：//www. sgu. se/en/mining - inspectorate/mines/mines - in - sweden/，最后访问日期：2019 年 6 月 26 日。

瑞典北极港口主要分布在波的尼亚湾，是波的尼亚走廊的组成部分。港口对瑞典北部的工业发展至关重要，分担了北部铁路的货运量。瑞典同样重视港口发展，在吕勒奥、于默奥、松兹瓦尔和耶夫勒港口大量投资进行扩建。

在交通运输领域，瑞典同样重视替代燃料的使用。实施欧盟《替代燃料基础设施指令》（Directive for Alternative Fuels Infrastructure）是瑞典的目标。欧盟针对压缩天然气（CNG）站的建设制定了一系列具体目标。瑞典北部有不到10座压缩天然气站。2015～2016年分别在松兹瓦尔（Sundsvall）、海讷桑德（Härnösand）和谢莱夫特奥（Skellefteå）进行了新建。计划在2018～2019年沿波的尼亚走廊新建16座液化天然气站。[①]

3. 渔业

瑞典渔业包括海洋和内陆捕捞及水产养殖。主要海洋鱼种为鲱鱼和鳕鱼，淡水鱼种为三文鱼、比目鱼和鳗鱼。2018年瑞典海洋捕捞总渔获量为21.5万吨，相比2017年下降3%，减少的捕获量主要为黄鳝和鳕鱼；海洋捕捞创造总价值为9.21亿瑞典克朗。2018年瑞典内陆捕捞总渔获量为1506吨，总价值为1.156亿瑞典克朗，相较2017年均有所下降。2018年瑞典水产养殖总产量为11108吨，主要养殖鱼种为虹鳟鱼（9586吨），总价值为5.21亿瑞典克朗。[②]

气候变化的影响对波罗的海的鳕鱼种群产生了影响。鳕鱼捕捞占瑞典捕捞总价值的25%。鳕鱼捕捞量的减少使瑞典渔业每年约损失2.3亿瑞典克朗，[③] 这不仅影响瑞典渔业，更影响赖以维生的渔民。另外，气候变化将增加北大西洋和北极的渔业活动。物种北迁将带来海洋温水物种产量的增加。瑞典鳕鱼捕捞方法是底拖网，这种不可持续的捕捞方法加剧了瑞典近岸鳕鱼

① "The Bothnian Corridor," https：//bothniancorridor.com/en/bothnian-corridor/，最后访问日期：2019年11月26日。

② "Statistics Sweden," https：//www.scb.se/en/finding-statistics/statistics-by-subject-area/agriculture-forestry-and-fishery/，最后访问日期：2019年11月26日。

③ "Fisheries Sweden," https：//www.climatechangepost.com/sweden/fishery/，最后访问日期：2019年11月26日。

种群的消失。但为保护渔业瑞典尚未采取任何严厉的渔业措施。

4. 旅游业

气候变化同样为瑞典北极旅游业的发展创造了机会，现已被视为瑞典的基础产业之一。瑞典的北极旅游目的地主要为拉普兰地区（北博滕省和西博滕省）。基律纳（Kiruna）是不断发展壮大的旅游目的地之一。瑞典国家旅游业的目标是到 2020 年营业额和附加出口价值翻一番。[1] 为助推国家目标的实现，拉普兰基律纳推出可持续北极旅游目的地（Sustainable Arctic Destination）认证项目以推动其可持续旅游业的发展。

二　北极地区海洋产业发展特征

气候变化为北极 8 国创造了发展北极地区的历史机遇。8 国可分为三大类：北欧 5 国[2]、俄罗斯和北美。北欧 5 国从体量上来看都属于小国，也是传统的北极国家。虽各自都有不同的侧重点，但总体可说是平衡发展各行业。俄罗斯虽也是传统北极国家，但长久以来其北极地区的发展远落后于其他地区。新时期俄罗斯北极发展的重中之重是油气和采矿业及北方海航道的开发利用。美国和加拿大对北极地区的态度可说只有"中等重视"，除了阿拉斯加油气业和两国采矿业的发展比较蓬勃，其他行业发展仍相对缓慢。

（一）油气和采矿业

北极地区的油气储量具有全球意义。据估计，世界未发现的石油储量的 13% 和所有天然气储量的 30% 都在北极地区。因此引起了国际社会的密切关注，并涉及各国重大的经济利益。从各国北极地区发展现状可看出，油气和固体矿产资源的开发是各国争相发展的重中之重，其中尤其以资源存量丰

---

[1]　"Sustainable arctic destination," https：//www. kirunalapland. se/en/about - us/sustainable - arctic - destination/，最后访问日期：2019 年 6 月 26 日。

[2]　北欧 5 国：挪威、丹麦、冰岛、芬兰和瑞典。

富的俄罗斯和美国为代表。但是近年来全球油气价格下跌，且由于油气勘探的高投入高风险低回报性及基础设施的缺乏，除却少数比较成熟的油气田投入生产外，大部分处于前期勘探和评价阶段。

相对于油气开发，采矿业由于陆基特性而发展更快。俄罗斯、瑞典、美国和加拿大北极采矿业相对成熟，其中瑞典的采矿技术也处于世界领先水平。挪威油气业已相对成熟，但采矿业的发展则受到国内环保政策的制约。采矿业在格陵兰和芬兰都属于新型产业，尚未发展成熟。

（二）基础设施建设

各国北极地区基础设施的发展情况各有不同，但一个很明显的特征是港口、铁路、航空运输的发展服务于北极资源开采、旅游和渔业的发展。对于俄罗斯这样的资源开采大国，陆上铁路、公路的发展是其重点，且由于占据北极航道的优势，北极沿海各港口的扩大和重建也是其发展的重点。而丹麦和冰岛则主要根据各自的地理和环境特征有重点地发展港口和机场。丹麦和冰岛也处在北极航道沿线，因此海上运输业的发展是其重点。而瑞典和芬兰在北极地区没有所属海域，在北极地区也都不存在直接的油气资源利益，但为满足国内需求，与挪威和俄罗斯陆上、海上联系通道的发展也是瑞典和芬兰关注的重点。

（三）渔业

北极渔业主要集中在东北大西洋巴伦支海与挪威海、中北大西洋冰岛和格陵兰岛外海域、加拿大巴芬湾纽芬兰和拉布拉多海，以及北太平洋白令海。[1] 北极渔业活动一般在北极国家的专属经济区内进行。根据 FAO 数据统计分析，北极区域 18 渔区（北冰洋）的渔业资源基本处于未开发状态。[2]

[1] 邹磊磊、张侠、邓贝西：《北极公海渔业管理制度初探》，《中国海洋大学学报》（社会科学版）2015 年第 5 期，第 7~12 页。
[2] 焦敏、陈新军、高郭平：《气候变化对北极渔业资源的影响研究进展》，《极地研究》2015年第 4 期，第 454~462 页。

未来北极渔业的发展具有不可预测性，但总体而言，国际社会对北极渔业的发展前景抱乐观态度。

（四）旅游业

北极地区原始的自然风貌和景观的增加及可到达的可能性的增强使北极成为新兴旅游目的地之一。北极各国不同程度地促进北极旅游业的发展。旅游业是北欧 5 国北极政策的重点关注领域，得益于基础设施近年来的快速发展和完善，旅游业为北欧 5 国社会经济作出了重要贡献。相较而言，旅游业在俄罗斯和北美两国的北极政策中处于一种附属地位。一是因为资源开采占据核心地位，二是基础设施的缺乏形成掣肘。

三　对中国参与北极事务的意义

从对本文聚焦的 4 个行业的现状来看，无论发展进程快慢，油气（能源）和采矿业都是北极 8 国未来发展的重点。作为北极域外国家，中国最可能与域内国家合作的领域也仍是油气（能源）和采矿业及配套基础设施的建设。北极 8 国各行业尤其是油气和采矿业的发展需要大量资金，北极 8 国相继出台政策吸引外资，这与中国雄厚的资金力量形成互补，且北极 8 国中有的国家对中国参与北极事务的态度有积极改变甚至是欢迎，中国应当抓住这一机遇参与到北极的开发利用中，成长为不可或缺的"北极力量"。俄罗斯、冰岛和丹麦是可以重点考虑合作的对象，一是因为它们资源存量丰富，二是因为它们缺乏能源勘探技术或资金，三是因为它们不排斥中国参与北极事务且与中国已有合作的实践。此外，大部分北极国家非常重视发展的可持续性，环境保护和减排是其在制定北极发展规划时的重点考量。中国也是积极践行《巴黎协定》的负责任大国，可以说与北极国家的发展理念不谋而合。

北极地区于中国有重大的利益需求和战略意义。2018 年发布的《中国的北极政策》白皮书明确提出中国的北极政策目标是认识北极、保护北极、

利用北极和治理北极。中国在北极地区的利益主要在于资源的开发和"冰上丝绸之路"的发展。在参与北极事务实现国家利益的同时，中国一直秉持充分尊重北极域内国家相关利益的准则。因此，充分了解北极 8 国在北极地区的开发利用现状，能为中国积极参与北极事务提供发展方向和参考，能帮助中国在参与北极治理的同时让相关域内国家消除偏见和怀疑，拓宽中国在北极的合作和发展渠道。

中国推进"冰上丝绸之路"建设的
法律风险及应对措施[*]

王晨光[**]

摘　要： "冰上丝绸之路"是"一带一路"倡议的重要组成部分，也是新时期中国参与北极治理的重大战略举措。但作为北极域外国家，中国在推进"冰上丝绸之路"建设过程中存在先天劣势，需充分考虑北极地区的法律环境并利用相关法律机制。目前，北极法律机制处于"碎片化"状态并呈现模糊性、排他性、冲突性和软弱性等特征，使中国在推进"冰上丝绸之路"建设过程中面临北极权利难以有效保障、北极身份不被完全认可、北极活动缺乏法律规范等风险。对此，中国应从完善全球性法律机制、参与区域性法律机制、创新多（双）边法律机制、推进国内北极立法活动等方面采取措施，推动构建"北极命运共同体"。

关键词： "冰上丝绸之路"　法律风险　北极治理

"冰上丝绸之路"建设以北极航道的开发利用为依托，是"一带一路"

＊　本文是国家社会科学基金重大项目"北极命运共同体理念下'冰上丝绸之路'合作机制构建研究"（19ZDA140）、中国–上海合作组织国际司法交流合作培训基地研究基金项目"上海合作组织与'冰上丝绸之路'建设研究（19SHJD016）、国家海洋局北海海洋技术保障中心"新时期海洋科技发展对海洋维权的挑战与应对"项目的阶段性成果。
＊＊　王晨光，男，山西太原人，法学博士，中共中央对外联络部当代世界研究中心助理研究员。

倡议的重要组成部分，也是新时期中国参与北极治理的重大举措。但中国并非北极国家①，在北极事务上处于先天劣势，因而在推进"冰上丝绸之路"建设过程中必须充分考虑北极的法律环境，并将相关法律机制作为重要手段。一般来讲，北极指北极圈（北纬66°34′）以北陆海兼备的地区，总面积2100万平方千米。除北冰洋中部公海外，北极大部分地区属于北极8国的领土、专属经济区、大陆架等，法律性质复杂且存在冲突，无法形成类似于南极条约的整体性法律机制。因此，北极治理主要依靠散布在全球、区域、多（双）边和北极国家国内等不同层面，涉及气候、环保、科研、航行等多个领域的法律机制予以规范，呈现明显的"碎片化"特征，② 这给中国推进"冰上丝绸之路"建设带来一些风险和挑战。对此，本文将在梳理北极地区法律机制现状与问题的基础上，分析中国推进"冰上丝绸之路"建设面临的法律风险，进而提出相关的政策建议。

一 北极地区法律机制的现状与问题

20世纪80年代末90年代初，北极逐渐由美苏对峙的竞技场变成国际合作的示范区，北极治理也随之成为全球治理的新兴议题。2007年北冰洋底"插旗事件"③ 后，北极治理从传统的科研、环保议题迅速扩展至油气开发、航道利用等领域，北极步入"开发时代"并迎来了地缘政治回潮。在此背景下，相关行为主体为弥补治理赤字纷纷建章立制，④ 致使北极法律机制的"碎片化"特征愈发凸显，并呈现模糊性、排他性、冲突性和软弱性

---

① 北极国家，指在北极圈内拥有领土的俄罗斯、加拿大、美国、挪威、丹麦、冰岛、芬兰和瑞典。
② 孙凯：《机制变迁、多层治理与北极治理的未来》，《外交评论》2017年第3期，第109～129页。
③ 2007年8月，俄罗斯科考队在进行北冰洋大陆架地质调查时，将一面钛合金国旗插到了北极点附近4200多米深的北冰洋底。俄罗斯此举表面上看是科考活动，实际有在争议地区宣示主权的意思，故招致其他北极国家的反对并引发国际社会的关注。
④ 章成、顾兴斌：《论北极治理的制度构建、现实路径与中国参与》，《南昌大学学报》（人文社会科学版）2019年第5期，第64～72页。

等特征。

首先,《联合国海洋法公约》等全球性法律机制具有模糊性。1982 年制定的《联合国海洋法公约》有"海洋宪章"之称,适用于以北冰洋为主的北极地区,并对北极事务主要涉及的领海、专属经济区、大陆架、外大陆架等概念及环保、航行、科考等议题做了基础性规定。其中,《联合国海洋法公约》第 234 条是专门针对冰封区域的条款①,该条款属于"海洋环境的保护和保全"部分,为保护北极海洋环境特别是防治船舶造成的污染提供了法律依据。② 但《联合国海洋法公约》第 234 条在很大程度上是大国博弈的产物,内容比较模糊和笼统,这使条款的执行效力大打折扣,也引发了不同国家在解释和使用方面的争议。争议主要集中在"冰封区域"的适用范围、沿海国据此享有的权利及所受限制两个方面。其一,该条款未对"冰封区域"进行明确界定,从文本看仅能得知是在沿岸国"专属经济区范围内"且具备两大特点:一是在该"区域内的特别严寒气候和一年中大部分时候冰封的情形对航行造成障碍或特别危险";二是"海洋环境污染可能对生态平衡造成重大的损害或无可挽救的扰乱"。但该区域是仅限于专属经济区还是包含领海?"一年中大部分时候"是否区分结冰期和无冰期?何为"重大的损害或无可挽救的扰乱"?各国理解不尽相同。其二,该条款对沿海国制定和执行法律和规章的权力进行了一定限制,即"非歧视性",以"防止、减少和控制船只在专属经济区范围内冰封区域对海洋的污染"为目的,"适当顾及航行和以现有最可靠的科学证据为基础对海洋环境的保护和保全"。各国对此理解差异也较大,如:法规内容是否仅限于海上环境保护而不包括船舶航行安全?"适当顾及航行"是否意味着不得侵害其他国家的正当通行权?"现有可

---

① 该条款全文为:沿海国有权制定和执行非歧视性的法律和规章,以防止、减少和控制船只在专属经济区范围内冰封区域对海洋的污染,这种区域内的特别严寒气候和一年中大部分时候冰封的情形对航行造成障碍或特别危险,而且海洋环境污染可能对生态平衡造成重大的损害或无可挽救的扰乱。这种法律和规章应适当顾及航行和以现有最可靠的科学证据为基础对海洋环境的保护和保全。

② 刘惠荣、李静:《论〈联合国海洋法公约〉第 234 条在北极海洋环境保护中的适用》,《中国海洋大学学报》(社会科学版) 2010 年第 4 期,第 8~13 页。

靠的科学证据"该如何把握？此外，其他与北极事务相关的全球性框架公约，如《联合国气候变化框架条约》《联合国生物多样性公约》《里约环境与发展宣言》等也存在类似的问题。

其次，北极理事会等北极区域性法律机制具有排他性。北极区域性法律机制基本都由北极国家建立和主导，如挪威发起的"北极前沿"大会、俄罗斯发起的"北极－对话区域"国际北极论坛、冰岛发起的北极圈论坛等。其中，最具代表性也最为重要的，当属北极8国在1996年建立的北极理事会，其前身为8国在1991年签署的首个涵盖整个北极地区的多边合作协定——《北极环境保护战略》。不过，北极理事会并非国际组织，只是一个政府间高层论坛，由成员国、永久参与方和观察员共同组成。成员国仅限于北极8国，享有对理事会框架下所有问题的决定权。永久参与方为因纽特人北极圈理事会、萨米理事会等6个北极原住民组织[1]，它们有权参与理事会所有活动和讨论，理事会的决议也应事先向它们征询意见，但它们不享有投票权。观察员向所有有助于理事会的域外国家、政府间组织及非政府组织开放，但需提交申请并得到北极8国的一致同意，[2] 且只能列席会议并在遵守相关规则的前提下参与讨论和提出建议。截至2020年北极理事会共有38个观察员。[3] 为强化这种"等级差序结构"，北极理事会在2011年5月的部长级会议上发布了高官报告，规定观察员申请者必须承认北极国家在北极地区的主权、主权权利和管辖权，并明确观察员的首要职责是通过参与北极理事会特别是工作组的项目并为其提供协助。[4] 可见，在北极战略价值逐渐凸显、域外国家参与热情高涨的背景下，北极8国抓住域外国家希望构建北极身份的

---

[1] 除上述两个北极原住民组织外，剩下4个为北极阿萨巴斯卡议会、阿留申国际协会、哥威迅国际理事会和俄罗斯北方土著人民协会。参见北极理事会官网，http：//www. arctic-council. org/index. php/en/about-us/permanent-participants。

[2] Arctic Council, "Declaration on the establishment of the Arctic Council," https：//oaarchive. arctic-council. org/handle/11374/85.

[3] 关于38个观察员，参见北极理事会官网，https：//arctic-council. org/en/about/observers/。

[4] "Framework for Strengthening the Arctic Council," Annexes 1 to *Senior Arctic Officials*（*SAO*）*Report to Ministers*, Nuuk, Greenland, May 2011.

迫切心理，凭借它们在北极理事会中的优势地位，一方面提高观察员的准入门槛，限制观察员的权利并要求观察员承担更多义务；另一方面强化北极区域意识，建立"北极是北极国家的北极"的规则和话语，使北极理事会成为其实行北极"域内自理化"的得力工具。[①]

再次，国际法与北极国家国内法及各国法律法规之间具有冲突性。北极国家为维护本国利益，往往根据本国国情制定相关法律法规，其内容与国际法时常出现不一致，各国在一些问题上也争议不断。以北极航行为例，俄罗斯为1991年制定的《北方海航道航行规则》制定了其他配套文件[②]，将北方海航道认定为内水和国家交通干线，建立了以强制性破冰领航为核心的航行管理规则[③]。很多国家对此十分不满，认为俄方的管控超出了《联合国海洋法公约》的收费范围和赋予沿海国在领海的保护权，对专属经济区管辖权的突破则更为严重。2013年，俄罗斯对《北方海航道航行规则》予以修订，简化或优化了申请程序、许可标准、强制程度、收费标准等，但仍将其视为内水并严密管控。与俄罗斯类似，加拿大为管控西北航道，早在1970年便出台了《防止北极水域污染法》，在其主张的北极水域内划定航行安全控制区，对通行控制区的船舶实行"通常只能由船旗国决定的管理措施"[④]。2010年，加拿大进一步出台了《北方船舶交通服务区规章》，建立了针对通

---

① 王晨光：《领导权力、服务能力与结构设计——北极理事会的制度竞争力分析》，《战略决策研究》2020年第1期，第59～81页。

② 其他配套文件主要为俄罗斯在1996年出台的《北方海航道航行指南》《北方海航道破冰船领航和引航员引航规章》《北方海航道航行船舶设计、装备和必需品要求》。

③ 相关规则主要表现在：第一，通行船舶应提前将航行计划告知北方海航道管理局，提交引航请求，并提供能够支付破冰协助费用和海洋环境污染造成民事责任损害的财务证明；第二，通行船舶自身须达到规定的抗冰等级，船壳、机件、废水处理设备等也要满足特殊要求；第三，船舶在通行四大海峡时必须接受强制性破冰船领航，航行于其他海域时，管理局也会指定航空、传统、破冰船等任意一种类型的领航；第四，管理局全程管控和引导船舶的航行，通行船舶必须遵循指定海道，并按照固定费率对强制领航服务收取高额费用；第五，管理局可在有安全风险和污染风险时对船舶进行检查，并有权在该规则被违反时采取强制措施使船舶离开北方海航道，等等。参见1991年《北方海航道航行规则》第3、5、7、8、9条等条款。

④ Willy Østreng et al., *Shipping in Arctic Waters: A Comparison of the Northeast, Northwest and Trans Polar Passages*, Springer-Verlag Berlin Heidelberg, 2013, p. 265.

行其北极水域船舶的强制报告制度①，国际社会普遍认为此举损害了《联合国海洋法公约》规定的领海无害通过权与专属经济区航行自由权。需要注意的是，加拿大与美欧多国在西北航道法律地位上本来就争议不断。加拿大坚持以历史性所有权为依据主张北极群岛水域为其内水，并声明过境通行制度不适用于这些水域；②美欧对加拿大所划的北极水域直线基线表示抗议，它们主张西北航道是用于国际通行的海峡，外国船舶享有过境通行权。

最后，国际法固有且难以克服的软弱性。国际法是国家之间制定和实施的法律，而非国家之上的法律，虽然具有一定法律约束力，但与国内法差异巨大。在国际法中，还存在相对于国际条约和国际习惯等"硬法"而言的"软法"，即不具有法律约束力但能产生一定法律效果的国际文件，如国际组织、多边会议通过的各种决议、宣言、声明、指南、标准、守则等。③"软法"虽然基于灵活性、适应性等优势而在北极治理实践中发挥着重要作用，但随着北极局势快速变化，已无法很好地满足北极治理的需求。还是以北极航行为例，2002年，国际海事组织海事安全委员会与海洋环境保护委员会联合发布《北极冰覆盖水域船舶操作指南》④，就统一治理北极水域进行初步探索。随后，国际海事组织开始制定统一适用于极地水域的航行规范，2009年以大会决议的形式通过了《极地水域船舶操作指南》。⑤但这两份指南仅有指导意义，没有足够的约束力，实施效果不佳，因此2009年国际海事组织海事安全委员会第86次会议提议商讨制定强制性规则。2014年11月，经过5年多的探讨论证，国际海事组织通过

---

① 该规章规定，船舶在通行交通服务区之前必须取得通关，管理机关有权要求船舶提供航行信息报告并保持密切的监控，船舶必须与海上通信和交通服务官员持续保持通信并按要求提供航行报告。参见 Canada Shipping Act, Article 126。

② Donat Pharand, "The Arctic Waters and the Northwest Passage: A Final Revisit," *Ocean Development and International Law*, Vol. 38, 2007, p. 11.

③ 万霞：《试析软法在国际法中的勃兴》，《外交评论》2011年第5期，第131~139页。

④ IMO doc. MSC/Circ. 1056 and MEPC/Circ. 399, *Guidelines for Ships Operating In Arctic Ice-Covered Waters* (2002).

⑤ IMO Resolution A. 1024 (26), *Guidelines for Ships Operating in Polar Waters* (2009).

了具有强制效力的《极地水域船舶航行安全规则》①（以下简称《极地规则》）并在 2017 年 1 月 1 日正式生效，涵盖极地航行船舶的设计、建造、装备、培训、操作、环保等内容。但任何国际规则的有效实施都离不开缔约国的配合，《极地规则》也不例外，需要船旗国、沿海国、港口国等予以必要支持。具体而言，船旗国应承担主要的履约职责；沿海国需防止国内法规与《极地规则》相冲突，提供适当的监督与航行辅助；港口国需与东京备忘录和巴黎备忘录成员国合作对北极航行船舶实施监控，并对未纳入《极地规则》规范的船舶进行相应的监督等。② 当前，在各国围绕北极问题博弈加剧的背景下，《极地规则》的强制效力还有待进一步观察和检验。

二　中国推进"冰上丝绸之路"建设面临的法律风险

近年来，中国围绕北极事务开展了积极的政策实践。2017 年中俄提出共建"冰上丝绸之路"倡议，进一步为中国参与北极治理提供了具体抓手。但中国毕竟是北极事务的"外来者"和"后来者"，参与合法性及参与渠道在很大程度上来源于对相关法律机制的加入、遵守、贡献等。③面对"碎片化"的北极法律机制及其呈现的模糊性、排他性、冲突性和软弱性等问题，中国在推进"冰上丝绸之路"建设过程中面临着不少法律风险与挑战。

第一，北极权利难以有效保障。受全球气候变化和经济全球化的双重影响，北极地区的战略价值日益显现，中国在北极的科研、环境、经济等利益也逐渐明确。同时，作为《联合国海洋法公约》《斯匹次卑尔根群岛

---

① MEPC 68/21/Add. 1 Annex 10, *International Code for Ships Operating in Polar Waters* (2014).
② 白佳玉、李俊瑶：《北极航行治理新规则：形成、发展与未来实践》，《上海交通大学学报》（社会科学版）2015 年第 6 期，第 14～23 页。
③ 王晨光：《对中国参与北极事务的再思考——基于一个新的分析框架》，《亚太安全与海洋研究》2017 年第 2 期，第 64～74 页。

条约》① 等条约的缔约国，中国享有维护和实现这些利益的合法权利。如根据《联合国海洋法公约》，中国在北冰洋公海享有科研、航行、飞越、捕鱼、铺设海底电缆和管道等权利，在国际海底区域享有资源勘探和开发等权利；按照《斯匹次卑尔根群岛条约》，中国有权自由进出斯匹次卑尔根群岛及其附近海域，并在该区域内平等享有科研以及狩猎、捕鱼、采矿等生产和商业活动的权利。但鉴于北极法律机制存在的问题，中国很多北极权利无法得到充分保障，给"冰上丝绸之路"建设带来不少隐患。就从最基本的科考权利而言，2003 年中国第二次北极考察依照俄罗斯的规定进行了许可申请，但俄方宣布突然不准中国科考船进入其专属经济区，迫使中方不得不改变计划行程。2012 年中国第五次北极考察，在途经斯匹次卑尔根群岛北侧的附近海域时，挪威对中国科考船发出警告；在途经俄罗斯北方海航道时，中国科考船被要求不能实施任何形式的作业或大洋调查，中方只能暂停所有科考活动。② 再就资源开发权利而言，2011 年中国民企中坤集团计划在冰岛购地投资，在基本达成意向的情况下被冰岛内政部否决；2012 年改为租地，冰岛政府又以信息不完善为由予以拒绝。2017 年和 2018 年，在格陵兰自治政府基本同意的情况下，丹麦政府两次拒绝中国企业在格陵兰的投资项目，且未给出明确解释。

第二，北极身份不被完全认可。中国虽然在 2013 年 5 月被北极理事会接纳为正式观察员进而强化了北极事务利益攸关方的身份，但鉴于北极理事会的排他性，中国在其中享有的权利有限，只能"戴着镣铐起舞"。③ 根据

---

① 《斯匹次卑尔根群岛条约》是当前北极地区唯一具有足够国际色彩的政府间条约，主要用于确定斯匹次卑尔根群岛的主权归属问题。1920 年 9 月，挪威、美国、丹麦、法国、瑞典、意大利、荷兰、日本、英国及其海外殖民地等 14 国经过繁忙的穿梭外交，在巴黎签订了《斯匹次卑尔根群岛条约》，即后来的《斯瓦尔巴条约》。条约承认挪威对斯匹次卑尔根群岛"具有充分和完全的主权"，该地区"永远不得为战争的目的所利用"。但各缔约国的公民可以自由进入，在遵守挪威法律的范围内从事正当的生产和商业活动。1925 年，北洋政府代表中国加入《斯匹次卑尔根群岛条约》。目前，该条约的缔约国共有 42 个。

② 张佳佳、王晨光：《中国北极科技外交论析》，《世界地理研究》2020 年第 1 期，第 63~70 页。

③ 郭培清、孙凯：《北极理事会的"努克标准"和中国的北极参与之路》，《世界经济与政治》2013 年第 12 期，第 118~139 页。

北极理事会 2011 年努克部长级会议发布的高官报告和 2013 年基律纳部长级会议发布的观察员手册可看出，其对观察员的规定十分严苛。一是对观察员申请者设置了前提条件，如必须承认北极国家在北极地区的主权、主权权利和管辖权，必须有对北极原住民进行财政支持的意愿和能力，必须展示在北极的利益、兴趣和工作能力等，北极理事会将对申请者的资质进行严格审查。二是对观察员的参与程序、财政支持等做了特别规定，如观察员可经邀请列席理事会相关会议，观察理事会工作；经主席国同意，可继成员国和永久参与方之后就会议议题发表口头或书面声明、提交相关文件及陈述意见，但在部长级会议上只能提交书面声明；若无高官会议专门决定，观察员财政捐助不得超过北极八国各自的拨款数额等。三是规定观察员必须为北极理事会作出贡献，如积极参与工作组项目并提供科技、财政捐助，对北极原住民及其组织进行物资支持，通过北极八国或永久参与方对理事会工作提出建议等。四是观察员身份不是永久的，每两年要向北极理事会提交一次行动报告，阐述自己的北极活动及对理事会的贡献；每四年要明确提出对担任观察员的持久兴趣，并在下次部长级会议上接受北极八国的评估。① 这些规定固化了中国在北极事务上"二等公民"的地位，在推进"冰上丝绸之路"建设中也势必处于被动。

第三，北极活动缺乏法律规范。鉴于北极地区法律性质的复杂性及其法律机制的一系列问题，中国虽然越来越重视对北极事务的参与，但专门的北极立法活动较为滞后，使"冰上丝绸之路"建设缺乏法律政策的规范和保障。具体来看，中国关于北极事务的专门性法律政策文件屈指可数，国内层面仅有国家海洋局 2017 年出台的《北极考察活动行政许可管理规定》、国务院新闻办 2018 年发布的《中国的北极政策》白皮书及交通部海事局 2014年编写的《北极东北航道航行指南》。其中，后两个不能算是严格意义上的立法性文件，分别只是政策宣示和参考资料。国际层面，中国签署的多（双）边法律条约主要有《斯匹次卑尔根群岛条约》《极地规则》《预防中

---

① "Role of Observer," *Senior Arctic Officials（SAO）Report to Ministers*, Nuuk, Greenland, May 2011；"Arctic Council Observer Manual for Subsidiary Bodies," *Senior Arctic Officials（SAO）Report to Ministers*, Kiruna, Sweden, May 15, 2013.

北冰洋不管制公海渔业协定》以及中冰关于北极合作的政府间框架协议等。中俄虽然多次将北极合作写入两国总理定期会晤公报并就共建"冰上丝绸之路"达成共识，但尚未就具体事务形成合作文件或合作机制。与北极立法活动相比，中国的南极立法活动要积极一些。国内层面，国家海洋局已先后出台了《南极考察活动行政许可管理规定》《南极考察活动环境影响评估管理规定》《南极活动环境保护管理规定》等，十三届全国人大常委会还将南极立法列入立法规划；国际层面，中国是《南极条约》协商国、《南极海洋生物资源养护公约》缔约国，并与阿根廷、新西兰、澳大利亚等国签署了政府间南极合作协议。

三　中国推进"冰上丝绸之路"建设法律路径

综上可见，中国推进"冰上丝绸之路"建设面临着北极权利难以有效保障、北极身份不被完全认可、北极活动缺乏法律规范等风险和挑战，积极性、主动性无法充分展现。但正所谓"法者，天下之准绳也"，随着当代国际法的发展进步，全球、区域、多（双）边及国内等层面的法律机制为中国参与北极治理确立了目标原则、营造了良好氛围、提供了有效途径。因此，中国在推进"冰上丝绸之路"建设过程中，不仅要善于谋势，还应善于造势，实现资源利用最大化并积极寻求主动权。

第一，努力完善全球性法律机制。全球性法律机制为北极治理提供了基本原则和规范，也为中国参与北极治理、推进"冰上丝绸之路"建设搭建了重要平台。作为北极域外国家，中国在北极问题上具有无法弥补的先天劣势，在北极地区的大部分活动源于全球性法律机制，如根据《联合国海洋法公约》和平开发利用北极航道，基于《斯匹次卑尔根群岛条约》在斯匹次卑尔根群岛建立了黄河科考站，作为国际海事组织 A 类理事国①全程参与

---

① 国际海事组织理事会每两年选举一次，共选出 40 名成员，分为 A、B、C 三类。其中 A 类理事为 10 个国际航运大国，B 类理事为其他 10 个国际海运贸易大国，C 类理事国是另外 20 个区域性航运大国。中国自 1989 年起，连续 16 次连任 A 类理事国。

《极地规则》的制定过程等。因此，中国应遵循"国际合作""诚实信用"等基本国际法原则，维护联合国及其附属机构、《联合国海洋法公约》等的权威性，不断增强在国际海事组织、联合国气候变化专门委员会、国际粮农组织等国际机制中的话语权，保障并扩大中国在北极相关事务上的合法权利。同时也应注意到，全球性框架公约为满足各方利益诉求，往往会故意留下一些模糊和空白地带，如《联合国海洋法公约》在扩大沿海国管辖权和限制公海自由时就留有余地，因而产生了剩余权利问题。[1] 中国在推进"冰上丝绸之路"建设过程中，需发挥负责任大国的作用，依据"人类共同继承财产""不得损害他国环境"等习惯国际法，通过具有法律确念的国家间合作实践赋予剩余权利清晰的内涵，为新规则制定发出利益攸关方应有的声音。

第二，充分参与区域性法律机制。以北极理事会为代表的区域性法律机制虽然具有一定排他性，但其与北极关系更为直接，是中国构建和强化北极事务重要利益攸关方身份的必经之路。而随着北极治理逐渐嵌入全球治理的范围和进程，北极理事会也在近年来的改革中表现出全球性倾向，如2013年和2017年两次大幅接纳正式观察员[2]，欢迎域外国家的科研人员参加理事会6个工作组及特别任务组[3]的工作，具备"造法"功能以来出台的《北极海洋油污预防与反应合作协定》《北极海空搜救合作协定》《加强北极国际科学合作协定》等三份法律文件赋予非缔约方即北极域外国家创设第三国权利的意思表示等。[4] 因此，中国应正视北极理事会在北极治理当中的地

---

① 周忠海：《论海洋法中的剩余权利》，《政法论坛》2004年第5期，第174~186页。

② 2013年，北极理事会基律纳部长级会议接纳中国、日本、韩国、意大利、印度和新加坡为正式观察员；2017年，费尔班克斯部长级会议接纳瑞士、世界气象组织、西北欧理事会、海洋环境保护组织、国家地理学会、奥斯陆-巴黎委员会和国际海洋探测理事会为正式观察员。

③ 北极理事会6个工作组为北极监测与评估工作组（AMAP），北极海洋环境保护工作组（PAME），突发事件预防、准备和响应工作组（EPPR），北极动植物保护工作组（CAFF），可持续发展工作组（SDWG），消除北极污染行动计划工作组（ACAP），另外还会根据工作需要设立若干特别任务组。

④ 白佳玉：《中国参与北极事务的国际法战略》，《政法论坛》2017年第6期，第142~153页。

位和作用，积极派员出席相关会议，提升在工作组中的贡献率，增强自身的能见度和话语权。同时，关注北极理事会的发展改革趋势，扩大与北极原住民组织及其他观察员的共同关切，推动其向更加公正、合理的方向发展。另外，相较于北极理事会，新近成立的北极圈论坛、北极前沿论坛等政治色彩较淡，包容性、开放性更高。中国政府应积极利用这些平台阐释中国的北极政策立场，增进与域内外各方的互信和共识，为参与北极事务及推进"冰上丝绸之路"建设营造良好的国际舆论氛围。

第三，不断创新多（双）边法律机制。中国参与北极治理及推进"冰上丝绸之路"建设离不开与北极域内外国家的互动，很多具体项目更是需要多（双）边法律机制予以规范和保障。目前，中国已在北极问题上促成一系列多（双）边合作机制，如2012年中冰签署关于北极合作的政府间框架协议，2013年中国与北欧5国的10家科研机构成立中国－北欧北极研究中心，2016年中、日、韩启动北极事务高级别对话，2017年美、俄、加、丹、挪、冰、中、日、韩及欧盟10方政府代表就《预防中北冰洋不管制公海渔业协定》达成一致等。中国推进"冰上丝绸之路"建设应以这些多（双）边机制为基础，促进各方共商共建共享。具体来看，应激发中国－北欧北极研究中心的协同创新能力，并以中欧构建"蓝色伙伴关系"为契机，在经济开发领域协商制定符合双方利益的投资审查协定、项目透明度标准等。中俄交通部门应尽快签署《中俄极地水域海事合作谅解备忘录》，进而设立"冰上丝绸之路"建设协调委员会，确保相关工作顺利推进。中、日、韩北极事务高级别对话应适时丰富内容、提升级别，扩大日韩对"冰上丝绸之路"的支持和参与范围。另外，在中美、中加关系目前处于低谷的背景下，双方或三方可考虑在北极科研、环境等低政治领域建立合作机制，维持对话势头，拓展交流渠道。

第四，积极推进国内北极立法活动。如果说全球性、区域性和多（双）边性法律机制为中国参与北极事务、推进"冰上丝绸之路"建设搭建了框架，那么国内层面的立法活动就是支撑这一框架的"地基"，并为日后修正框架奠定了基础。从定位上看，中国参与北极治理及推进"冰上丝绸之路"建设属于国家管辖范围外的海洋利益，但中国尚未出台"海洋基本法"，也未形成明确的"海外利益保护法",目前规范国家管辖范围外海洋活动的法律文件,仅有 2016 年通过的《深海海底区域资源勘探开发法》和 2019 年底外交部发布的《关于对赴外国管辖海域开展科学研究进一步加强管理的通知》。今后一个时期,中国应将北极立法置于国家整体海洋事业及海洋权益维护工作中进行考量,并通过《海洋基本法》予以强化。同时,随着"一带一路"建设快速推进及中国企业日益走向世界,关于海外利益保护的立法工作也需尽快提上日程。另外,2015 年通过的新《国家安全法》首次将包括极地在内的战略新疆域纳入其中,并规定"增强安全进出、科学考察、开发利用的能力,加强国际合作"[1]。中国应以该原则性规定为基准,细化参与北极治理及推进"冰上丝绸之路"建设具体事项的规章制度,更好地维护中国在北极地区的各项安全利益。

四 结语

当前,北极法律机制的"碎片化"状态及其呈现的模糊性、排他性、冲突性和软弱性等特征,使中国在推进"冰上丝绸之路"建设过程中面临北极权利难以有效保障、北极身份不被完全认可、北极活动缺乏法律规范等风险挑战。不过,这些法律机制也从全球、区域、多(双)边及国内等层面,环保、科研、航行、资源开发等领域,为中国推进"冰上丝绸之路"建设提供了相应渠道和具体抓手。"冰上丝绸之路"是"一带一路"倡议的重要组成部分,也是当前中国参与北极治理的重大战略举措。中国应以"人类命运共同体"理念为指引,坚持"和平合作、开放包容、互学互鉴、互利共赢"的丝路精神及参与北极事务的"尊重、合作、共赢、可持续"原则,在积极参与、严格遵守既有法律机制的基础上,通过与其他行为体平等协商、充分合作弥补其中的不足之处,并适时创建新机制、提出新理念、采取新措施,推动构建"北极命运共同体"。

---

① 《中华人民共和国国家安全法》第三十二条。

航 运 篇

Shipping Reports

B.10
北极航线应用前景及对世界经济
和地缘政治的影响*

李振福 邓 昭**

摘 要： 受北冰洋海冰加速融化影响，北极航线的应用前景更加乐
观，这意味着连接亚洲与欧洲、北美洲的海运新通道的形成，
这将在一定程度上改变现有的航运格局、经济贸易格局，形
成全新的地缘政治经济前景。本文基于定性和定量结合的分
析方法，从北极航线应用前景视角探讨了北极航线对世界经
济和地缘政治的影响。结果表明：①北极航线较传统航线分

* 本文为国家社会科学基金重大项目"中国北极航线战略与海洋强国建设研究"（项目编号
13&ZD170）、国家社会科学基金后期资助项目"通实力"研究（项目编号 19FZZB013）的阶
段性研究成果。

** 李振福，男，大连海事大学交通运输工程学院教授，大连海事大学极地海事研究中心主任；
邓昭，男，大连海事大学交通运输工程学院博士研究生。

别缩短了 2563 海里和 1912 海里，航行时间缩短了 1.6~6.6 天，北极航线沿线国家或地区经济联系更加密切。②使北极航线较传统航线航次的距离和时间成本分别下降了 27.8% 和 5.3%；减少了燃油消耗和 CO_2、SO_x、NO_x 等污染气体的排放。③北极航线货运需求逐年增长且后期呈飙升态势，预计 2024 年和 2030 年货运量将分别达到 1.05 亿吨和 3.7 亿吨；东北航道以液散货为主，干散货增长缓慢，西北航道以液散货和干散货为主。④北极航线将推动国际产业、技术、航线不断向沿线地区移动，推动世界地缘政治经济重心北移，改变现有地缘政治经济格局。

关键词： 北极　北极航线　世界经济　地缘政治

全球变暖加剧令北极地区的平均气温快速上升，北冰洋海冰加速融化，未来 15 年内北极可能出现夏季无冰状况，届时北极航线的应用前景将更加明朗。北极航线是连接亚洲、欧洲和北美洲的海上交通走廊，其潜在的海运价值可以有效缓解北半球众多国家对马六甲海峡、苏伊士运河、巴拿马运河的过度依赖，有效避免传统航线的非传统安全。此外，北极地区重要的战略位置和丰富的自然资源使其战略地位极其重要，对世界经济和地缘政治产生重要的影响。因此，北极航线应用及对世界的影响逐渐成为学者关注的焦点问题。

北极航线的应用事关全球政治经济发展，特别是北极航线的航运价值评估及通航环境、北极航线地缘政治、北极航线对经济贸易的影响等问题引起了学者的重点关注。其中，部分学者从航运成本①、经济潜力②、

---

① 夏一平、胡麦秀：《北极航线与传统航线地理区位优势的比较分析》，《世界地理研究》2017 年第 2 期，第 20~32 页。

② Liu M., J. Kronbak, "The Potential Economic Viability of Using the Northern Sea Route (NSR) as an Alternative Route between Asia and Europe", *Journal of Transport Geography* 18 (3), (2010): 434-444.

通航安全①等方面评估北极航线开通的经济价值及相关问题,例如寿建敏等、王诺等、F. Lasserre 基于航运成本探讨了北极航线运输的经济性;② 张侠等基于航运距离、成本评估了北极航线海运经济潜力及对我国经济发展的战略意义;③ 刘同超等认为北极航线开通可以避免亚洲国家对传统航线的过度依赖,有效避免海盗、恐怖袭击等非传统安全的干扰,提高海运航线安全性;④ O. Jensen 认为北极航线需建立航行安全和环境保护法律制度。⑤ 也有学者阐述了北极航线的开通对地缘政治的影响,李振福认为北极航线提升了泛东北亚地区的地缘政治地位,成为大北极矛盾的交汇点和博弈主战场,并采用人工鱼群聚类方法对北极航线地缘政治格局进行划分,为中国北极航线战略提供指导。⑥ 北极航线的开通大幅缩短了海运距离,对世界经济贸易格局演化产生重要影响,丛晓男、王谋认为东北航道推动了全球经济增长,东亚和欧盟是最大受益方;⑦ 贺书锋等认为北极航线可有效提高中国及航线受益国的进出口效率和进出口潜力。⑧

① 李振福、闫力、徐梦俏等:《北极航线通航环境评价》,《计算机工程与应用》2013 年第 1 期,第 249～253 页。

② 寿建敏、冯远:《基于航运成本的北极东北航道集装箱运输潜力研究》,《极地研究》2015 年第 1 期,第 65～73 页;王诺、闫冰、吴迪等:《北极通航背景下中欧海运航线的时空格局》,《经济地理》2017 年第 12 期,第 9～16 页;F. Lasserre,"Case Studies of Shipping along Arctic Routes:Analysis and Profitability Perspectives for the Container Sector",*Transportation Research Part A:Policy & Practice*,66(1)(2014):144–161.

③ 张侠、屠景芳、郭培清等:《北极航线的海运经济潜力评估及其对我国经济发展的战略意义》,《中国软科学》2009 年第 S2 期,第 86～93 页。

④ 刘同超、李振福、陈卓:《基于后悔理论的北极航线安全评价》,《安全与环境学报》2018 年第 6 期,第 2069～2074 页。

⑤ O. Jensen," Arctic Shipping Guidelines:Towards A Legal Regime for Navigation Safety and Environmental Protection?",*Polar Record* 44(2008):107–114.

⑥ 李振福:《大北极趋势中的泛东北亚地缘格局——影响世界政治经济的新区域》,《人民论坛·学术前沿》2017 年第 11 期,第 24～35 页;李振福、闵德权:《北极航线地缘政治格局的人工鱼群模糊聚类分析》,《地理科学》2011 年第 1 期,第 55～60 页;李振福:《北极航线的中国战略分析》,《中国软科学》2009 年第 1 期,第 1～7 页。

⑦ 丛晓男、王谋:《北极东北航线对全球经济潜在影响的 CGE 分析及战略启示》,《中国软科学》2017 年第 8 期,第 21～33 页。

⑧ 贺书锋、平瑛、张伟华:《北极航道对中国贸易潜力的影响——基于随机前沿引力模型的实证研究》,《国际贸易问题》2013 年第 8 期,第 3～12 页。

综上所述，国内外研究论证了北极航线的经济性、北极航线的地缘政治、北极航线对世界经济的影响，本文认为不能孤立地研究北极航线应用前景及对世界经济和地缘政治的影响问题，应从全局视角审视北极航线开通的前景及对世界的影响。北极航线的战略价值与世界各国对北极航线的关注密切相关，因此，研究北极航线的未来发展趋势，应从北极航线的应用前景入手，并探讨其开通对世界经济和地缘政治的影响。

一　研究方法及数据来源

（一）研究方法

1. 航运成本基本模型

$$C = C_S + C_P + C_I + C_R + C_O + C_U + C_B \tag{1}$$

式中：C 表示航次总成本；C_S 表示船舶租金；C_P 表示船员的总薪资；C_I 表示保险费用；C_R 表示船舶维修费用；C_O 表示船舶燃料费用；C_U 表示港口使用费；C_B 表示破冰引航费用。

2. 灰色动态预测模型

灰色动态模型是利用时间序列进行累加生成序列的一阶微分方程[①]：

$$\frac{d\,x^{(1)}}{dt} + a\,x^{(1)} = \mu \tag{2}$$

式中：$x^{(1)}$ 是 $x^{(0)}$ 的累加生成列，a 和 μ 同是模型中的两个特殊指标，分别是发展与内生控制灰数。

$$x^{(1)}(k) = \sum_{i=1}^{k} x^{(0)}(i) \tag{3}$$

设 $\hat{a}$ 为待估参数向量，$\hat{a} = \begin{pmatrix} a \\ \mu \end{pmatrix}$，该向量可以利用最小二乘法求解，可得：

---

① 罗鄂湘、钱省三、李锐：《可变参数动态灰色预测模型的建立与实证研究》，《上海理工大学学报》2006 年第 5 期，第 465～468 页。

$$\hat{a} = (B^T B)^{-1} B^T Y_n \qquad (4)$$

$$B = \begin{bmatrix} -\dfrac{1}{2}\left[x^{(1)}(1) + x^{(1)}(2) \right] & 1 \\[2ex] -\dfrac{1}{2}\left[x^{(1)}(2) + x^{(1)}(3) \right] & 1 \\[1ex] \vdots & \vdots \\[1ex] -\dfrac{1}{2}\left[x^{(1)}(n-1) + x^{(1)}(n) \right] & 1 \end{bmatrix} \qquad (5)$$

$$Y_n = \left(x^{(0)}(1) \quad x^{(0)}(2) \quad x^{(0)}(3) \quad \cdots \quad x^{(0)}(n) \right) \qquad (6)$$

求解上面的微分方程，预测模型如下：

$$X^{(1)}(k+1) = \left[x^{(0)}(1) - \frac{\mu}{a} \right] e^{-ak} + \frac{\mu}{a} (k = 0,1,\cdots,n) \qquad (7)$$

3. GTAP 模型

GTAP 模型是以一般均衡理论为基础的多部门、多区域的一般均衡模型，通过进出口补贴（或关税）、运输成本等实现国家或地区间的贸易联系，被广泛应用于国际贸易政策模拟分析等。[①]

全球运输是 GTAP 模型经济主体行为的重要组成部分，模型包括虚拟的全球运输部分，用于提供国际贸易运输服务，运输方式主要为海运、空运和其他运输，其线性方程为：

$$pcif(i,r,s) = fobshr(i,r,s) \times pfob(i,r,s) + trnshr(i,r,s) \times \\ \left[pt(m) - atmfsd(m,i,r,s) \right] \qquad (8)$$

式中：*pcif* 和 *pfob* 是到岸价格变动率和离岸价格变动率；*fobshr* 和 *trnshr* 是离岸价格和运费在到岸价格中所占比重；*pt* 是复合交通需求价格；*atmfsd* 是交通技术进步变动率。[②]

---

① T. Walmsley, T. W. Hertel, E. Ianchovichina, "Assessing the Impact of China's WTO Accession on Investment", *Pacific Economic Review* 11 (3), (2006): 315–339.

② 丛晓男、王谋：《北极东北航线对全球经济潜在影响的 CGE 分析及战略启示》，《中国软科学》2017 年第 8 期，第 21~33 页。

（二）数据来源

北极海冰厚度、面积和密集度是影响北极航线商业通航的重要因素，根据 1978～2019 年北极海冰变化趋势评估北极航线开通预期。北极航线的应用前景受海冰变化情况、航运距离、航行时间、社会效益等因素共同影响，因此本文选取北极航线海冰演化趋势、适航船舶、航行距离、航行时间、航次成本等指标。本文所用数据主要来源于美国国家冰雪数据研究中心、《北极航行指南（东北航道和西北航道）》、北方海航道管理局、中远海运特种运输股份有限公司、联合国贸易组织、BLM-Shipping、GTAP8 数据库。

二　北极航线应用前景分析

（一）北极航线通航概况

1. 北极航线概况

东北航道主要位于俄罗斯以北的北冰洋宽阔陆架上，水深较浅。航线始于北欧，向东经过巴伦支海、喀拉海、拉普捷夫海、新西伯利亚海、楚科奇海，延续至白令海峡，全长约 5620 海里。西北航道始于白令海峡，向东沿美国阿拉斯加北部离岸海域，经过加拿大北极群岛海域，终于戴维斯海峡。西北航道在加拿大北极群岛海域分为两条支线：①经麦克卢尔海峡、梅尔维尔子爵海峡、巴罗海峡，到兰开斯特海峡；②经阿蒙森湾、多芬联合海峡、维多利亚海峡，到兰开斯特海峡，全长约 6400 海里。穿极航道是理论航道，起始于白令海峡，直接穿越北冰洋中心地区到达挪威海或者格陵兰海，由于其气候恶劣，海冰较厚，航行条件较差，将是最后被开发利用的航道。

2. 北极航线通航概况

（1）东北航道通航情况

11～16 世纪，俄国、荷兰、英国等国开始了对北极及北极航线的探

索。18 世纪，俄国创建海军、科学院并开始对北极进行考察勘探，随着
北冰洋中一系列岛屿的发现，俄国打通"东北航道"的想法愈加清晰。
18 世纪 30 年代，俄国先后进行了第二次、第三次北极科考，其目的是探寻
通往亚洲及美洲的新航线，并对北极的资源进行勘察。18 世纪 80 年代，俄
国、瑞典、丹麦等国组成的国际科考队进入白令海峡，首次打通了东北航
道。20 世纪前 20 年，苏联加强了对东北航道沿岸基础设施的建设，并成立
北方海航道管理局专门负责航道的管理和运营，但航道并未对外开放。20
世纪 80 年代，东北航道开始对外开放，并为外国船只提供引航服务并收取
服务费。20 世纪 90 年代，俄罗斯为刺激经济，积极推动国际社会利用东北
航道，并与相关国家进行了长期的合作，但恶劣的自然环境及高额的服务费
使东北航道并未得到国际社会的关注。

2005 年 8 月 15 日~9 月 28 日，东北航道开通长达 45 天。2007~2008
年，东北航道除拉普捷夫海西部海域外，其他海域内的海冰均已融化。2009
年 7 月，德国布鲁格航运公司货轮"友爱号"和"远见号"从韩国起航，
经东北航道到达荷兰鹿特丹港，宣告了东北航道的商业化运营。[1] 2011 年 9
月，挪威楚迪航运公司冰级船满载铁矿石从挪威穿越东北航道抵达中国。[2]
2013 年 9 月，中远"永盛轮"航经东北航道抵达鹿特丹港，实现了中国商
船首次通航北极航线的纪录，截至 2019 年，中国商船共完成 18 艘船 31 航
次的东北航道航行。

虽然东北航道通航的商业船舶越来越多，但受通航环境、基础设施、船
舶技术等条件限制，东北航道的全面商业化运营仍任重道远。

（2）西北航道通航情况

15 世纪末，受新航路探索风潮影响，卡蒂埃、德雷克、库克船长等探
险家试图探寻西北航道，但均以失败而告终。19 世纪 50 年代麦克卢尔由西
部进入西北航道，并首次通过麦克卢尔海峡，证实了西北航道的存在。20

① 郭培清、管清蕾：《东北航道的历史与现状》，《海洋世界》2008 年第 12 期，第 67~72 页。
② 刘益迎：《北极航线经济性及海上突发事件应急响应复杂网络研究》，博士学位论文，大连
海事大学，2016。

世纪初，挪威探险家阿蒙森从奥斯陆湾出发抵达阿拉斯加诺姆港，首次成功穿越西北航道。20 世纪 40~70 年代，加拿大破冰船"HMCS"和美国"曼哈顿"油轮成功通过西北航道。

2007 年 8 月 31 日，欧洲航天局通过卫星观察发现西北航道中的大部分海冰均已融化，只在毛德皇后湾存在少量海冰，海冰量不足 1/10，并不会对航行船舶造成太大阻碍，而世界气象组织对"打通"一词的定义为海冰量小于 1/10，与"完全可以通航"的定义一致，这表明西北航道已经完全打通，可供船舶通行。① 2008 年，"The Calnilia"货船从加拿大蒙特利尔启程，穿越西北航道抵达努奴瓦特西部的库格鲁克图克、剑桥湾镇、塔拉约科和约阿港等地区，标志着西北航道的商业通航。2013~2014 年，丹麦和加拿大冰级货轮经西北航道分别抵达芬兰和中国。

由于航道环境的复杂及沿岸通信基础设施有限等问题，西北航道短期内无法实现大规模商业化运营，只有破冰船、渔船、邮轮和科考船航行于西北航道。

3. 北极航线冰情及通航预期

美国国家冰雪数据中心（NSIDC）数据显示，1979 年以来，北极海冰范围呈现不断缩小趋势（见图 1），其中北极海冰融化情况可分为 4 个阶段。

（1）气候冷暖交替，冰量小幅下降（1979~1996 年）

卫星观测数据显示，1979~1996 年北极地区海冰覆盖量上下波动，变化幅度不大，总体来说有下降趋势。1979~1988 年，北极 9 月平均海冰量平稳，海冰范围在 720×10^4 平方千米左右小幅度波动；1989~1996 年，海冰范围的波动幅度增大，北极冰层冻结和融化的程度提升，1995 年夏季海冰范围出现最小观测值之后，又在 1996 年 9 月回升至最大值。

气候作为影响北极海冰范围的一个重要因素，其冷暖交替反映在这段时期内，使北极冰区范围呈现上下波动、小幅下降的变化趋势。

---

① 曹玉墀：《北冰洋通航可行性的初步研究》，博士学位论文，大连海事大学，2010。

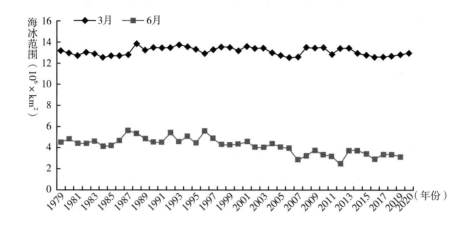

图1 1979～2020年北极海冰平均范围变化曲线

（2）冰量明显减少，偶有少量回升（1997～2007年）

1997年北极海冰范围较上年同期有所下降，且在未来10年中，海冰范围缩小的趋势越来越明显。1997～2001年，冰量略有浮动，但海冰范围始终处于总体趋势线上侧；2002年9月海冰范围降至596×10⁴平方千米，相比2001年减少2.8%；2003年海冰范围略有上升至615×10⁴平方千米，增长3.2%；2004年海冰范围为604×10⁴平方千米，较2003年海冰范围减少11×10⁴平方千米；2005年受全球高温影响，特别是北大西洋暖流影响，9月海冰范围减少至557×10⁴平方千米，海冰范围下降7.8%；2006年海冰范围有所恢复至589×10⁴平方千米，增长5.7%；2007年9月，全球高温导致北极海冰迅速融化，海冰范围跌至413×10⁴平方千米，为有观测记录以来海冰范围的最低值，据观测，该年夏季海冰缩减区域主要发生在东西伯利亚海、拉普捷夫海、波弗特海以及加拿大群岛海域。

可以看出，1997～2007年，冰区范围只在2000年、2001年、2003年、2006年有所回升，且回升幅度较小，冰量总体减少的趋势明显，且减少的幅度和速度均高于上一阶段。

（3）冰量短暂回升，持续降至低谷（2008~2012年）

与2007年相比，2008年海冰覆盖范围有所回升为467×10^4平方千米，但仍低于2007年以前次低点纪录，致使9月海冰范围的减少率由每10年减少10.2%变为11.1%；2009年海冰范围继续回升，为536×10^4平方千米，但比过去30年海冰范围最低值的均值还要少128×10^4平方千米；2010~2012年海冰范围由490×10^4平方千米降至461×10^4平方千米，再降至361×10^4平方千米，不断刷新北极海冰范围的最低纪录，特别是2012年3~9月海冰融化面积达1183×10^4平方千米。

在这一阶段，北极海冰范围在经历了短暂扩大之后，从2009年开始持续缩减，直到2012年出现了有史以来平均冰区范围最小，这也使"夏季海冰范围以较大幅度减小"的趋势愈加明朗。

（4）冰量略有回升，后持续下降（2013~2019年）

2013年海冰范围有所上升至507×10^4平方千米，但仍比过去35年海冰范围最低值小20.3%；2013~2016年海冰范围直线下降，由507×10^4平方千米降至417×10^4平方千米，下降率达17.8%；2017年海冰范围略有回升，达到464×10^4平方千米，但仍低于2007年以前的低点值；2017~2019年海冰范围持续下降，由464×10^4平方千米降至415×10^4平方千米，下降幅度仅次于2012年和2007年。

在这一阶段，北极海冰范围在2016~2017年略有回升后，从2017年开始持续缩减，直到2019年出现了历史第三低值，这也使"夏季海冰范围不断减小"的趋势更加明显。

总体来看，北极海冰范围呈现不断减小的趋势，且这种趋势的幅度正在逐渐增大，北极海冰的融化速度明显高于预期，未来北冰洋海冰融化范围扩大、海冰覆盖量继续减少也是必然趋势。综合以上数据和分析可知，未来北极冰层将继续融化，冰区范围不断减小，最终将出现夏季无冰年。

目前，北极航线仅在夏季短暂开通，其中东北航道和西北航道夏季通航时间最长分别可达45天和64天。北极航线的全面商业化运营取决于北冰洋

夏季无冰年，美国国家海洋和大气管理局研究指出，2034年北极可能会在夏季无冰，届时北极航线将不需要破冰船引航，东北航道和西北航道的通航时间将大大延长。

（二）北极航线效益分析

1. 航行距离与航行时间比较

中欧和中美航线主要为途经苏伊士运河和巴拿马运河的传统航线，因此，以上海—鹿特丹和上海—纽约两条航线为例，对北极航线和传统航线航次成本进行估算。从航行距离来看（见表1），与传统航线相比，北极航线在海运距离上具有明显的优势，其中东北航道和西北航道分别缩短2563海里和1912海里。

表1 北极航线与传统航线航行距离和航行时间比较

航线	传统航线		北极航线	
	航行距离（海里）	航行时间（天）	航行距离（海里）	航行时间（天）
上海—鹿特丹	10469	31.2	7906	24.6
上海—纽约	10512	31.3	8600	29.7

对传统航线来说，除航行距离导致的航行时间差别外，途经运河也是两条航线航行时间差别的主要原因。根据现有亚欧航线和美东航线统计，按照多用途货船经济航速14节计算；北极航线船舶正常航速为14节，但在海面冰情较为严重的海域，东北航道降至12节，平均航速为13.41节；西北航道降至11节，平均航速12.08节；从航行时间来看，北极航线较传统航线航行时间缩短1.6~6.6天。总体来看，远东港口经北极航线至欧洲和北美洲的航行距离和航行时间均有较大优势。

2. 航运成本分析

船舶航运成本主要分为固定成本（船舶折旧费、船员薪资、保险费、维修费和管理费）和可变成本（燃料费、港口使用费、通行费）。根据中国商船北极航行实践和郝增辉的相关研究①，基于北极航行常用船型多用途船核算传统航线与北极航线单航次航运成本。

（1）固定成本

通过计算，亚欧航线、美东航线、东北航道和西北航道的航次固定成本分别为 41.14 万美元、41.25 万美元、39.53 万美元和 47.72 万美元（见表 2）。

表 2 传统航线与北极航线航次成本比较

单位：万美元

项目		传统航线		北极航线	
		亚欧航线	美东航线	东北航道	西北航道
固定成本	船舶折旧费	17.16	17.22	16.65	20.10
	船员薪资	10.40	10.43	9.84	11.88
	船舶维修费	0.58	0.58	0.74	0.89
	管理费	5.20	5.22	4.92	5.94
	保险费	7.80	7.80	7.38	8.91
	总计	41.14	41.25	39.53	47.72
可变成本	燃料费	42.43	42.57	33.46	40.39
	港口使用费	4.00	4.00	4.00	4.00
	通行费	30.00	25.00	15.00	15.00
航次总成本		117.57	112.82	91.99	107.11

（2）可变成本

①燃料费。根据中国北极航行船舶数据，冰级船舶极地航行日燃油消耗 25 吨，且与传统航线日燃油消耗基本相同。根据 Bunker Index 的统计数据，Bunker Index 180 CST 平均油价约为 544 美元/吨。

②通行费。根据苏伊士运河管理局、巴拿马运河官网和北方海航道管理局数据，假定所选船型苏伊士运河通行费用为 10 万美元/次，巴拿马运河通

---

① 郝增辉：《北极航线航行经济性分析与运输分担率预测》，硕士学位论文，大连海事大学，2017。

203

行费用为 11 万美元/次，北极东北航道破冰引航费用根据航段收取，单航次破冰引航费用约为 15 万美元/次；西北航道尚未制定破冰引航收费标准，因此收费参照东北航道。

③港口使用费。船舶挂靠港口使用费约为 2 万美元/次。

从传统航线和北极航线航次成本核算（见表 2）来看，由于航运距离的缩短，北极航线航行时间和燃油成本实现较大缩减，致使北极航线的航次成本总体低于传统航线。由于受自然环境的影响，北极航线只能夏季短暂通航，这使北极航线的航次成本优势并不明显。随着时间的推移，北极航线通航环境的改善、通航时间的延长，北极航线的航运经济性将不断凸显。

3. 北极航线的社会效益

美国国家海洋和大气管理局指出，海上船舶排放的氮氧化合物占全球排放量的 30%，成为全球空气污染的重要来源之一。[1] 根据 IMO 专家组统计，每年全球航运消耗燃油 20 亿桶，CO_2、SO_X、NO_X 排放量将达到全球气体排放量的 6%、20% 和 30%。[2] 因此，世界“未来论坛”和“世界自然基金会”提出了“可持续航运发展动议”，以推动世界航运的可持续发展，并承担必要的社会责任和环境责任。

北极航线作为连接亚洲与欧洲、北美洲的海上便捷通道，其在推动全球航运和环境可持续发展方面发挥着重要作用。由表 3 可知，北极航线减少了燃油消耗和 CO_2、SO_X、NO_X 等气体的排放量。2013～2019 年，中远海运特种运输股份有限公司完成了 31 航次北极航行，总共节约燃油 12149 吨，减少 CO_2、SO_2 等气体排放量 39586 吨，为全球环境保护承担了企业责任。

---

① A. Daniel Lack et al., *Particulate emissions from commercial shipping: Chemical, physical, and optical properties*, 2009, 114（02）：1 – 16.

② 田靖：《绿色、低碳引领航运新革命》，《航海技术》2011 年第 4 期，第 73～75 页。

表3 2013～2019年中远海运特种运输股份有限公司环境效益

年份	节约航程（海里）	节约燃油（吨）	减少排放（吨）
2013	2903	232	862
2015	7581	606	2206
2016	33883	5164	14958
2017	21324	1674	7404
2018	25644	1973	6366
2019	31457	2500	7790
总计	122792	12149	39586

（三）北极航线货运需求预测

1. 东北航道货运需求预测

由表4可知，2013～2018年东北航道货运量由391.4万吨增至2018万吨，增长了约416%。2017年，中俄共建"冰上丝绸之路"推动了东北航道货运量进一步提升，2017～2018年东北航道货运量增长了约108%。截至2019年11月底，东北航道完成货物运输2600万吨，此后俄罗斯副总理马克西姆·阿基莫夫表示，2019年东北航道可能实现3000万吨的货运量，较2018年增长约1000万吨。

表4 2013～2019年东北航道货物运输量

单位：万吨

年份	2013	2014	2015	2016	2017	2018	2019
货运总量	391.4	398.2	543.1	747.9	969.4	2018.0	3000.0（预计）

基于2013～2019年数据，运用灰色动态预测模型对东北航道货运量逐年预测，并将预测得到的年货运量数据进行可行性检验（见表5）。

表5 东北航道货运量一次修正预测结果

单位：万吨

年份	2020	2021	2022	2023	2024	2030	2035
货运量	4309.76	5588.41	8741.51	9667.74	11361.55	18413.34	24760.00

由表 5 预测结果可知，2020～2024 年东北航道由 4309.76 万吨增至 11361.55 万吨，年均增速 27.4%。预计到 2030 年，东北航道货运量将达到 18413.34 万吨；随着东北航道通航环境的改善及通航时间的延长，至 2035 年，东北航道货运量将达到 24760 万吨。

2. 西北航道货运需求预测

由于西北航道的通航环境较差，该航道尚处于初级起步阶段。但从远东地区与北美、欧洲的海运贸易情况来看，远东地区与北美的海运贸易密切，这将极大地推动西北航道货运潜力开发。因此，在考虑西北航道现状的情况下，以北美地区海运贸易增长率为基础对西北航道货运需求进行预测。

北极地区海冰不断融化，西北航道通航环境逐渐改善。预计至 2024 年，西北航道干散货运输量将达 150 万吨，此外，北极地区石油、矿石和天然气等自然资源的开发，将为西北航道带来每年约 290 万吨的运输量。西北航道承担的货物运输总量达 500 万吨。预计至 2030 年，西北航道逐渐实现常态化商业运营，货物运输量将突破 6000 万吨，且继续保持增长状态。预计至 2035 年，西北航道通航条件将极大改善，LNG 运输和干散货运输增长迅速，货物运输量将达到 1.3 亿吨左右（见表 6）。

表 6   2024 年北极航线货物运输量预测值

单位：万吨

年份	2024	2030	2035
货物运量	500	6000	13000

总体来看，北极航线货物运输特点如下。

①货流量逐年增长且后期呈飙升态势。当前北极通航环境较为恶劣，尚不能形成较大规模货流，货物运输仍处于初级开发阶段。随着北极通航环境的逐渐改善、通航时间的延长及北极地区油气资源的开发，北极航线液散货、干散货、LNG、集装箱等船舶货运将呈现快速增长趋势。预计至 2024

年北极航线货运量将达到 10500 万吨，2030 年，货运量将达到 3.7 亿吨。

②东北航道与西北航道的货流结构存在差异。由于北极东北航道和西北航道通航环境、能源储备、种类及国际贸易需求的差异，两条航道的货流结构存在较大差异。预计至 2024 年，东北航道以液散货为主（约占 2/3），干散货增长较为缓慢；西北航道以液散货和干散货为主，其他货物较少。

三 北极航线对世界经济的影响

北极航线的开通将使国家和地区间的航运距离大幅缩减，而运输距离的缩减可降低海运成本，从而影响世界贸易格局和经济格局。李振福等人关于北极航线经济腹地划分的研究，选取了经济和贸易受北极航线影响的 47 个国家，主要分布于欧洲、亚洲和北美洲。[①]

（一）北极航线对世界贸易的影响

北极航线的开通改变了贸易路径和世界贸易格局。从现有的贸易格局来看，亚洲、欧洲和北美洲占据了世界贸易的主要份额，而海运则承担了国际贸易中约 90% 的运输。北极航线由于距离短、航运成本降低且安全性高，现有的国际航线逐渐北移，传统航线逐渐被北极航线所取代。国际航线的调整必将改变现有的国际贸易路径，北极航线沿线地区的贸易机会和重要性不断上升，传统航线的贸易机会和重要性随之降低，进而影响世界贸易格局。

由表 7 可知，北极航线开通对俄罗斯和中国的进出口贸易影响较大，其中进口贸易额分别增长了 0.6964% 和 0.6069%，出口贸易额分别增长了 0.6097% 和 0.5704%，主要因为北极航线的开通进一步增强了两国的贸易联系，实现了双方的优势互补。此外，北极航线沿线地区的美国、日本等国的进出口贸易额也实现了不同程度的增长。

---

① 李振福、闫倩倩、刘翠莲：《北极航道经济腹地范围和等级划分研究》，《世界地理研究》2016 年第 5 期，第 22~28 页。

北极航线的开通对部分国家的进出口贸易产生负向影响。蒙古国、希腊进出口下降较为明显，进口贸易额分别下降 0.2145% 和 0.2054%，出口贸易额分别下降 0.1263% 和 0.2071%。这主要是因为蒙古国的贸易伙伴多为周边国家，北极航线对其影响不大；而希腊、阿塞拜疆、爱沙尼亚等国多位于传统航线沿线，北极航线的开通改变了全球贸易格局，希腊受其影响较大。罗马尼亚进口贸易额下降 0.4791%，而出口贸易额则增长 0.7437%，主要是因为罗马尼亚位于传统航线沿线，其进口对象为中国和土耳其，出口对象为俄罗斯，导致其进出口贸易出现反差。

表 7　北极航线对进出口贸易的影响

进口贸易				出口贸易			
前5位	百分比（%）	后5位	百分比（%）	前5位	百分比（%）	后5位	百分比（%）
俄罗斯	0.6964	罗马尼亚	-0.4791	罗马尼亚	0.7437	希腊	-0.2071
中国	0.6096	蒙古国	-0.2145	俄罗斯	0.6097	阿塞拜疆	-0.1557
乌兹别克斯坦	0.3927	希腊	-0.2054	中国	0.5704	世界其他	-0.1309
美国	0.2710	阿塞拜疆	-0.1776	美国	0.3211	蒙古国	-0.1263
日本	0.1664	格鲁吉亚	-0.1671	摩尔多瓦	0.1718	爱沙尼亚	-0.1100

（二）北极航线对经济变动的影响

北极航线的开通大幅缩短了亚洲至欧洲、亚洲至北美洲的航运距离，带动沿线经济增长。北极地区的资源优势、航线优势必将取代传统航线地区成为世界发展的新增长极。北极航线的开通将加快北极资源的开发和沿线基础设施建设，吸引大量贸易经由北极航线运输，使北极航线沿线国家的贸易机会逐渐增多，贸易联系逐渐加强，推动国际产业、技术不断向沿线地区加速移动，产业转移过程中推动产业分工的细化，推动国际贸易的快速增长，加快地区和国家的贸易联系，推动区域经济增长，影响世界经济格局。

从经济变动情况来看（见表 8），北极航线对中国、俄罗斯和加拿大影响较大，三国的经济分别增长了 0.0783%、0.0319% 和 0.0094%，此外，

北极航线对韩国和日本的拉动作用也较为明显，两国的经济分别增长了
0.0074%和0.0071%。斯洛伐克是欧洲国家中受北极航线影响最为明显的
国家，这主要是因为斯洛伐克的贸易伙伴（美国、俄罗斯、韩国）均位于
北极航线沿线，海运距离的缩短增强了贸易伙伴间的联系，对其经济增长的
积极影响较为明显。

表8　北极航线对世界经济变动影响

前5位	中国	俄罗斯	加拿大	斯洛伐克	韩国
百分比（%）	0.0783	0.0319	0.0094	0.0081	0.0074
后5位	乌兹别克斯坦	蒙古国	希腊	爱沙尼亚	立陶宛
百分比（%）	-0.0402	-0.0208	-0.0208	-0.0178	-0.0122

资料来源：数据主要源于GTAP8数据库，该数据库以2007年为基期，共包含127个国家、57
个产业和5种基本生产要素。

北极航线的开通也对部分国家的经济产生了负向效应。其中最为明显
的是乌兹别克斯坦和蒙古国，其次是希腊、爱沙尼亚和立陶宛，主要因为
这些国家多位于传统航线沿线或受传统航线影响较大，北极航线的开通促
使全球航运格局北移，减少了传统航线的货物运输需求，导致沿线国家经
济受损。

总体来看，北极航线的开通对东亚、北欧、北美地区产生不同程度的影
响，经济和贸易均在不同程度上实现了提升。但受制于西北航道的通航环
境，北美地区的经济和贸易提升并不明显。北极航线提升了东亚、欧洲和北
美的贸易联系强度，深化了区域间的贸易一体化程度，推动了沿线地区经济
快速增长。

四　北极航线对地缘政治的影响

北极航线的开通将会对现有地缘政治产生重要冲击，地缘政治中心将
"北升南降"，北半球形成以北极为中心的地缘政治格局，南半球地缘政治

地位下降，甚至部分国家和地区逐渐被边缘化。因此，北极航线的开通将推动世界多个地缘政治中心的形成，打破现有地缘政治格局。

（一）北极航线对美国、加拿大、俄罗斯地缘政治的影响

北极的战略价值、资源价值和航线价值因海冰的融化日益凸显。近年来，北极国家凭借其地缘位置优势加强了对北极资源和航线的争夺，而美国和俄罗斯就是北极争夺中的主要参与者，两国的争夺和战略目标将会影响世界地缘政治格局。美国的北极战略目标是维护国家安全利益、强化北极区域管理和责任、加强北极地区国际合作。[①] 俄罗斯的战略目标则是加强北极控制、开发北极资源及航线、加强北极地区国际合作。[②] 从美俄北极战略目标来看，美国重视北极地区管理权和主导权的控制，俄罗斯则重视地缘和军事建设以拓展国家利益。北极航线的开通将有利于实现俄罗斯西部和远东的战略对接，打破美国和北约同盟的地缘围堵，保障俄罗斯的国家安全。对于美国来说，其目标是通过加强国际合作，以国际同盟为手段，掌控北极地区的主导权和控制权，加强北极航线的管理和控制，遏制俄在北极地区的军事力量。因此，美俄两国的北极战略构建与实施，将直接影响北极地缘政治格局演变，对世界地缘政治格局的塑造产生间接影响。加拿大是北极地区重要的国家之一，西北航道的大部分航段位于加拿大北极群岛水域，加拿大认为西北航道属于其内水，国际通行规则不适用于西北航道，这就决定了北极航线不仅具有商业价值，也存在国家间的地缘政治博弈。[③] 加拿大通过航道、领土、海域等方面加强了对北极及北极航线的争夺，维护和捍卫其在国际关系中的重要北极国家的地位。

---

① 郭培清、董利民：《美国的北极战略》，《美国研究》2015 年第 6 期，第 47 ~ 65、6 页。

② 孙迁杰、马建光：《地缘政治视域下美俄新北极战略的对比研究》，《和平与发展》2016 年第 6 期，第 34 ~ 46、114 ~ 115 页。

③ 李振福、刘同超：《北极航线地缘安全格局演变研究》，《国际安全研究》2015 年第 6 期，第 81 ~ 105、154 ~ 155 页。

（二）北极航线对东亚国家的地缘政治影响

北极航线的开通直接影响东亚国家的经济发展和国家安全利益，如何争取北极航线权益需要东亚各国协同合作构建北极航线的国际协调机制，积极参与航线开发，维护东亚国家在北极航线中的利益诉求。北极航线是实现中国地缘政治经济利益的重要组成部分，但受制于地缘位置。中俄两国政府在2017年提出"开展北极航道合作，共同打造'冰上丝绸之路'"，北极航线将成为中国参与北极的新路径和新方向。在北极航线地缘政治博弈中，中俄形成合力共同应对美国的地缘政治压力，对其形成南北夹击的战略形势，提升中俄两国在北极地区的地缘战略地位，提升中俄两国在地缘政治博弈中的主动性。北极航线的开通将极大地刺激日本经济发展、军事力量复兴、国家战略调整。2013年《北极管理与日本外交政策》强调加强日美同盟关于北极航线安全的合作。[①] 未来日美可能在多领域加强北极合作，提高日本在北极及东北亚地区的地缘政治地位，推动日本实现其政治和军事大国的目标。北极的战略位置、资源价值及航线价值使韩国认识到参与北极事务可获得巨大的政治经济效益和提升国际地位。2015年韩国发布了《北极政策执行计划》，标志着韩国已将其北极战略转化为更为具体的政治、经济政策。但受制于北极域外国家的身份，韩国加强了与北极国家在航道开发、资源利用、环境保护、科学考察等领域的合作来实现韩国国际地位的提升和北极权益的获取。此外韩国的地缘战略优势因俄美北极之争而不断凸显，美国加紧对韩国的经济、军事支持，俄罗斯方面则对北极国家间的多边经济合作态度消极，把与中日韩的合作视为有效方式。当然，韩国在经济实力方面仍与中日存在一定差距，而且与同样受到美国控制的日本一样，自主权利较弱。所以在北极问题上，韩国更容易被其他大国控制和争夺。因此，韩国将受益于北极，但由于大国势力争夺，韩国所能获得的北极权益

---

① 张光新、张晶：《地缘政治视阈下日本的北极战略》，《东北亚学刊》2018年第2期，第26～30、54页。

难成定数。与许多域外国家一样，北极对新加坡不仅是机遇，也是挑战。
2013 年 5 月，新加坡成为北极理事会观察员，标志其北极事务进入新阶
段。2014 年 10 月新加坡在北极圈论坛上阐述了其参与北极事务的领域
（极地航运规则制定、国际北极科考、极地突发事件应对等方面）。从新加
坡的北极政策来看，其目标是通过航运规则制定、科考等介入北极事务，
提高其地缘政治地位。但对于地处传统航线的东南亚国家而言，传统航线
的重要作用推动了沿线国家成为战略要地和热点地区。北极航线的开通则
逐渐分散传统航线货运量，降低了传统航线在全球的地位和新加坡等国的
贸易枢纽地位，东南亚国家的地缘政治影响和战略地位逐渐下降，在一定
程度上改变了世界地缘政治格局。①

（三）北极航线对欧盟地缘政治的影响

欧洲位于大陆与海洋的边缘地带，欧洲的地缘因素决定了欧洲是北极航
线的重要影响区域。2008～2019 年欧盟先后发布《欧盟与北极地区》《发展
中的欧盟北极政策：2008 年以来的进展和未来的行动步骤》等北极政策文
件，通过维护北极与人类和谐关系、推动资源可持续利用、强化北极合作、
提高北极多边治理②。从欧盟的北极政策来看，欧盟试图通过北极环境保
护、资源可持续利用、航行安全等方面介入北极事务，从而提高其北极及世
界地缘政治地位。但是，英国作为欧盟第二大经济体，英国脱欧进一步削弱
了欧盟的经济实力，导致欧盟内部失衡，并且其他成员国的效仿和欧盟的进
一步分化也难以排除。欧盟内部形势复杂多变，成员国矛盾加深，对外影响
力与整体合力大不如前，权力集团的分散令其恐难充分利用北极航线所带来
的巨大利益，也难以进一步提高全球政治地位。

---

① 何光强、赵宁宁、宋秀琚：《新加坡的北极事务参与及其对中国的启示》，《东南亚研究》
2015 年第 4 期，第 18～26 页。
② 《武志星：世界主要国家北极战略梳理》，中国海洋发展研究中心网站，http://aoc. ouc.
edu. cn/2d/53/c9821a208211/page. psp。

（四）北极航线对世界其他国家的地缘政治影响

北极航线问题促使世界地缘政治中心不断北移，既为部分国家的经济发展、国家安全带来了机遇，也会引发国际新矛盾和冲突，全球地缘政治格局发生重大变化。对传统航线沿线国家来说，北极航线的开通将导致传统航线的货运量急剧下降，沿线国家经济力量不断下降，导致新加坡、印度、美国、埃及等控制的传统航线的战略地位急剧下降。此外，北极航线开通将为东亚国家能源进口提供更多选项，减轻东亚国家对中东能源和传统航线的过度依赖，导致西亚破碎地带的地缘位势呈下降趋势。值得一提的是，巴西作为世界政治格局中重要的一员，但鉴于其严峻的国内外形势以及在北极权益争夺中不利的地理位置，其在未来世界地缘政治格局中的地位逐渐下降。

总之，北极问题将促使国际政治经济重心向北偏移，既会为部分国家带来绝好的发展机遇，又会引发国际间新的矛盾和冲突，世界政治经济形势将发生巨大改变。但整体上，世界整体财富将会增加，社会发展进步的程度会提高，解决问题的能力不断提升，财力将更加充足。可以肯定的是，未来大国都会与北极问题相联系，不积极争取北极权益、不重视北极问题势必将承受从下一轮国际政治格局洗牌中被淘汰的后果。

五　结论与讨论

全球温室效应引发北极海冰加速融化，使北极航线商业通航逐渐成为可能，本文从北极航线应用前景视角出发，重点分析北极航线开通产生的经济和社会效益及对世界经济和地缘政治的影响，主要结论如下。

（1）从北极海冰融化趋势来看，北极"夏季海冰范围减小"的趋势愈加明显，且减小的速度、幅度和范围明显高于预期。美国国家海洋和大气管理局预测2034年北极可能出现夏季无冰，北极航线的通航时间大幅延长。

（2）从北极航线航行效益来看，北极东北航道和西北航道比传统航线

分别缩短 2563 海里和 1912 海里，航行时间缩短 1.6～6.6 天。由于航运距离的缩短，北极东北航道和西北航道的航次成本均低于传统航线，但受自然环境的影响，北极航线只能夏季短暂通航，影响了北极航线的经济效益。社会效益方面，北极航线极大地减少了燃油消耗和 CO_2、SO_X、NO_X 等污染气体的排放量，在推动全球航运和环境可持续发展方面发挥了重要作用。

（3）从北极航线货运需求来看，北极航线货流量呈逐年增长且后期飙升态势。根据北极通航环境的改善、通航时间的延长和极地资源的开发三方面的因素，预计至 2024 年北极航线货运量将达到 10500 万吨，2030 年货运量将达到 3.7 亿吨。由于通航环境、能源储备、种类及贸易需求的差异，东北航道和西北航道货流结构存在一定差异，预计至 2024 年，东北航道以液散货为主（约占 2/3），干散货增长较为缓慢；西北航道则以液散货和干散货为主，其他货物较少。

（4）从北极航线对世界经济的影响来看，由于距离短、航运成本低且安全性高，国际航线北移，传统航线逐渐被北极航线所取代，国际产业、技术不断向北极加速移动，世界贸易路径、贸易格局和经济格局逐渐改变。在对外贸易方面，北极航线对中国、俄罗斯等国的对外贸易正向影响较大，对蒙古国、希腊等国的负向影响较大。在经济变动方面，北极航线对中国、俄罗斯和加拿大的正向影响较大，三国的经济分别增长了 0.0783%、0.0319% 和 0.0094%；对乌兹别克斯坦、蒙古国、希腊、爱沙尼亚和立陶宛等国家的经济负向影响较大。①

（5）从北极航线对世界地缘政治的影响来看，北极航线使世界地缘政治经济重心不断北移，北半球的地缘政治地位上升，南半球的地缘政治地位下降，甚至部分国家和地区逐渐被边缘化。北极航线既会为部分国家带来绝好的发展机遇，又会引发国际间新的矛盾和冲突，世界政治经济形势会发生巨大改变。此外，未来大国的兴衰将与北极相联系，争取北极及北极航线权

---

① 数据主要源于 GTAP8 数据库，该数据库以 2007 年为基期，共包含 127 个国家、57 个产业和 5 种基本生产要素。

益将为下一轮国际政治格局洗牌提供筹码。

受北极自然环境和沿线港口基础设施的影响，北极航线只能夏季短暂通航，这在一定程度上限制了北极航线的应用。但从长远来看，北极海冰的加速融化及北极航线通航保障能力的不断提升，北极航线的经济性将会大幅提升，北极航线商业化通航指日可待。

北极航线为远东至欧洲和北美提供了新的海运通道，北极航线的经济性、安全性和资源丰富性为其开展商业开发提供了可能，对中俄"冰上丝绸之路"建设及世界政治经济均产生重要的影响。

B.11
《极地规则》生效后的新进展及对
北极航运治理的影响*

陈奕彤　王业辉**

摘　要：　《极地规则》的生效为北极航运治理提供了可执行的强制规
　　　　　范和建议性措施，有助于降低北极海域的环境和安全风险。
　　　　　但《极地规则》在环保方面的软弱性依然受到了相关批判，
　　　　　具体表现在尚未正式禁止使用重燃油、未严格控制黑碳和灰
　　　　　水排放、未将外来物种入侵和船舶压载水纳入考虑范围等方
　　　　　面。北极理事会的北极海洋环境保护工作组在《极地规则》
　　　　　生效后相继发布《北极航运报告》和《北极噪声知识状态报
　　　　　告》；北极理事会的黑碳和甲烷问题专家组就北极黑碳治理进
　　　　　行了卓有成效的开创性工作；俄罗斯和加拿大两国对国际海
　　　　　事组织在《极地规则》生效后的新动向作出了不同的反应。
　　　　　国际海事组织最近已经启动了有关实施《极地规则》以及继
　　　　　续提高环保措施的下一阶段工作计划，以求进一步采取举措
　　　　　来弥补《极地规则》的漏洞和不足。国际海事组织未来应与
　　　　　北极理事会相互配合，以共同实现北极航运治理的良治。

关键词：　《极地规则》　国际海事组织　北极航运

---

* 本文得到教育部人文社会科学研究青年基金项目"北极航运治理机制的国际法问题研究"（项
目编号15YJC820006）、国家海洋局北海海洋技术保障中心"新时期海洋科技发展对海洋维权的
挑战与应对"、科技部国家重点研发计划重点专项（项目编号SQ2019YFC140025－04）的支持。

** 陈奕彤，女，中国海洋大学法学院讲师、硕士生导师；王业辉，女，中国海洋大学法学院
2019级法律硕士研究生。

国际海事组织（International Maritime Organization，IMO）主持通过的《极地水域船舶航行安全规则》（International Code of Safety for Ships Operating in Polar Waters，Polar Code，以下简称《极地规则》）已于 2017 年 1 月 1 日正式生效，代表了 IMO 在过去 20 年的杰出工作，也标志着极地水域的航运规制进入了一个新的时代。《极地规则》以其软硬兼具的特点提升了接纳度和适用的广泛性，充分体现了预防原则，为北极航运治理提供了可强制执行和参考的综合规范及标准，有助于降低环境和安全风险。[①] 在《极地规则》生效 3 年多来所受到的批判主要集中于环境保护措施不够全面。对此，IMO 最近已启动了有关实施《极地规则》以及继续提高环保措施的下一阶段工作计划，以求进一步采取举措来弥补《极地规则》的漏洞和不足，IMO 未来应与北极理事会相互配合，以共同促进北极海洋环境和生态系统不过度受到激增的航运量的冲击，共同实现北极航运治理的良治。

一 《极地规则》的缺陷

（一）没有禁止使用重燃油

重燃油（Heavy Fuel Oil，HFO）也称为残留燃料油，来源于精炼过程后的残余产品，是一种具备高毒性和黏性的燃料。它是排放的空气污染物的主要来源，包括氧化硫和黑碳在内的颗粒大部分来自重燃油的排放。重燃油主要用于大型船舶，例如散货船、货船和游轮。

重燃油一旦发生意外泄漏，将对北极海洋环境造成严重污染，对北极的海洋生物造成灾难性的后果。因为与其他海域的常规漏油相比，HFO 在海水中会乳化并形成巧克力慕斯状的糊状物，毒性更大，在冷水中分解所需的

---

① 白佳玉、李俊瑶：《北极航行治理新规则：形成、发展与未来实践》，《上海交通大学学报》（哲学社会科学版）2015 年第 6 期，第 14 页；陈奕彤：《极地规则能有效减缓北极航运的环境于安全风险么？》，载薛桂芳主编《海洋法学研究》第二辑，上海交通大学出版社，2018，第 108 页。

时间更长，使清理工作非常复杂，从而难以回收。更何况北极地区偏远而荒凉，相应的后勤、应急、设施和人力等资源均不齐备，这也进一步加剧了重燃油清理工作的挑战。早在 2011 年，南极海域就已经禁止使用 HFO，但因为 2015 年时穿越北极海域的船舶使用了超过 83 万吨重燃油，是 2012 年的 2 倍，北极的 HFO 使用占到了北极船舶燃料总量的 57%，① 其次是馏分油（一种较清洁的船用燃料），占 38%，而液化天然气（LNG）仅占 1%。北极航运燃料的实际使用现状使 IMO 在制定《极地规则》的过程中认为，即使在当时禁止在北极使用重燃油也很难让各船旗国和船只在实践中加以遵守，因此在《极地规则》最终缔结的文本中，未禁止重燃油在北极海域的使用。

即便《极地规则》已经生效，但来自环境保护组织的外部批评以及改善全球海洋环境、促进航运清洁和安全的内生力量均使 IMO 并没有放弃在北极航运中进一步考虑继续采取措施，以解决北极船舶使用和运输 HFO 的问题。

在 IMO 海洋环境保护委员会（Maritime Environment Protection Committee，MEPC）第 72 届会议上，一项禁止在北极海域使用和运输 HFO 作为燃料的提议得到了广泛支持。MEPC 在 2018 年 10 月召开的第 73 届会议上指示污染预防和应对分委会（Pollution Prevention and Response，PPR）在 2019 年 2 月的第六次会议上确定 HFO 的影响评估方法，主要用以评估和核算重燃油禁令所产生的经济、社会和环境影响。在此基础上，IMO 进一步就《国际防止船舶造成污染公约》（MARPOL）附则 I 的修正案草案增加了新的第 43A 条，计划在 2024 年 7 月 1 日以后禁止在北极海域使用和运输用作船舶燃料的重燃油；并强制要求自 2020 年 1 月起在北极航运中使用超低硫燃料油（Very Low Sulphur Fuel Oil，VLSFO），旨在减少海运中至少 80% 的硫排放量。与含硫量高达 3.5% 的重燃油相比，VLSFO 仅含 0.5% 的硫。②

① B. Comer, N. Olmer, X. Mao, B. Roy & D. Rutherford, "Prevalence of Heavy Fuel Oil and Black Carbon in Arctic Shipping, 2015," https：//theicct. org/sites/default/files/publications/HFO-Arctic_ICCT_Report_01052017_vF. pdf.

② "Sub-Committee on Pollution Prevention and Response（PPR 7），" http：//www. imo. org/en/MediaCentre/MeetingSummaries/PPR/Pages/PPR‐7th‐Session. aspx.

修正案草案将于 2020 年 10 月 19 日至 23 日提交给 MEPC，以期在 MEPC 第 77 届会议即 2021 年春季通过，并在 2023 年前开始全面实施。但即便如此，从事船舶安全作业、搜救活动，以及专门从事溢油防范和响应的船舶仍将被豁免；某些符合有关燃油箱保护的建造标准的船舶，也只需要在 2029 年 7 月 1 日以后遵守即可。北极水域沿岸的 MARPOL 缔约国的本船旗国船只在其主权或管辖范围内水域作业时，也可暂时豁免至 2029 年 7 月 1 日。同时 MEPC 还成立了通信联络组，以利于进一步制定准则草案；草案将涵盖船舶运营、船舶建造和重燃油加油，基础设施和通信，加强重燃油泄漏的防范，及早发现和响应，以及演习和培训等内容。

环保组织强调，IMO 禁止重燃油的草案依然不够充分，至少没有在 2024 年之前为北极水域提供足够的保护。但考虑到重燃油早已成为北极地区最常使用的船用燃料，占到所有燃料使用量的 60%；[①] IMO 的重燃油禁令已经足够大胆，而分阶段、分船舶、分国家的实施步骤和计划也使禁令的后续遵守与实施更加具有可操作性和现实性。

(二)对黑碳污染应对不足

黑碳是气溶胶的一种形式，是由于化石燃料和生物质燃料燃烧不完全而形成的。黑碳被认为是继二氧化碳之后对气候变化影响最大的排放物，由于它在北极冰上沉降时会大大降低海冰和积雪覆盖地面的反照率或反射率，因此也是影响北极地区气候变化的重要因素。黑碳通常在大气中的停留时间很短，一般在几天到几周，因此减少黑碳的排放量会在北极地区产生立竿见影的效果；[②] 同样，黑碳的大量沉积则会导致北极变暖乃至全球变暖迅速加剧。

北极黑碳的来源中，有 30% 来自北极 8 国，40% 来自东亚和东南亚；[③] 北

---

① Malte Humpert, "IMO Inches forward with Ban on Heavy Fuel Oil in Arctic," https://www.highnorthnews.com/en/imo－inches－forward－ban－heavy－fuel－oil－arctic.

② Arctic Council, "Expert Group on Black Carbon and Methane Summary of Progress and Recommendations 2019," https://oaarchive.arctic-council.org/handle/11374/2411.

③ Arctic Council, "Summary for Policy-Makers：Arctic Climate Issues 2015," https://oaarchive.arctic-council.org/handle/11374/714.

极冰融化导致的航运量上升会加大船只的黑碳排放量。研究表明，慢速船会产生更多的黑碳。当船的发动机功率低于全功率时，低硫燃料产生的黑碳排放量尤其高。而在北极海域中，船舶在穿越海冰或者护卫舰跟在船舶后面护送时，很少全速行驶。目前沿俄罗斯北方海航道过境的船只平均船速不到10节，是温带水域货船平均速度的一半。2015年，MEPC在经过数年的讨论之后，通过了黑碳的定义，并在此之后把焦点转向了控制措施。由于IMO的重燃油禁令，炼油厂已改产新型混合燃料，其中有高含量的芳香族化合物。为了使超低硫燃料油（VLSFO）高效燃烧并与多种发动机配合使用，低硫燃料通常添加高含量的芳香族化合物，而这些芳香族化合物，例如苯和甲苯恰恰导致了高水平的黑碳排放。[1] 为降低生产符合IMO2020标准的燃料的成本并保持正常的运转目的，炼油产业生产了一系列的混合燃料，但可能在较短的时间内导致黑碳排放量的激增。[2]

IMO强制要求自2020年1月开始在航运中使用超低硫燃料油。与包含3.5%的硫化物的HFO相比，VLSFO只包含0.5%的二氧化硫。在新规定颁布后的短短一个月内，就有德国和芬兰资助的新研究得出结论说，HFO向VLSFO的转变将造成意想不到的消极后果，即增加85%的黑碳排放量。研究结果清楚地表明，含硫量为0.5%的新兴船用燃料混合物可以包含很大比例的芳香族化合物，这些化合物直接影响了黑碳的排放。[3] 清洁北极联盟首席顾问表示，如果IMO不立即采取行动，那么低硫燃料的使用将导致黑碳

① The International Council on Clean Transportation, "Prevalence of Heavy Fuel Oil and Black Carbon in Arctic Shipping, 2015 to 2025," https://theicct.org/sites/default/files/publications/HFO-Arctic_ICCT_Report_01052017_vF.pdf.

② IMO, "The Need of Urgent Action to Stop the Use of Blended Low Sulphur Residual Fuels Leading to Increases in Ship-source Black Carbon Globally," https://www.euractiv.com/wp-content/uploads/sites/2/2020/01/PPR-7-8-3-The-need-for-urgent-action-to-stop-the-use-of-blended-low-sulphur-residual-fuels-leading-t···-FOEI-WWF-Pacific-Enviro···.pdf.

③ IMO, "Initial Results of a Black Carbon Measurement Campaign with Emphasis on the Impact of the Fuel Oil Quality on Black Carbon Emissions," https://www.euractiv.com/wp-content/uploads/sites/2/2020/01/PPR-7-8-Initial-results-of-a-Black-Carbon-measurement-campaign-with-emphasis-on-the-impact-of-the···-Finland-and-Germany.pdf.

排放量增加。包括世界自然基金会和太平洋环保组织在内的多个环保组织已向 IMO 提交了简报，敦促其尽快实施解决黑碳问题的新规则。太平洋环保组织北极项目主管表示，对北极来说，黑碳排放对北极变暖的影响非常大，当前在船舶运输量增加的情况下，立即采取行动至关重要。环保组织呼吁，船东、租船人、燃料供应商和其他利益相关者应自觉自主采取相关措施保护北极海洋环境。近期一些主要的航运企业自愿呼吁不要参与北极航运。例如耐克呼吁企业和海运行业作出承诺，不要通过北冰洋运输货物；德国和法国等一些主要航运运营商也表示已经退出北极航运。[1]

目前，IMO 对芳族化合物及其生成的黑碳没有任何限制。事实上，有关黑碳排放控制的措施已经在 IMO 内部议程中拖延了 5 年多。IMO 的 PPR 分委会在 2018 年 2 月即决定建立通信调查小组来检测并采取适当的控制措施，以减少来自国际航运的黑碳排放对北极的影响，并在 PPR 的第六次会议上编写一个控制措施的提案。但具有高黑碳排放的混合燃料这一预料之外的科研发现，确实有可能破坏 IMO 之前就应对气候变暖所进行的船舶温室气体减排所作出的贡献，并严重加剧全球气候变化。[2] 研究发现，目前有几种减少船舶黑碳排放的方法，例如从 HFO 继续转向蒸馏油或液态天然气、使用柴油机微粒过滤器或静电除尘器将废气中的黑碳清除，以及零排放技术（电池和氢燃料电池）等。[3] 目前环保组织依然坚称，IMO 需要尽快在北极的所有航运中推进使用蒸馏油，并制定全球规则，以禁止高黑碳排放。[4] 但

---

① Malte Mumpert, "Nike and Ocean Conservancy Call on Companies to Join Pledge Against Arctic Shipping," https://www.highnorthnews.com/en/nike－and－ocean－conservancy－call－companies－join－pledge－against－arctic－shipping.

② Malte Mumpert, "IMO Mandate for Low Sulphur Fuel Results in High Black Carbon Emissions Endangering Arctic," https://www.highnorthnews.com/en/imo－mandate－low－sulphur－fuel－results－high－black－carbon－emissions－endangering－arctic.

③ The International Council on Clean Transportation, "Transitioning away from Heavy Fuel Oil in Arctic Shipping," https://theicct.org/publications/transitioning－away－heavy－fuel－oil－arctic－shipping.

④ B. Comer, "IMO Agrees that We can Control Black Carbon Emissions from ships. But will we? The International Council on Clean Transportation," https://www.theicct.org/blog/staff/imo－agrees－we－can－control－black－carbon－emissions－ships－will－we.

这些科研调查结果到底能在多大程度上将技术转化为实质性政策，仍然存在争议；而且在转化过程中的成本问题并没有被慎重考虑。

除了监管方面的努力之外，北极水域中的很多航运运营商已经开始逐步淘汰 HFO，并承诺在未来几十年内游轮船队也将逐步淘汰 HFO。全球最大的航运运营商马士基宣布，该公司致力于在 2050 年之前实现碳中和航运。脱碳的唯一办法是使用新型的碳中性燃料和供应链。法国客轮运营商 Ponant 也宣布，自 2019 年起游轮船队不再使用 HFO。①

（三）忽略船舶压载水和外来物种入侵、灰水等问题

1. 船舶压载水和外来物种入侵问题

为保护海洋生态系统免受外来物种入侵的威胁，过去几十年中，以 IMO 为代表的国际组织和相关国家采取了一系列行动来规制船舶压载水的排放问题。早在 2004 年，IMO 已通过《控制和管理船舶压载水和沉积物的国际公约》，该公约已于 2017 年 9 月生效。

北极生态系统非常容易受到有害物种的入侵。根据国际组织地球之友 2016 年提交给 IMO 的研究报告，在北极圈以北的水域中已经发生了 8 起人为引起的海洋生物入侵事件，入侵的生物从藻类、软体动物到不同类型的甲壳类动物不等。随着更多的船舶驶往北极，这一问题变得更加突出。北极海洋生态系统中的外来物种入侵问题主要是由船舶运输造成的，随着海冰的减少，在船舶交通密度较高地区的外来物种入侵已经非常明显：如果把北极的地理范围扩大到包括冰岛、格陵兰南部和阿拉斯加南部的沿海地区，已发现的海洋生物入侵事件将达到 37 起。

尽管北极航运的增加将导致压载水排放量持续增加，但整个北极地区的实际排放量很难估计。仅就加拿大北极地区和斯匹次卑尔根群岛目前的排放量统计来看，即使是相对较小的北极港口也有可能接收到大量的压载水。在

---

① Malte Mumpert, "IMO Inches forward with Ban on Heavy Fuel Oil in Arctic," https://www.highnorthnews.com/en/imo-inches-forward-ban-heavy-fuel-oil-arctic.

2011 年，仅 31 艘运输煤炭的散货船就在斯瓦尔巴港口排放了 65.3 万吨压载水；① 而加拿大北极地区的丘吉尔港，每年排放的压载水估计有 4.1 万吨。②

虽然《极地规则》提到了船舶压载水或船体污垢存在引入有害水生物种的危险，但未能采取任何强制性措施以应对这种威胁。③ 在《极地规则》Ⅱ－B 部分的建议性规范中，列出了适当考虑关于压载水性能标准的管理条款，尤其是在南极条约区域内的压载水交换条款应与 IMO 制定的其他相关规则一并考虑。但目前《极地规则》中并没有对北极水域船舶压载水的生态系统评估。

2. 灰水问题

在《极地规则》谈判期间，对所谓的灰水排放（即洗手池和淋浴间的水）进行了广泛讨论，但没有纳入最终文件，只是在生活污水的排放规则方面设置了要远离冰密集度超过 1/10 区域的要求，并必须与最近的冰架、陆地和固定冰隔开 12 海里的距离。根据美国环保署统计，游轮每天平均产生 135～450 升灰水。④ 目前未经处理的灰水以及其中所含的塑料、化学物质、细菌和其他污染物可以在大多数北极水域自由排放。目前没有任何线索证明 IMO 在认真尝试制定有关灰水排放的国际监管框架。

（四）安全措施应对有限

《极地规则》对安全的规定并不适用于所有类型的船舶，尤其是不适用

---

① C. Ware, J. Berge, J. H. Sundet, J. B. Kirkpatrick, A. D. M. Coutts, A. Jelmert et al., "Climate Change, Non – indigenous Species and Shipping: Assessing the Risk of Species Introduction to A High-Arctic Archipelago," *Diversity and Distributions* 20 (1), (2014): 10 – 19.

② F. T. Chan, S. A. Bailey, C. J. Wiley, H. J. MacIsaac, "Relative Risk Assessment for Ballast Mediated Invasions at Canadian Arctic Ports," *Biological Invasions* 15 (2), (2013): 295 – 308.

③ N. V Estergaard et al. (eds.), *Arctic Marine Resource Governance and Development*, Springer Polar Sciences, 2018.

④ United States Environmental Protection Agency (2008), *Cruise Ship Discharge Assessment Report*, National Service Center for Environmental Publications, EPA842 – R – 07 – 005.

于渔船、私人游艇和小型货船的船舶。① 虽然这几类船舶的事故对北极环境的损害可能不如游轮或油轮的事故严重，但毕竟渔船是北极水域中数量最多的航运主体，其安全性还涉及人员伤亡的问题，理应纳入《极地规则》安全条款的考虑范畴中。

在 IMO 海事安全委员会（Maritime Safety Committee，MSC）的第 99 届会议上，还讨论了《极地规则》是否将安全条款覆盖《国际海上人命安全公约》目前并不适用的船舶，例如渔船和游艇。MSC 决定将该主题列入船舶设计和建造小组委员会的两年期议程，并在 MSC 第 100 届会议上设立一个工作组，进一步审议悬而未决的问题。

近年来，沿着加拿大西北航道驶入未知海域的私人游艇数量在迅速增加。② 在这种背景下，包括南大洋联盟等在内的非政府组织要求采取紧急行动来解决小型船只事故对北极地区的环境和人员造成的风险。自 2015 年以来，将《极地规则》中的安全规定拓展到渔船和私人游艇一直是 IMO 的经常性议程项目，但结果目前仍不明确。在 MSC 就此问题的讨论过程中，有缔约方提出，从法律的角度看，渔船会超过《极地规则》的范围；某些船舶公司则表示，《极地规则》若施加额外的安全措施将给船东带来更多的财务和行政负担。由于以加拿大和俄罗斯为代表的北极沿岸国在 MSC 会议中的持久抵抗，目前北极规则恐无法就安全条款进一步扩展的问题采取任何具有法律约束力的强制性措施。

二 北极理事会对《极地规则》的支持和促进

目前北极国家和观察员、工业界、非政府组织等均在通过北极理事会的北极海洋环境保护工作组制定各种旨在防止和尽量减少北极航运对环境影响

① Sun Z. & R. Beckman, "The Development of the Polar Code and Challenges to its Implementation," in Zou K. (ed.), *Global Commons and the Law of the Sea*, Brill, 2018, pp. 303 – 325.

② Malte Mumpert, "Shipping Traffic in Canadian Arctic Nearly Triples," https://www.highnorthnews.com/en/shipping – traffic – canadian – arctic – nearly – triples.

的措施，包括建立北极航运交通活动数据库、交流北极航运最佳做法、评估 IMO 的未来 HFO 管制可能产生的影响等。通过发布《北极航运报告》、参与北极黑碳治理、发布《北极水下噪声知识状态报告》等，北极理事会就北极海洋环境保护议题与 IMO 一直同步配合，在支持《极地规则》后续实施的同时，也通过自身在协调北极国家能动性上的有利优势，有计划地尝试和弥补《极地规则》的不足。

（一）北极航运报告

2020 年 3 月 31 日北极理事会下属的北极海洋环境保护工作组（Protection of the Arctic Marine Environment，PAME）发布了题为《北极航运增长》的北极航运报告，[①] 报告主要总结了 2013～2019 年北极航运的总体趋势，指出北极船舶运输量在急速增长。PAME 对北极水域的定义直接采用了《极地规则》的定义范围，指出目前有很多种方法可以计算进入给定地理区域的航运量，其中一种方式是，在给定的区域内，只对每艘船只计数一次，即使它多次进入了该地理区域。应用这种计数方式，PAME 发现，无论是仅考虑 9 月一个月的船舶数量，还是全年船舶数量，2019 年均是 6 年前船舶数量的 1.25 倍。在所有船舶类型中，渔船占比最高，2019 年这一数字是 671 艘，达到所有船舶数量的 41%。而破冰船和科考船则以 274 艘位居第二。另一种衡量北极航运增加的方法是航行距离法，即船只在一定时间内在一定区域内航行的总海里。在过去 6 年间，《极地规则》定义的北极水域内的所有船只航行距离增加了 75%；同样的，其中，渔船还是占据了主导地位。

PAME 报告还特别指出，《极地规则》定义的北极水域内的散货船数量从 2013 年的 6 艘急速增长到 2019 年的 106 艘，这与当前北极地区的能源开

---

① Arctic Council, "Arctic Shipping Report #1: The Increase in Arctic Shipping 2013 – 2019," https://www.pame.is/document – library/shipping – documents/arctic – ship – traffic – data – documents/reports/arctic – shipping – status – reports – jpg – version/arctic – shipping – report – 1 – the – increase – in – arctic – shipping – 2013 – 2019 – jpgs.

发项目密切相关。2014年，地处加拿大的玛丽河矿山项目动工，这是到目前为止发现的储量最丰富的铁矿床之一，可在夏季航运开放时运送350万吨铁矿石。

北极航运报告来自PAME的北极船舶状态报告项目组，这也是该项目组成立以来所产生的第一份报告。北极船舶状态报告项目组的目标是使用北极船舶交通数据系统，突出与北极航运相关的主要问题。数据系统中的数据涉及根据不同船舶类型进行统计的各种船舶轨迹，北极地区60多个港口的船舶数量、船舶排放量，特定海域的航运活动，以及船舶燃料消耗等重要信息。

（二）北极黑碳治理

2015年4月北极理事会部长级会议通过了《加强黑碳和甲烷减排的行动框架》，① 该框架旨在通过制订国家和集体行动计划或减缓战略来减少黑碳和甲烷的排放。框架包括一个由黑碳和甲烷问题专家组主持的为期两年的反馈过程，以定期评估框架所取得的进展。北极国家决定每两年提交一份关于减少黑碳和甲烷排放的现有行动和计划行动的报告，以及各国排放的这些污染物的清单，如果可能的话，再包括对未来排放的预测。建立专家组的目的是在汇编各国报告、北极理事会工作组相关成果和其他信息的基础上，审查、分析和评估在实现该框架的共同愿景方面取得的进展。专家组将编写一份《进展摘要和建议》报告，包括结论和进一步行动的具体建议。

在专家组第一次提交进度报告之后，北极理事会部长级会议于2017年发布了《费尔班克斯宣言》，要求到2025年北极的黑碳减少25%～33%，以减缓全球变暖的趋势。由于北极以外地区的黑碳和甲烷排放也会导致北极和全球变暖，北极理事会因此邀请了观察员国加入北极国家减少黑碳和甲烷排放的努力中，并提交有关进展的报告。专家组的第二份进展报告概述了北

---

① Arctic Council, "Enhanced Black Carbon and Methane Emission Reductions. An Arctic Council Framework for Action," https://oaarchive.arctic-council.org/handle/11374/1430.

极国家和观察员国在减少黑碳和甲烷排放方面的进展，相关内容是基于各国提交的信息以及其他可用数据整理的。

北极理事会的黑碳和甲烷问题专家组就最终的减排目标于 2019 年 5 月再次提供了专家建议。[①] 报告中突出的一点是，展示了 PAME 是如何密切参与到 IMO 的相关工作中的。报告通过"北极理事会成员国加快减少国际航运黑碳排放的行动"板块，也展示了相关国家在 IMO 项下通过的减缓黑碳排放、促进北极航运清洁环保的举措。相关北极国家通过提供专业的技术支援、政策建议，提供本国航运信息，积极执行含硫量更低的燃料禁令，参与通信小组和污染预防和反应小组委员会等方式，促进了 IMO 和北极理事会针对船运黑碳排放的治理进程。但无论是在 IMO 还是在北极理事会，俄罗斯均没有在此议题上有积极表态和作为。

北极理事会就北极黑碳治理的工作是开创性的，它标志着北极国家第一次系统地阐述气候减排目标的共同愿景，也第一次就黑碳这类温室气体种类提出了国家层面的气候变化缓解措施。这可以被视为北极国家对影响该地区的温室气体排放所采取行动的特殊责任。但这个目标并不具有强制性约束力，也算不上雄心勃勃。根据北极理事会黑碳和甲烷问题专家组的科学预测，到 2025 年，北极理事会成员国的黑碳排放量将减少 24%。因此北极 8 国无须采取多少额外的行动就能顺利达到减排目标的最低目标，从政策制定的角度而言，北极理事会的黑碳治理决心还有待进一步加强。

（三）北极水下噪声知识状态报告

北极航运业的发展也使海洋环境中的噪声持续增加。螺旋桨运动和机械产生的船舶噪声会掩盖对海洋动物的交流、繁殖和定向至关重要的声音，从而扰乱包括弓头鲸、白鲸、海豹和海象等在内的海洋哺乳动物。随着更多更大的船舶驶向这一区域，噪声水平在急速上升。锚泊和移动船只的水下噪声

[①] Arctic Council, "Expert Group on Black Carbon and Methane-Summary of Progress and Recommendations 2019," https：//oaarchive. arctic-council. org/handle/11374/2411.

会将北极鳕鱼驱逐到噪声较小的地区，并改变它们的自然行为。北极鳕鱼是北极海洋生态系统中的关键物种，因此其分布的任何变化都会影响海鸟和海洋哺乳动物，如白鲸和环斑海豹的食物供应量，从而影响到北极圈内依靠海洋哺乳动物狩猎为生的原住民社区。鱼类对噪声的反应是远离船只，聚集到深水区，并通过减少寻找食物来改变游动规律。由于船只往往在人类居住的社区附近作业，因此鳕鱼和其他鱼类会远离这些地区，从而使以这些鱼类为食的海洋哺乳动物也需要到更远的水域才能觅食，进而使因纽特人社区附近的海洋哺乳动物数量减少。因此船舶运输的增加扰乱了鳕鱼等鱼类的分布，加剧了本已存在的原住民粮食安全问题。

在 2009 年 PAME 发布的《北极海洋运输评估》中，首次确认了需要进一步关注北极地区的水下噪声问题，发现了声音对海洋脊椎动物有着至关重要的生物意义，通过航运所产生的人为噪声可以产生各种负面影响从而影响北极物种。[①] PAME 于 2019 年 5 月正式发布了《北极水下噪声知识状态报告》。该报告旨在概述目前有关北极水下噪声的科学知识。[②] 报告指出，对水下噪声和不断提升的噪声水平对北极动物的潜在影响来说，北极地区是一个独特的环境。与非北极水域相比，有许多因素促成了它的独特性，包括环境声音的来源，以及冰层如何影响声音的传播特性。北极也是许多特有的海洋物种的家园，其中许多物种的声音的产生、听觉和处理都具有重要的生物功能，包括交流、觅食、导航和躲避捕食者。最重要的是，北极原住民的文化和生计在很大程度上取决于海洋哺乳动物的持续健康。

PAME 认为，目前对于北极水下噪声问题的研究有太多知识空白，若认真加以研究，可以全面理解水下噪声对有关物种所产生的影响，以得到对北极地区水下噪声的基础理解，包括环境噪声、由人为活动引起的水下噪声，以及水下噪声对包括海洋哺乳动物、鱼类和无脊椎动物在内的海洋生物的影

---

① Arctic Council, "Arctic Marine Shipping Assessment 2009 Report," https：//oaarchive. arctic-council. org/handle/11374/54.

② PAME, "Underwater Noise in the Arctic：A State of Knowledge Report," Protection of the Arctic Marine Environment（PAME）Secretariat, Akureyri（2019）.

响。PAME 希望该报告能成为未来工作的重要基础和资源，以研究水下噪声问题，并考虑用可能的方法来降低水下噪声对北极海洋环境和海洋生物的影响。

北极地区水下声级的基线通常低于非极地地区。原因在于，首先，一年中至少有一段时间内，固态海冰有效地将水下环境与大多数和天气有关的噪声源隔离开来。其次，与其他地区相比，北极地区产生噪声的人为活动较少，这主要是由海冰造成的交通不便。北极地区夏季的环境声级通常高于冬季，而且在地理上也存在差异，例如，波弗特海和楚科奇海的环境声级低于格陵兰海。北极环境的声音水平主要是由自然物理过程（海冰和风）驱动的，但也受到海洋哺乳动物的影响，如胡须海豹和北极露脊鲸的叫声。人为活动，如航运和其他船舶交通、使用地震气枪和水下钻井也可以影响周围的声音水平。这些声音通常局限于夏季的几个月，因为那时海冰的面积比较小，人类的活动较多。破冰活动是北极等被冰覆盖的水域所特有的，它所产生的噪声通常比常见的船只活动所产生的噪声水平更高。与其他地区相比，许多北极动物的行为反应阈值可能较低，这是由既往较低的环境声音水平和其较少暴露于人为噪声环境中造成的，从而使其适应环境的机会很少。对北极海洋哺乳动物的研究主要集中在人为噪声的行为影响（如潜水、呼吸周期和通话频率的变化），而目前关于噪声对北极海洋鱼类影响的研究仅有两项，对噪声对北极海洋无脊椎动物影响的研究未见报道。PAME 总结了关于北极水下噪声的知识差距主要包括地理差距、分类差距和方法差距。在地理上，关于环境声音测量的研究只在白令海、楚科奇海、波弗特海、格陵兰岛和巴伦支海以及北冰洋中部进行。对人为噪声来源水平的测量和对海洋动物噪声影响的研究只在北美北极和挪威北极进行。北极的大部分地区还未得到充分的研究。在分类学上，对海洋动物噪声影响的研究主要集中在露脊鲸身上，只有少数研究集中在白鲸、独角鲸和环斑海豹身上，还有两项关于北极海洋鱼类的研究，分别是对北极鳕鱼和短刺双头鲸的研究。

PAME 的报告主要包括以下内容：（1）尽管北极地区存在很大的季节性和地理差异性，但北冰洋的环境声级通常比其他海洋低。（2）北极地区的

环境声音在很大程度上是由海冰驱动的，但也有来自风和海浪、动物发声和人类活动的声音。（3）北极人为水下噪声最常见的来源是船只航行和油气勘探活动；整个北极地区的船舶活动一直在增加，这可能会导致水下噪声的增加，而整个北极地区的油气勘探活动在空间和时间上有很大的差异，而且总体上没有增加。（4）北极露脊鲸一直是研究水下噪声对北极海洋哺乳动物影响的主要焦点，研究发现北极露脊鲸通常可以躲避地震气枪噪声和来自其他油气活动的噪声。北极露脊鲸会根据这些声音改变自己的声音行为。白鲸和独角鲸也对破冰船发出的噪声有反应。环斑海豹似乎比鲸鱼更能忍受水下噪声，但它们还是会躲避相对强烈的噪声。（5）只有两项研究考察了水下噪声对北极海洋鱼类的影响，而北极鳕鱼和短刺双头鲸都根据船只噪声调整了它们的活动范围和运动行为。（6）暂时没有人研究水下噪声对北极海洋无脊椎动物的影响。（7）北极水下噪声存在许多知识空白，包括没有进行研究的大面积地理区域和大量物种。

报告最终得出结论：北极地区的环境声级通常比非极地地区要低，但与南极洲的水平相似。随着海冰的减少，北极的环境声级水平预计会上升。一方面，北极地区一年中至少有一段时间存在固态海冰，这大大降低了周围的声音水平，而且海冰也限制了人类活动进入北极的可能性。另一方面，海冰本身就是环境声音增加的原因，尤其是在海冰破裂的时候。北极地区的环境声级通常在夏季高于冬季，而且在地理上也存在差异，波弗特海和楚科奇海的声级低于格陵兰海。北极地区的声音水平主要是由自然物理过程（海冰和风）驱动的，但也受到海洋哺乳动物和夏季人类活动的影响。多项研究记录了北极地区嘈杂的人类活动声音，这些声音的水平与非北极地区相似。北极地区的人类活动也在增加，因此，由于人类活动噪声的增加，环境噪声水平将会提高。有一种活动是冰层覆盖的水域和极地地区所特有的，那就是破冰。破冰的声音水平通常比船只活动发出的噪声要大，因为破冰机撞击冰块，并使用其他有噪声的设备来破冰。由于北极的环境噪声水平较低和独特的声音传播特征，人类活动可能在较远的地方被发现，因此，人类在北极的活动范围更广，并可能影响更远的海洋动物。北极海洋动物与其他非北极动物一样，以相同的方式受到人为噪声的影响，但有一个例外：许多特有的北极动物很可能还不习惯强烈的人为噪声，因为它们根本没有接触到太多的人类活动，并可能因此存在较低阈值的行为反应。对北极海洋哺乳动物的研究主要集中在人为噪声对它们的行为影响（即潜水、呼吸周期和叫声频率的变化）上，而这些研究大部分是对露脊鲸进行的。

水下噪声及其对海洋生物多样性的影响这一问题在国际上正日益受到一系列国际组织和机构、科学专家委员会的重视。这些机构包括国际捕鲸委员会（IWC）、国际自然保护联盟（IUCN）、国际海事组织（IMO）、联合国大会（UNGA）、欧洲议会和欧盟。PAME 建议北极国家与相关国际组织合作，进一步评估船舶噪声对海洋哺乳动物的影响，并考虑制定和实施缓解策略。

三　俄罗斯和加拿大两国对 IMO 新动向的反应

针对 IMO 在《极地规则》生效后进一步提升北极航运环保标准的举措，加拿大全力支持，俄罗斯明确反对。为获取俄罗斯的支持，IMO 作出妥协，允许北极国家悬挂本国船旗的船舶在本国境内水域使用重燃油至 2029 年 7 月 1 日。

（一）俄罗斯

俄罗斯的境内水域恰恰就是上述 PAME 报告中主要提及的不断增长的散装及货运船舶的所在地，这些船舶主要服务于各类天然气项目，如亚马尔项目。大量悬挂俄罗斯船旗的船舶在北方海航道（Northern Sea Route, NSR）内行驶均可享受重燃油豁免直到 2029 年。而在 2019 年，获得 NSR 许可的 799 艘船舶中，就有 682 艘船舶悬挂俄罗斯船旗，占总数量的 85%。随着老式的单壳船逐渐被新式的双体船所取代，即使是在 IMO 禁令出台的情况下，使用重燃油的船舶数量也会上升。

俄罗斯最大的且拥有众多破冰船的航运运营商 Sovcomflot 对 IMO 提出的船舶燃料需从 HFO 向 LNG 过渡的要求表示满意。因为 IMO 的决定最终允许

北极国家悬挂本国船旗的船舶在本国境内水域行驶时豁免使用 HFO 至 2029
年 7 月 1 日，这是为了获取俄罗斯支持的关键妥协。

开采自然资源的各种项目使俄罗斯的北方海航道（NSR）的船舶活动猛
增，仅在过去两年中，运输量就增加了一倍。仅亚马尔液化天然气（LNG）
项目每年就将交付约 1700 万吨液化天然气。俄罗斯的北极 LNG2 项目也将
产生类似的产量。到 2025 年，泰米尔半岛上的煤炭开采业预计将增加约
1000 万吨的产量。俄罗斯自然资源部估计，到 2025 年，NSR 的运输量将达
到 6700 万吨。

（二）加拿大

加拿大已宣布支持 IMO 所作出的禁止使用 HFO 的决定，① 俄罗斯成为
北极沿岸国中唯一的反对者。加拿大一直重视对北极海洋环境的保护，通过
积极参与 IMO 关于北极海洋环境保护的规制进程以及加强国内立法，以寻
找减少北极海上航运对环境影响的方法。平衡环境需求和经济影响是加拿大
政府的优先事项。加拿大政府支持在北极水域禁止使用重燃油，并就环境效
益与北极原住民和因纽特人社区之间的经济现实之间取得平衡这一问题展开
讨论，以寻求逐步实施该禁令的方法。加拿大运输部已经根据 IMO 委员会
在 2019 年 2 月会议上商定的方法，对北极拟议的重燃油禁令进行了国内影
响评估，并将继续与原住民、工业界、环保 NGO、地方政府和联邦部门讨
论和磋商。

四　结论

《极地规则》一直以来受到的批评主要集中于环境保护规则和实施措施
不够强硬和完善。从前文分析可发现，灰水排放、外来物种入侵和压载水排

---

① Transport Canada, "The Government of Canada Supports a Global Ban on Heavy Fuel Oil in the
Arctic," https: //www. canada. ca/en/transport-canada/news/2020/02/the – government – of –
canada – supports – a – global – ban – on – heavy – fuel – oil – in – the – arctic. html.

放、水下噪声等问题明显未被纳入《极地规则》后续需要完善的计划日程，但重燃油禁令已被纳入 IMO 的谈判进程中，未来有望就此推出具有法律约束力的措施；在针对黑碳的排放限制上，IMO 和北极理事会保持了较为长期的交互机制，北极理事会在黑碳治理中的积极作为间接促进了 IMO 对这一问题的重视和持续推动。

为了回应当前的建设性意见，IMO 已经启动了有关实施《极地规则》以及继续改进环保措施的下一阶段工作计划，以求采取进一步的举措来弥补《极地规则》的漏洞和不足。IMO 未来应与北极理事会相互配合，以共同促进北极海洋环境和生态系统不受到激增的航运量的过度冲击，共同实现北极航运治理的良治。

另外，根据 PAME 发布的报告，无论是按照船舶数量还是航行距离计算，北极海域的渔船都有大幅度的增长，渔船等小型船舶是北极海运中的重要主体。但目前《极地规则》中的安全措施并未覆盖渔船、游艇和小型货船，虽然这在很大程度上无损于北极海洋环境保护，但增大了未来可能发生人身伤亡和财产损失的风险。尽管《极地规则》的要求将使船舶在北极海域的航运更安全并减少航运对海洋环境的影响，但船舶仅构成海上安全运输系统的一部分。就北极这一特定海域而言，还需要采取其他措施来提高运输安全性。《极地规则》的安全保障不能仅仅依靠船舶来实现，沿线的额外措施包括改善港口基础设施、制图、冰情和天气预报、通信等也同样重要，而这一切需要持续而稳定的资金投入以及完善相关国家的国内政策。

B.12
《联合国海洋法公约》视角下的
北极航道问题与中国策略*

董利民**

摘　要： 随着国际社会对北方海航道和西北航道重视程度的大幅上升，
这两条海上通道在适用《联合国海洋法公约》规定的通行制
度和"冰封区域"条款时的争议日益突出。对《联合国海洋
法公约》的解释和适用存在不同意见，是引起北极航道问题
的重要原因。尽管相关争议焦点是法律问题，然而国际政治
的现实远比法律本身复杂。合理运用《联合国海洋法公约》
并树立针对北极航道争议的底线思维，进而在此基础上进行
灵活调整，应是中国制定相关政策的总体思路。中国可主张
北方海航道和西北航道是国际海峡，并从有利于维护航行权
益的角度对《联合国海洋法公约》第234条进行解释。同时，
中国也需在不突破底线的基础上，根据国际情势对政策作出
适当调整。

关键词： 《联合国海洋法公约》　北方海航道　西北航道　北极航道

　　《联合国海洋法公约》（以下简称《公约》）作为"海洋宪章"，在北极治

---

　*　本文是国家海洋局北海海洋技术保障中心"新时期海洋科技发展对海洋维权的挑战与应对"
　　的阶段性成果。
**　董利民，男，中国海洋大学国际事务与公共管理学院讲师。

理中扮演着关键角色，北冰洋沿岸国家也曾多次强调重视该公约的作用。随着全球气候变暖和北极冰川融化加剧，北方海航道和西北航道的发展前景逐渐明朗，国际社会对它们的重视程度大幅上升已是不争的事实。与此同时，这两条海上通道在适用《公约》规定的通行制度以及"冰封区域"条款时的争议也日益突出。中国是北极事务的重要利益攸关方，也是《公约》缔约国。中国 2018 年发布的《中国的北极政策》白皮书指出，《公约》是中国参与北极治理的重要权利依据。据此，在《公约》框架下理解有关北极航道的争议，是提升中国在该框架内参与北极治理的能力和水平的重要途径。考虑到国际政治的现实远比法律本身复杂得多，诸多法律争议的背后实则是各国在政治、经济乃至军事等多个层面的利益争夺与较量。这也意味着，中国需要从国际法和国际政治双重视角看待北极航道争议问题。本文拟在《公约》规定的基础上分析有关北极航道的法律地位问题以及《公约》第 234 条的解释和适用存在的争议，进而结合国际政治的利益视角，提出中国的应对策略。

一　北极航道的法律地位问题

北极航道的法律地位争议早已有之，以美国为首的海洋大国与加拿大、苏联/俄罗斯就西北航道和北方海航道的法律地位及其通行制度进行过多次交锋。近年来，随着气候变暖和北极冰川融化的加剧，北极航道特别是北方海航道的发展前景日益明朗，各国纷纷将目光投向该地区，使北极航道的法律地位问题再次引起关注。无论是从经济还是从战略角度看，北方海航道和西北航道对中国而言都具有重要意义。厘清这两条航道的法律地位，是中国对其进行利用的重要前提。

（一）《公约》规定的通行制度

第三次联合国海洋法会议谈判的结果之一，是国家管辖海域范围的大幅扩大，使包括航行自由在内的传统海洋自由受到侵蚀，引起海洋大国的警觉。为解决海洋大国对海洋自由的需求与沿海国扩大管辖权之间的矛盾，本

次会议试图尽量实现双方利益的平衡,《公约》的诸多规定是这种妥协与平衡思维下的产物。其中,便包括针对不同海域规定的通行制度。具体而言,《公约》规定了四种通行制度。第一,所有国家的船舶,在沿海国领海(第17条)、部分内水(第8条)、部分用于国际航行的海峡(第45条)以及部分群岛水域(第52条),享有无害通过权。无害通过制度仅适用于外国船舶,而不适用于飞机(第17条);潜水艇和其他潜水器则必须在海面上航行,并且展示其旗帜(第20条)。一般而言,沿海国不应妨碍外国船舶无害通过领海,但有权在必要时暂时停止(第25条)。第二,对于大部分用于国际航行的海峡,适用过境通行制度(第37条)。第三,《公约》第四部分专门对群岛国及其权利、义务作出规定,并规定了群岛海道通过制度。群岛海道通过制度适用于外国船舶和飞机,沿海国不应妨碍与停止(第53、54条)。第四,根据《公约》规定,任何国家的船舶和飞机,在公海和专属经济区内都享有航行以及飞越自由(第58、87条)。表1更为直观地展示了《公约》规定的四种通行制度。

表1 《联合国海洋法公约》规定的通行制度

通行制度	无害通过制度	过境通行制度	群岛海道通过制度	航行、飞越自由
适用范围	①领海 ②部分内水 ③部分用于国际航行的海峡 ④部分群岛水域	用于国际航行的海峡	群岛海道	①公海 ②专属经济区
适用对象	船舶	船舶、飞机	船舶、飞机	船舶、飞机
适用要求	①继续不停 ②迅速进行 ③无害	①继续不停 ②迅速进行	①继续不停 ②迅速通过	航行、飞越自由
沿海国权利和义务	①沿海国不应妨碍无害通过 ②必要时可暂时停止	①不应妨碍 ②不应停止	①不应妨碍 ②不应停止	—

资料来源:笔者根据《联合国海洋法公约》整理。

北方海航道和西北航道是否具有国际海峡的法律地位,进而适用过境通行制度,是北极航道法律地位争议的焦点。基于此,有必要对过境通行制度作进一步了解。由于《公约》将领海宽度由 3 海里扩展至 12 海里,致使100 多个重要海峡成为"领海海峡"。[①] 若这些海峡适用领海"无害通过制度",将对既有的国际海峡制度造成冲击。为确保这类海峡的通行自由,《公约》基于国际法院在"科孚海峡案"中的判决以及海洋法的发展,[②] 专门规定了适用于国际海峡的过境通行制度。根据《公约》第 37 条对用于国际航行的海峡的定义,[③] 确定这类海峡需符合地理标准和功能标准,即该海峡在地理上满足位于"公海或专属经济区的一个部分和公海或专属经济区的另一部分"之间,在功能上需"用于国际航行"。过境通行是指:所有船舶和飞机均有权以继续不停和迅速过境为目的,航行或飞越国际海峡。[④]《公约》第 38~40 条规定了船舶和飞机在过境通行时享有的权利和应当履行的义务。船舶或飞机在行使过境通行权时,必须毫不迟延地通过或飞越海峡;不得对沿岸国主权、领土完整或政治独立进行任何武力威胁或使用武力,或以违反国际法原则的方式进行武力威胁或使用武力;除因不可抗力或遇难而有必要外,不得从事其通常方式所附带发生的活动以外的任何活动;遵守关于海上安全、船舶污染和航空安全等方面的规则。[⑤] 为确保航行安全和环境保护,《公约》还要求海峡沿岸国与海峡使用国在航行安全以及防止船舶污染方面进行合作。[⑥]《公约》第 40 条禁止包括海洋科学研究和水文测量的船舶在内的外国船舶,在未获得海峡沿岸国准许的情况下,于过境通行时从事研究和测量活动。[⑦]

---

① 姜皇池:《国际海洋法》,学林文化事业有限公司,2004,第 517~518 页。
② Corfu Channel Case (United Kingdom v. Albania), Judgment of April 9th, 1949, *I. C. J. Reports* 4, p. 28.
③ 《联合国海洋法公约》第 37 条。
④ 《联合国海洋法公约》第 38 条第 2 款。
⑤ 《联合国海洋法公约》第 39 条。
⑥ 《联合国海洋法公约》第 43 条。
⑦ 《联合国海洋法公约》第 40 条。

对过境通行制度与无害通过制度进行比较，有助于我们更好地理解前者。两者的主要区别在于：无害通过制度仅适用于船舶，飞机并不享有在领海的无害通过权，潜水艇或其他潜水器也必须在海面上航行并展示旗帜。除根据《公约》第45条适用于国际海峡的无害通过制度外，其他海域的无害通过均可被沿岸国于必要时暂时停止。过境通行制度适用于"所有船舶和飞机"，潜水艇和其他潜水器也可以直接从用于国际航行的海峡水下穿过而无须浮出水面，海峡沿岸国不得妨碍过境通行，也没有暂停过境通行的权利，该规定直接反映了海洋大国对航行自由的关注。相较无害通过制度，过境通行制度赋予了海峡使用国更多的自由。据此，缔约国根据《公约》享有的过境通行权介于公海航行自由和领海无害通过权之间，诚如上文所述，这是第三次联合国海洋法会议召开期间，海洋大国与海峡沿岸国谈判妥协的产物。①

（二）北极航道的法律地位争议

北极航道是指穿越北冰洋，连接太平洋与大西洋的海上通道，② 包括穿越加拿大北极群岛的西北航道、穿越欧亚大陆北冰洋近海的东北航道，以及穿越北冰洋中部的中央航道。其中，东北航道和西北航道的主要部分分别位于俄罗斯和加拿大的沿海海域，东北航道中连接白令海峡与俄罗斯西北喀拉海的部分又被称为北方海航道。由于诸多岛屿和群岛的存在，北方海航道和西北航道均非由单一的通道组成。③ 具体而言，北方海航道自西向东途经5个海域和10个海峡④。俄罗斯也将北方海航道划分为传统（沿岸）航线、

---

① Karin M. Burke and Deborah A. DeLeo, "Innocent Passage and Transit Passage in the United Nations Convention on the Law of the Sea," *The Yale Journal of World Public Order*, Vol. 9, No. 2, 1983, pp. 390 – 391.
② 郭培清等：《北极航道的国际问题研究》，海洋出版社，2009，第1页。
③ Arctic Council, *Arctic Marine Shipping Assessment 2009 Report*, p. 18.
④ 5个海域分别为楚科奇海、东西伯利亚、拉普捷夫海、喀拉海和巴伦支海，10个海峡分别为德朗海峡、桑尼科夫海峡、德米特里·拉普捷夫海峡、红军海峡、扬斯克海峡、绍卡利斯基海峡、维利基茨基海峡、马托奇金海峡、喀拉海峡、尤格尔海峡。

高纬度航线、中央航线和近极点航线四条主要航线。^① 根据北极理事会 2009
年发布的 *Arctic Marine Shipping Assessment* 报告，西北航道则主要由穿越加拿
大北极群岛的 5～7 条航线组成。^②

　俄罗斯认为，北方海航道是该国历史上形成的国家交通干线。北方海航
道水域为毗连该国北方海岸的水域，包括内水、领海、毗连区以及专属经济
区。^③ 对于其中的海峡，除明确依据"历史性权利"主张桑尼科夫海峡、德
米特里·拉普捷夫海峡为该国内水外，^④ 若根据苏联第 4450 号法令、俄罗
斯第 4604 号法令划定的直线基线以及《公约》第 8 条，北方海航道途经的
大部分海峡也构成其内水。^⑤《俄罗斯联邦内水、领海和毗连区法》规定，北
方海航道的航行应遵守俄联邦法律和规章为此制定的航行规则以及俄罗斯参加
的国际条约。^⑥ 按照俄罗斯的主张，这些被划为内水的海峡最多也仅能根据
《公约》第 8 条第 2 款适用无害通过制度。^⑦ 此外，苏联/俄罗斯还根据《公约》
第 234 条制定了多部法律和规章，对北方海航道的航行进行管理和控制。

① Arctic Council, *Arctic Marine Shipping Assessment 2009 Report*, p. 23；王泽林：《北极航道法律
　地位研究》，上海交通大学出版社，2014，第 14～16 页。
② Arctic Council, *Arctic Marine Shipping Assessment 2009 Report*, pp. 20－21；R. K. Headland,
　"Transits of the Northwest Passage to end of the 2019 Navigation Season," March 17, 2020,
　available at：https：//www. spri. cam. ac. uk/resources/infosheets/northwestpassage. pdf.
③ Federal Law of July 28, 2012 N 132－Φ3 "On Amending Certain Legislative Acts of the Russian
　Federation Regarding State Regulation of Merchant Shipping in the Northern Sea Route," https：//
　rg. ru/2012/07/30/more－dok. html.
④ Michael Byers and James Baker, *International Law and the Arctic*, Cambridge University Press,
　2013, pp. 144－149；"Aide－Memoire from the Soviet Ministry of Foreign Affairs to the American
　Embassy in Moscow, July 12, 1964," *Limits in the Seas*, No. 112, 1992, p. 20.
⑤ 4604. Declaration, https：//www. un. org/Depts/los/LEGISLATIONANDTREATIES/PDFFILES/
　RUS _1984 _Declaration. pdf. 4450. Declaration, https：//www. un. org/Depts/los/LEGISLATIO-
　NANDTREATIES/PDFFILES/RUS_1985_Declaration. pdf；王泽林：《北极航道法律地位研
　究》，上海交通大学出版社，2014，第 58 页。
⑥ Federal Act on the Internal Maritime Waters, Territorial Sea and Contiguous Zone of the Russian
　Federation, Article 14.
⑦ 《联合国海洋法公约》第 8 条第 2 款：如果按照第 7 条所规定的方法确定直线基线的效果使
　原来并未认为是内水的区域被包围在内成为内水，则在此种水域内应有本公约所规定的无
　害通过权。

加拿大主张西北航道是其内水，本国对西北航道享有完全的主权。加方并不禁止西北航道用于国际航行，但坚持通过国内立法加强对航行的管理，以确保航行安全和环境保护。^① 按照加方观点，西北航道既不适用领海无害通过制度，也不适用国际海峡的过境通行制度。外国船舶在西北航道通行时，需要遵守加拿大的国内法。目前，加拿大已经通过诸多国内立法与规章对西北航道进行管理。

俄罗斯与加拿大关于北极航道法律地位的立场，首先遭到了美国的质疑。作为海洋大国，美国向来积极维护其海洋权利。美国曾在与苏联的外交照会中，明确坚持桑尼科夫海峡、德米特里·拉普捷夫海峡是用于国际航行的海峡，适用过境通行制度。^② 小布什政府发布的《第66号国家安全总统指令/第25号国土安全总统指令》强调维护北极地区航行和飞越自由符合美国利益。该指令强调西北航道是国际航道，北方海航道中包括用于国际航行的海峡，过境通行制度适用于这些海峡。^③ 2013年奥巴马政府发布的《北极地区国家战略》（National Strategy for the Arctic Region），继续强调美国在北极地区享有的海洋自由，包括在西北航道和北方海航道的航行与飞越自由。^④ 尽管特朗普政府尚未出台新版的北极政策，但可以肯定的是，美国没有任何理由改变当前对北极航道法律地位的立场。除美国外，欧盟、丹麦、挪威、冰岛等地区和国家也纷纷强调维护其在北极航道的权利，并主张在《公约》的框架内行使各项权利。^⑤ 值得注意的是，它们均未像美国那样，非常明确地指出西北航道和北方海航道的法律地位。

---

① Government of Canada, "Canada's Arctic and Northern Policy Framework," https：//www.rcaanc-cirnac.gc.ca/eng/1560523306861/1560523330587.

② "Aide-Memoire from the Soviet Ministry of Foreign Affairs to the American Embassy in Moscow, July 12, 1964," *Limits in the Seas*, No. 112, 1992, p. 20.

③ The White House, National Security Presidential Directive/NSPD—66, Homeland Security Presidential Directive/HSPD—25, January 9, 2009.

④ The White House, "National Strategy for the Arctic Region," December 2016, p. 9.

⑤ 王泽林：《北极航道法律地位研究》，上海交通大学出版社，2014，第14~16页；Yue Yu, "Research of Legal Status and Navigation Regime of Arctic Shipping Lanes," Master's thesis, Faculty of Law, University of Akureyri, 2016, pp. 51-57。

表 2　主要国家对北极航道法律地位的立场

国家和地区	航道	立场
加拿大	西北航道	西北航道属于该国内水,不适用无害通过制度和过境通行制度
俄罗斯	北方海航道	北方海航道水域包括该国内水、领海、毗连区以及专属经济区
		根据历史性权利,明确主张桑尼科夫海峡、德米特里·拉普捷夫海峡为其内水
美国	西北航道	西北航道是用于国际航行的海峡,适用过境通行制度
	北方海航道	桑尼科夫海峡、德米特里·拉普捷夫海峡是用于国际航行的海峡,适用过境通行制度
		北方海航道中包括用于国际航行的海峡,这些海峡适用过境通行制度
欧盟、丹麦、挪威、冰岛等	西北航道、北方海航道	维护其根据《公约》享有的权利

　　确定航道的法律地位是颇为关键的问题,这将对相关的通行制度产生直接影响。西北航道和北方海航道是由诸多海峡构成的海上通道,这些海峡的法律地位将直接影响这两条航道的通行制度。若西北航道和北方海航道是用于国际航行的海峡,按照《公约》规定,就适用过境通行制度,船舶和飞机享有更多自由。尽管《公约》第 234 条允许沿海国可以出于保护冰封区域的海洋环境的目的,而制定和执行非歧视性的法律和规章。但是,该条款同时也要求沿海国的法律和规章应当适当顾及航行。[①] 截至目前,国际社会尚未就这些问题形成共识。

二　《联合国海洋法公约》第234条的解释和适用争议

　　《公约》第 234 条的谈判与达成是平衡多方利益的结果,致使该条内

---

① 《联合国海洋法公约》第 234 条。

容留下诸多不清晰之处。该条本就被认为是《公约》中最为模糊的条款，① 使其解释和适用存在不少问题。近年来，第234条的解释和适用争议引起诸多关注。

（一）第234条的历史与解析

北极地区的极端气候状况，使其海洋环境更易遭受难以恢复的污染和破坏，这一情况受到加拿大和苏联的重视。20世纪70年代初，加拿大以环境保护为由，通过了《北极水域污染防治法》（Arctic Waters Pollution Prevention Act，AWPPA）。加拿大的环境保护措施也成为其加强对北极水域管控的突破口，不过此举亦遭到诸多质疑。以该法的规定为蓝本，加拿大此后积极寻求《公约》对冰封区域作出规定。加拿大以环境保护为由加强对北极水域管控的做法遭到质疑，平衡冰封区域沿海国（主要为加拿大、苏联）的管辖权与其他国家维护航行自由之间的利益，② 是第三次联合国海洋法会议期间针对第234条谈判面临的主要障碍。在加拿大的极力推动下，经过与苏联、美国谈判，《公约》第十二部分第234条专门对"冰封区域"作出了规定。

《公约》第234条的规定③，主要包括沿海国在专属经济区内冰封区域的特别管辖权以及对行使该权利的限制两个方面的内容。首先，为了防止、减少和控制船舶的航行危险和船源污染对冰封区域海洋环境造成的污染和损害，《公约》第234条允许沿海国单方面制定和执行在其专属经济区内冰封区域适用的国内法，而且这些国内法可不受一般国际规则与

---

① Alexander Proelss ed., *United Nations Convention on the Law of the Sea: A Commentary*, Hart Publishing, 2017, pp. 1573 - 1574.

② Shabtai Rosenne and Louis B. Sohn (eds.), *United Nations Convention on the Law of the Sea* 1982: *A Commentary*, Vol. 5, Martinus Nijhoff Publishers, 1989, p. 393.

③ 《联合国海洋法公约》第234条：沿海国有权制定和执行非歧视性的法律和规章，以防止、减少和控制船只在专属经济区范围内冰封区域对海洋的污染，这种区域内的特别严寒气候和一年中大部时候冰封的情形对航行造成障碍或特别危险，而且海洋环境污染可能对生态平衡造成重大的损害或无可挽救的扰乱。这种法律和规章应适当顾及航行和以现有最可靠的科学证据为基础对海洋环境的保护和保全。

标准的限制。① 这意味着，沿海国有权制定比国际法更为严格的法规和标准。该条在《公约》第十二部分中具有非常独特的地位，是这部分唯一赋予沿海国在其专属经济区内制定和执行非歧视性法律和规章的条款，以保护冰封区域的海洋环境。② 其次，由于其他国家担心沿海国被赋予的此等特殊权利影响航行自由，第234条还从地理范围、程度和非歧视三个方面，对沿海国行使该权利作出限制。就适用的地理范围而言，沿海国制定与执行的规章被限定于专属经济区范围内的冰封区域。就程度而言，第234条要求沿海国的国内法既应当适当顾及航行，还要以现有最可靠的科学证据为基础。与此同时，该条明确要求沿海国的法律和规章应当是非歧视性的。不仅如此，按照《公约》第236条的规定，沿海国行使《公约》第234条所赋予权利时，还应受到其他国家享有的主权豁免的限制。具体而言，沿海国的法律和规章，不适用于其他国家的军舰、海军辅助船、为国家所拥有或经营并在当时只供政府非商业性服务之用的其他船只或飞机。③

（二）《公约》第234条的解释和适用争议

由第234条的解释和适用引发的争议，主要包括该条的适用范围以及缔约国的国内法与第234条的冲突两个方面。

1. 适用范围方面的争议

冰封区域。第234条将适用的地理范围规定为专属经济区范围内的"冰封区域"。首先，《公约》对专属经济区的宽度有明确规定，即从领海基线起不超过200海里。④ 此处的关键问题在于"冰封区域"的界定。尽管第234条是关于"冰封区域"的规定，但实际上《公约》并未对"冰封区域"作出明确定义，这就使对"冰封区域"本身的认定存在不确定性。根据第

① Yoshifumi Tanaka, *The International Law of the Sea* (3rd edition), Cambridge University Press, 2019, p. 383.
② Shabtai Rosenne and Louis B. Sohn (eds.), *United Nations Convention on the Law of the Sea* 1982: *A Commentary*, Vol. 5, Martinus Nijhoff Publishers, 1989, p. 393.
③ 《联合国海洋法公约》第57条。
④ 《联合国海洋法公约》第57条。

234 条，冰封区域内的"特别严寒气候和一年中大部分时候冰封的情形对航行造成障碍或特别危险，而且海洋环境污染可能对生态平衡造成重大的损害或无可挽救的扰乱"。从"特别严寒气候""一年中大部分时候冰封的情形"的使用，可以看出该条尝试提出某种判断标准。这意味着，冰封区域至少应当是气候特别严寒，并且一年中大部分时候被海冰覆盖。然而，"特别严寒气候""一年中大部分时候"本身仍然十分模糊。其次，第三次联合国海洋法会议的谈判代表并未能预见气候变化对《公约》适用的影响。随着全球气候变暖和北极冰川融化的加剧，"特别严寒气候"可能逐渐减少乃至消失，"冰封区域"也可能面临冰川融化导致无法实现"一年中大部分时候冰封"，甚至是全部融化的情形。在这种情况下，《公约》第 234 条将面临如何适用，乃至能否继续适用的问题。针对该问题，学界已经展开讨论，并形成两种主要观点。部分学者依据《维也纳条约法公约》对《公约》第 234 条进行的解释，重点突出该条保护海洋环境的目的。在这些学者看来，第 234 条是为保护北极地区海洋环境而构建的独特法律机制，目的在于保护脆弱的海洋环境。冰川融化加剧了该地区海洋环境的脆弱性，如果第 234 条的适用因冰川融化发生改变，显然不利于海洋环境的保护，背离了该条的目的和宗旨。因此，第 234 条的适用无须因冰川融化而发生改变。① 然而，基于同样的解释方法，如果重点关注航行权利，则能得出相反的结论。尽管缔约国出于环境保护的原因同意了第 234 条的规定，然而值得注意的是，该条还意在实现环境保护和航行权利的平衡。为此目的，虽然该条赋予沿海国额外的管辖权，但这一权利的行

---

① Viatcheslav Gavrilov, Roman Dremliuga and Rustambek Nurimbetov, "Article 234 of the 1982 United Nations Convention on the Law of the Sea and Reduction of Ice Cover in the Arctic Ocean," *Marine Policy*, Vol. 106, 2019, pp. 1 – 5; Roman Dremliuga, "A | Note on the Application of Article 234 of the Law of the Sea Convention in Light of Climate Change: Views from Russia," *Ocean Development & International Law*, Vol. 48, No. 2, 2017, pp. 128 – 133; Armand de Mestral, "Article 234 of the United Nations Convention on the Law of the Sea: Its Origins and Its Future," in Ted L. McDorman ed., *International Law and Politics of the Arctic Ocean: Essays in Honor of Donat Pharand*, Brill, 2015, p. 124.

使受到诸多条件限制,[①] 其中就包括"特别严寒气候"和"一年中大部分时候冰封",特别是需要"适当顾及航行"。不仅如此,第 234 条还要求沿海国的法律和规章应当"以现有最可靠的科学证据为基础"。当科学证据表明适用第 234 条的条件已经不存在时,沿海国所获之额外权利自然不应继续保留。[②] 至少,沿海国应当以现有的科学证据为基础,对其法律和规章作出修正。[③] 很显然,上述两种解释将产生完全不同的适用结果,前者有利于沿海国的管控措施长期化,后者则有助于其他国家维护其在该区域的航行权利。

适用水域之争。根据《公约》第 234 条,沿海国法律和规章适用之地理范围是"专属经济区范围内"冰封区域。尽管《公约》对专属经济区本身有着明确规定,然而由于 200 海里内的水域被划分为领海、毗连区、专属经济区,还包括适用"过境通行制度"的国际海峡,使国际社会对"专属经济区范围内"的解释存在分歧。第一种解释突出专属经济区的海区特征,认为"范围内"仅指专属经济区本身。加之第三次联合国海洋法会议有关第 234 条的谈判并未讨论该条是否适用于国际海峡。据此,该条的适用范围仅限于专属经济区本身,不包括领海和用于国际航行的海峡。[④] 另一种解释则突出专属经济区的 200 海里界限特征,认为"范围内"是指 200 海里之内的所有水域。根据这种解释,《公约》第 234 条应适用于 200 海里内的所

---

① Kristin Bartenstein, "The 'Arctic Exception' in the Law of the Sea Convention: A Contribution to Safer Navigation in the Northwest Passage?" *Ocean Development & International Law*, Vol. 42, No. 1 – 2, 2011, p. 30.

② 冯寿波:《〈联合国海洋法公约〉中的"北极例外":第 234 条释评》,《西部法律评论》2019 年第 2 期,第 108 页。

③ Yoshifumi Tanaka, *The International Law of the Sea* (3rd edition), Cambridge University Press, 2019, pp. 383 – 384.

④ Yoshifumi Tanaka, *The International Law of the Sea* (3rd edition), Cambridge University Press, 2019, pp. 383 – 384; D. M. McRae and D. J. Goundrey, "Environmental Jurisdiction in Arctic Waters: The Extent of Article 234," *University of British Columbia Law Review*, Vol. 16, 1982, p. 221; Alan E. Boyle, "Marine Pollution Under the Law of the Sea Convention," *American Journal of International Law*, Vol. 79, 1985, pp. 361 – 362.

有水域，包括领海、专属经济区和用于国际航行的海峡。^① 前一种解释将沿海国的管辖权限制在专属经济区本身的范围内，意味着尽管沿海国依据《公约》第 234 条享有超出一般专属经济区的管辖权，但此等权利不应超过沿海国对其领海享有之权利，^② 也不得适用于国际海峡，这就对沿海国的管辖权构成一定限制。若按照后一种解释，则显然不存在该问题。

2. 俄罗斯和加拿大国内法与《公约》第234条的冲突

《公约》达成后，第 234 条被俄罗斯和加拿大视为制定有关北极水域法律规章的主要国际法依据。^③ 两国分别制定国内法，在保护海洋环境的同时，也意在加强对该区域的管控。俄罗斯和加拿大根据《公约》第 234 条，以环境保护为由加强航道管控的措施，势必影响其他国家在该地区的航行权利，引起这些国家的关注与抗议。其中，多数国家为《公约》缔约国。美国虽然尚未批准《公约》，但也承认第 234 条为习惯法。^④ 实际上，美国在反对加拿大和俄罗斯加强航道管控的问题上向来十分积极。

早在 1969 年"曼哈顿号"事件后，^⑤ 加拿大便以环境保护为由，制定了《北极水域污染防治法》。加拿大在该法的基础上积极推动《公约》第 234 条的谈判，使第 234 条也被称为"加拿大条款"或者"北极例外条

① Donat Pharand, "The Arctic Waters and the Northwest Passage: A Final Revisit," *Ocean Development & International Law*, Vol. 38, No. 1 - 2, 2007, pp. 47 - 48; Kristin Bartenstein, "The 'Arctic Exception' in the Law of the Sea Convention: A Contribution to Safer Navigation in the Northwest Passage?" *Ocean Development & International Law*, Vol. 42, No. 1 - 2, 2011, p. 29; Yoshifumi Tanaka, *The International Law of the Sea* (3rd edition), Cambridge University Press, 2019, pp. 383 - 384.

② 刘惠荣、李浩梅：《北极航行管制的法理探讨》，《国际问题研究》2016 年第 6 期，第 96 ~ 97 页。

③ Roman Dremliuga, "A Note on the Application of Article 234 of the Law of the Sea Convention in Light of Climate Change: Views from Russia," *Ocean Development & International Law*, Vol. 48, No. 2, 2017, pp. 131 - 133.

④ Ted L. McDorman, "A Note on the Potential Conflicting Treaty Rights and Obligations between the IMO's Polar Code and Article 234 of the Law of the Sea Convention," in Ted L. McDorman ed., *International Law and Politics of the Arctic Ocean: Essays in Honor of Donat Pharand*, Brill, 2015, p. 143.

⑤ 郭培清等：《北极航道的国际问题研究》，海洋出版社，2009，第 65 ~ 104 页。

款"。《公约》第 234 条的达成,为加拿大制定《北极水域污染防治法》提供了国际法依据。《北极水域污染防治法》适用于北纬 60°以北、西经 141°以内、加拿大陆地向海 200 海里内的"北极水域",包括加拿大的内水、领海和专属经济区。[①] 该法禁止任何人、船舶在北极水域或者可能使废弃物进入北极水域的地点处置废弃物,违反者将承担民事责任。[②] 美国政府曾照会加拿大,对《北极水域污染防治法》提出质疑,认为加方此举将使航行活动受到限制,为其他国家违反海洋自由原则开创先例。[③] 2010 年加拿大制定的《北方船舶交通服务区规章》(Northern Canada Vessel Traffic Services Zone Regulations, NORDREG),进一步针对北极水域建立了船舶通行的强制报告制度。该规章要求以下三类船舶在进入加拿大北方船舶交通服务区时必须进行报告,这三类船舶分别为:总吨位为 300 吨以上的船舶;从事拖带或顶推另一船舶的船舶,并且两者的总吨位在 500 吨或以上;转载污染物的船舶。报告内容包括船舶进入交通服务区之前报告航行计划、进入服务区后报告位置、停泊或者驶离服务区后的最终报告,以及船舶在偏离航行计划时的偏航报告。[④] 该强制报告制度再次引起包括美国在内的多国关注和抗议。[⑤] 美国在向加拿大发出的照会中指出,该规章违反了《公约》第 234 条规定的"适当顾及航行"和"非歧视"义务,而且并未依据"最可靠的科学证据"。此外,根据《公约》第 236 条,外国军舰、海军辅助船、为国家所拥有或经营并在当时只供政府非商业性服务之用的其他船只或飞机享有豁免权,《加拿大北方船舶交通服务区规章》并未对此作出规定。[⑥] 国际海事组织、波罗的海国际航运公会(BIMCO)等机构也对加拿大制定该规章提出

---

① Arctic Waters Pollution Prevention Act, Article 2.

② Arctic Waters Pollution Prevention Act, Article 6.

③ "Documents concerning Canadian Legislation on Arctic Pollution and Territorial Sea and Fishing Zones," *International Legal Materials*, Vol. 9, No. 3, 1970, p. 605.

④ Northern Canada Vessel Traffic Services Zone Regulations, Articles 3, 6 – 9.

⑤ Yoshifumi Tanaka, *The International Law of the Sea* (3rd edition), Cambridge University Press, 2019, pp. 383 – 384.

⑥ Elizabeth R. Wilcox ed., *Digest of United States Practice in International Law 2010*, Oxford University Press, 2010, pp. 516 – 517.

了质疑。①

在苏联时期，外国船舶进入其北极水域前需获得该国商船部批准，遵守其航行规则并付费。根据 1991 年《北方海航道航行规则》，船舶通过维利基茨基海峡（Vilkitskogo Strait）、绍卡利斯基海峡（Shokalsky Strait）、德米特里·拉普捷夫海峡（Laptev Strait）和桑尼科夫海峡（Sannikov Strait）时，必须接受强制破冰引航。② 该规则随后受到质疑，部分学者认为其超出了《公约》第 234 条赋予沿海国的权利的范围。③ 为推动北方海航道的开发和利用，俄罗斯于 2013 年出台了新版《北方海航道水域航行规则》，取消了强制破冰引航的规定，转而以许可证制度和非强制性引航服务取代。根据该规则，所有在北方海航道航行的船舶，都需提前向北方海航道管理局提交申请，并在驶入和离开航线前向管理局报告。④ 针对俄罗斯新修订的《北方海航道水域航行规则》，美国曾专门发出外交照会提出质疑。美国在照会中认为，俄罗斯单方面要求船舶在北方海航道航行须获得许可的规定，违反了《公约》第 234 条规定的"适当顾及航行"义务。不仅如此，该照会还指出，随着北极地区气候变化，美国甚至质疑第 234 条能否继续作为俄罗斯制定《北方海航道水域航行规则》的国际法依据。⑤ 时任荷兰外交大臣弗兰斯·蒂莫曼斯（Frans Timmermans）也认为，俄罗斯有关北方海航道的规章

① Michael Byers and James Baker, *International Law and the Arctic*, Cambridge University Press, 2013, p. 166; "Maritime Body Condemns Canada's New Arctic Shipping Rules," *Nunatsiaq News*, July 12, 2010, https: //nunatsiaq. com/stories/article/98789 _ maritime _ body _ condemns_ canadas_ new_ arctic_ shipping_ rules/.

② "Правила плавания по трассам Северного Морского Пути. Утверждены Министерством морского флота СССР 14 сентября 1990 г. Статья 7. 4," https: //pandia. ru/text/80/156/ 32367. php.

③ R. Douglas Brubaker, "Regulation of Navigation and Vessel – source Pollution in the Northern Sea Route: Article 234 and State Practice," in Davor Vidas（ed.）, *Protecting the Polar Marine Environment: Law and Policy for Pollution Prevention*, Cambridge University Press, 2000, p. 242.

④ Ministry of Transport of Russia: Rules of Navigation in the Water Area of the Northern Sea Route, January 17, 2013.

⑤ CarrieLyn D. Guymon（ed.）, *Digest of United States Practice in International Law 2015*, https: //2009 – 2017. state. gov/documents/organization/258206. pdf.

不应过分限制航行自由。①

　　为保护北极地区的海洋环境，《公约》第234条赋予冰封区域的沿海国超出一般专属经济区的管辖权。与此同时，该条也对沿海国行使该权利作出诸多限制，从而维护其他国家在该地区的航行权利。近几十年来，俄罗斯和加拿大以保护环境为由，出台了严格的法律和规章，在环境保护之余大大增强了对这些水域的管控。两国的举措不可避免地对其他国家在该地区的航行权利产生影响，自然引起国际社会高度关注。上述分析表明，双方争议的焦点主要集中在俄罗斯和加拿大制定和执行的国内法是否已经超出第234条授予沿海国的权利的范围。② 随着北极变暖以及冰川的融化，北极航道将受到越来越多的重视，围绕第234条的解释和适用的争议，也将更加突出。

三　中国的策略选择

　　《公约》作为"海洋宪章"，既是缔约国参与北极治理的权利依据，也是实现包括北冰洋在内的全球海洋治理的重要法律框架。本文针对《公约》框架下北极治理的两个焦点问题，即北极航道的法律地位以及《公约》第234条的解释和适用进行了研究。分析表明，一方面，国际社会对《公约》的解释和适用存在不同意见，是引起北极航道问题的重要原因；另一方面，尽管本文的研究焦点是法律问题，然而国际政治的现实远比法律本身复杂。本文认为，合理运用《公约》并树立针对北极航道争议的底线思维，进而在此基础上根据国际情势进行灵活调整，应是中国制定相关政策的总体思路。

---

① "Questions from members Van Tongeren and Van Ojik（both GroenLinks）to the Ministers of Foreign Affairs and of Infrastructure and the Environment about the threats from the Russian coastguard to the address of the Greenpeace ship Arctic Sunrise, Answer given by Minister Timmermans（Foreign Affairs）also on behalf of the Minister of Infrastructure and the Environment," https：// zoek. officielebekendmakingen. nl/ah－tk－20132014－136. html? zoekcriteria＝%3Fzkt%3DEenvoudig%26pst%3D%26.

② Alexander Proelss eds, *United Nations Convention on the Law of the Sea：A Commentary*, Hart Publishing, 2017, p. 1570.

（一）北极航道的法律地位

北方海航道和西北航道的独特性在于，它们均是由许多狭窄的海峡连接而成，而非由单一通道组成。由于航道的通行制度与其法律地位密切相关，国际社会对这两条航道法律地位的关注和争议，关键在于以此来确定所适用的通行制度。对沿海国而言，若这些海峡为其内水，显然更加易于管控。其他国家则当然希望这些海峡具有国际海峡地位，从而适用相对自由的过境通行制度。根据《公约》对用于国际航行的海峡的定义，此种海峡需在地理上符合"在公海或专属经济区的一个部分和公海或专属经济区的另一部分之间"，以及在功能上满足"用于国际航行"两项标准。其中，地理标准相对容易判断，北方海航道和西北航道中的海峡也符合该标准。问题的关键在于功能标准的认定。由于《公约》并未明确规定海峡应当"实际用于"还是"潜在用于"国际航行，从而导致国际社会对功能标准产生分歧，① 尚无统一定论。对于北方海航道和西北航道而言，沿海国和其他国家很可能从维护自身海洋利益出发，分别选择"实际用于"或者较为宽泛的"潜在用于"标准判定海峡的法律地位，双方很难在短时间内就此达成一致。

随着北极航道开发和利用前景的日益明朗化，其对中国的经济和战略重要性持续上升。与此同时，航道的法律地位及其通行制度的确定仍将是非常棘手的问题。在中国海洋实力不断增强的背景下，北极航道适用相对自由的过境通行制度，当然更加符合中国利益。从这个角度看，根据地理标准和较为宽泛的功能标准，主张北方海航道和西北航道的相关海峡为用于国际航行的海峡，进而适用过境通行制度，对中国而言当然是最优选择。然而需要注意的是，国家利益的组成是多维度的，政策选择往往需要对诸多方面加以综

---

① Donald R. Rothwell，"International Straits and Trans – Arctic Navigation，"*Ocean Development & International Law*，Vol. 43，No. 3，2012，p. 270；Hugo Caminos，"The legal régime of straits in the 1982 United Nations Convention on the Law of the Sea，"*Collected Courses of the Hague Academy of International Law*，Vol. 205，1987，pp. 142 – 143；李志文、高俊涛：《北极通航的航行法律问题探析》，《法学杂志》2010 年第 11 期，第 63 页；屈广清：《海洋法》，中国人民大学出版社，2005，第 106 页。

合考虑。从国际政治的角度看，其他国家若明确主张北方海航道和西北航道为用于国际航行的海峡，势必对其与加拿大、俄罗斯的外交关系产生影响，这也是欧盟、丹麦、挪威和冰岛等组织或国家仅模糊表示维护其根据《公约》享有的权利的逻辑。中国当前采取的也正是这种策略，既尊重北极国家对其管辖范围内海域的管辖权，同时也认为应当根据《公约》等国际条约和一般国际法对北极航道进行管理，特别是保障各国依法享有的航行自由以及利用北极航道的权利。① 不过，考虑到将国家间关系作为政策选择依据需要面对的问题，即外交关系往往处于变动之中。如此，政策的选择尚需要根据外交关系作动态调整，而中国的航行利益则不会因外交关系的变动而发生改变。基于此，中国有必要树立维护航行权益的底线思维。既然能够依据《公约》的地理标准和功能标准判定这两条航线为用于国际航行的海峡，中国可以在国际法的基础上，树立北方海航道和西北航道是用于国际航行的海峡，并且适用过境通行制度的底线思维。

对于北方海航道和西北航道法律地位的最终解决，由于目前尚不存在能够确定海峡法律地位的国际权威机构，在没有国际法院或法庭裁决的情况下，决定性因素很可能是国际共识，特别是在一个特定海峡中利益相关最大国家之间所达成的共识。这些国家在战略和经济利益上并非一致，因此在达成共识的过程中考量的不仅仅是法律因素，还包括政治、经济等多方面的因素，即海峡法律地位的确定不只是法律过程，还是政治和外交过程。② 若将来其他国家能够与俄罗斯、加拿大达成共识，确定西北航道和北方海航道是用于国际航行的海峡并适用过境通行制度，当然最符合中国利益。然而，现实情况恐将与前述理想相距甚远，特别是顾及外交关系、国际政治的现实等因素，而且北极航道法律地位问题的解决在当前也并不急迫，就需要在不突破底线的基础上，对政策做出适当调整。《中国的北极政策》白皮书中既表

---

① 《中国的北极政策》，新华网，http：//www. xinhuanet. com/politics/2018 - 01/26/c_ 1122320088. htm。

② Joshua Owens：《论白令海峡的法律地位》，《中国海洋法学评论》2011 年第 2 期，第 69～ 70 页。

示尊重沿海国权利，又强调需保障各国依法享有的航行自由和利用北极航道的权利，即在维护航行权益和利用北极航道权利的基础上，作出的灵活应对。将来在情势发展到航道的法律地位迫切需要解决时，沿岸国与其他国家很可能仍然坚持各自的主张。在这种情况下，受第三次联合国海洋法会议期间各方通过谈判妥协达成《公约》的启发，搁置争议并推动达成某种平衡各方利益的协议，或许是可行选择。

（二）《公约》第234条的解释和适用问题

加拿大和俄罗斯对北极水域提出的主权诉求，遭到以美国为首的其他国家反对。面对这种情况，两国开始寻求通过其他方式加强管控，海洋环境保护成为突破口。多年来，俄罗斯和加拿大依据《公约》第234条赋予沿海国对冰封区域的特殊管辖权，在保护海洋环境的同时，也大大加强了对北极水域的管控。本文研究表明，《公约》第234条已经成为加拿大和俄罗斯加强相关北极水域管控的重要国际法依据。然而，国际社会针对该条的解释和适用仍然存在争议，主要集中在《公约》第234条的适用范围以及沿海国的国内法与第234条的冲突两个方面。

针对《公约》第234条的解释和适用的争议，中国首先需要解决的并非争议本身，而是界定自身利益和立场。进而在此基础上，选择相应对策。随着中国远洋实力的不断提升，对航行自由需求的增加符合这一发展的逻辑。因此，维护根据国际法享有的航行权益，将是中国未来长期关注的重点。对于《公约》第234条适用范围的解释，主要存在两种观点，且至今尚无定论。从维护中国航行权益的角度看，当然应当主张于中国有利的解释。首先，《公约》第234条适用的地理范围越小，意味着沿海国依据该条实施管辖措施的区域相应减少，其他国家在该水域便享有更多航行自由。据此，在气候变暖和北极冰川融化加剧的背景下，主张《公约》第234条对冰封区域的界定应随气候变化进行调整，当然更加符合中国利益。其次，对于沿海国与其他国家就《公约》第234条适用水域存在的争议，即仅适用于专属经济区本身，还是适用于领海、专属经济区和用于国际航行的海峡等

200 海里内的所有水域。同理,主张《公约》第 234 条仅适用于专属经济区本身的解释更加符合中国利益。

与此同时,《公约》第 234 条的谈判历史表明,该条是平衡沿海国管辖权与其他国家航行权的结果。换言之,《公约》第 234 条试图兼顾环境保护与航行自由双重目的,对其解释和适用自然也应当注意这一特征,仅仅关注其中之一将会导致片面之嫌。中国在维护航行权益的同时,应当充分认识到保护冰封区域海洋环境的必要性。实际上,这也是第三次联合国海洋法会议期间,各国代表同意达成《公约》第 234 条的重要原因。加拿大和俄罗斯在通过国内法加强对冰封区域的管控保护海洋环境的同时,当然也需顾及其他国家在该水域的航行权益。然而,随着俄罗斯和加拿大依据该条对北极水域管控的不断加强,势必影响到其他国家的航行权益,由此引起沿海国的管控措施是否符合《公约》第 234 条规定的争议。既然《公约》第 234 条在赋予沿海国特殊管辖权的同时,也对该权利的行使施加了限制,这就意味着俄罗斯和加拿大通过国内法保护冰封区域海洋环境的措施存在一定限度。争议的存在表明,当前各国显然尚未就该限度的范围与边界达成共识。随着中国国际地位的提升,国际社会对中国在维护国际海洋法治、保护海洋环境等方面的期待将持续增加,届时可考虑推动在沿海国与其他国家之间就《公约》第 234 条的解释和适用达成某种共识。考虑到加拿大和俄罗斯仍然存在以海洋环境保护为由加强管控的主张,对中国而言,至少在相关共识达成之前,应当以积极争取维护自身航行权益为主要目标。

国　别　篇

Country Reports

B.13

俄罗斯200海里外大陆架申请案历史
回顾与形势分析[*]

刘惠荣　张志军[**]

摘　要： 当前，全球海洋之争的重心已转变为海洋资源之争。海洋
资源，尤其是海洋能源资源储量最丰富的区域在大陆架。
而北极大陆架又因其资源开发条件相对成熟以及特殊的地
理位置成为北极各国竞争角力的焦点。北极大陆架在俄罗
斯的国家海洋战略中居于中心位置。俄罗斯与邻国的外大
陆架划界争端涉及4海5国，其中最重要的关于北冰洋中

* 本文为国家自然科学基金项目"海上划界和北极航线专用海图及其法理应用研究"（项目编
号41971416）和科技部国家重点研发计划"新时期我国极地活动的国际法保障和立法研究"
（项目编号2019YFC1408204）的阶段性成果。
** 刘惠荣，女，中国海洋大学法学院教授、博士生导师；张志军，男，中国海洋大学法学院
2018级博士研究生。

央海域的外大陆架划界纷争一直悬而未决，加之 2019 年加拿大在北冰洋海域同样提出了划界主张，北极地区的外大陆架划界形势更加复杂，俄罗斯的 3 次外大陆架申请案再次引起人们的关注。北冰洋外大陆架划界结果将对世界地缘政治格局产生重大影响，对位于北半球的近北极国家在北极地区的多项利益也将产生重要影响。回顾俄罗斯外大陆架申请案在提出前、审议中以及审议后的关键信息，对于判断当前北极外大陆架划界的走向意义重大，同时俄罗斯在外大陆架历次争端解决中的实践也为我国的外大陆架划界提供了宝贵经验。

关键词： 北极　200 海里外大陆架　海洋划界　大陆架界限委员会俄罗斯

一　俄罗斯外大陆架申请案提交的历史背景

1991 年苏联解体后，俄罗斯内外交困、危机重重，综合国力断崖式衰退，急剧恶化的地缘政治形势使俄罗斯无暇顾及海洋事业。直至普京与叶利钦职务交接之际，发表《千年之交的俄罗斯》提出"强国"理念开始，[①]俄罗斯的海洋梦被唤醒，这只一度消失在人们视野中的海洋巨兽开始谋求海洋复兴。普京正式就任总统后，多次强调俄罗斯只有成为海洋强国，才能成为世界大国。[②]俄罗斯着手制定全新的海洋战略，并将北极作为其海洋事业发展的突破口，出台海洋政策的同时配套北极战略，着手开发利用北极大陆

---

① 俞邃：《辞职用心殊　撰文寓意深——试评叶利钦引退与普京文章〈千年之交的俄罗斯〉》，《当代世界》2000 年第 2 期，第 4～6 页。

② 马骏：《建海洋强国抗衡美国北约俄欲重振海军雄风》，《解放日报》2002 年 8 月 28 日，第 5 版。

架这块"新边疆"。

2001 年，普京签署了《2020 年前俄罗斯联邦海洋学说》，为俄罗斯海洋战略的重启奠定了基础，同年 12 月，俄罗斯率先向大陆架界限委员会提交了以北冰洋海域为核心的 200 海里外大陆架申请案。[①] 但是由于苏联解体后俄罗斯经济持续恶化，俄罗斯的北极科考因财政问题直至申请案提交仍未恢复，因此在申请案中并未提供《联合国海洋法公约》（以下简称《公约》）所要求的充分的科学与技术数据支撑。

2002 年大陆架界限委员会没有通过俄罗斯 2001 年的申请案，受挫后的俄罗斯从 2003 年起恢复了在北极的浮冰漂流站，这也标志着自 1991 年苏联解体后中断达 12 年的俄罗斯北极科学考察重新起步。[②] 俄罗斯经济在 2004 年恢复到了苏联解体时的水平，从 2005 年开始便加快海洋开发利用尤其是海洋科研的步伐。2005 年，俄罗斯开始在门捷列夫海岭地区开展科考。[③] 2007 年 7～8 月，俄罗斯开展了代号为"北极－2007"的科学考察活动，考察队以俄罗斯著名极地专家、国家杜马副主席奇林加罗夫作为科考队队长，近 100 名科学家参与。此次考察的科学目的是为绵延近 2000 公里的罗蒙诺索夫海岭是俄西伯利亚大陆的自然延伸寻找科学证据，但在科考队乘坐深海潜水器下潜至 4000 多米深的北冰洋洋底提取海床岩石和土壤样本时，由奇林加罗夫操纵潜航器在北极点洋底插上一面由钛合金制造的俄罗斯国旗。[④] 这便超出了纯粹的科学考察的范畴，使此次科考活动带上了明显的政治色彩。行动完成后，普京高度评价了这一带有重大的政治宣示意义的行为并亲自致电表示祝贺，此次活动的负责人奇林加罗夫也因此在第二年被普京授予

① 《联合国海洋法公约》中未出现"内大陆架"或"外大陆架"的表述，学界常称的"内大陆架"即"200 海里以内的大陆架"的简称；"外大陆架""拓展大陆架"即"200 海里外大陆架"的简称，本文使用上述简称。

② 刘新华：《试析俄罗斯的北极战略》，《东北亚论坛》2009 年第 6 期，第 63～69 页。

③ 《俄宣布将在 2009 年正式提出北冰洋大陆架领土要求》，中国新闻网，http：//www. chinanews. com/gj/ywdd/news/2007/09－25/1035147. shtml，最后访问日期：2020 年 5 月 21 日。

④ "Russians Plant Flag on the Arctic Seabed," *The New York Times*，https：//www. nytimes. com/ 2007/08/03/world/europe/03arctic. html，最后访问日期：2020 年 5 月 21 日。

"俄罗斯英雄"的称号。① 足可见，俄罗斯对此次考察尤其是插旗行动的重视。虽然俄罗斯外长拉夫罗夫事后强调，"俄罗斯组织此次科考并非向北极点宣示主权，而是为了证明俄罗斯的大陆架向北延伸的范围"②，但这一举动仍引起了国际社会对"瓜分北极"的担忧，北极大国纷纷强硬反对，并在此后加大了本国北极科考的力度。

多次科考后，北极大陆架在俄罗斯国家政策层面的定位也逐渐清晰。2008 年，俄罗斯发布《2020 年前及更远的未来俄罗斯联邦在北极的国家政策原则》，这是俄罗斯首份北极地区综合战略，也被认为是俄罗斯的"北极基本法"。该文件明确提出要把"北极地区作为保障国家社会经济发展的战略资源基地"③。同年，时任俄罗斯总统梅德韦杰夫指出，开发北极资源是俄能源安全的保证，北极应当成为俄罗斯 21 世纪战略资源的主要基地。④ 而北极的能源就在大陆架，俄罗斯通过明确北极的战略地位展示了其在北极大陆架上的雄心。梅德韦杰夫任总统的 4 年间，俄罗斯在北极的科考目标明确且从未间断，俄获得了大量关于门捷列夫海岭和罗蒙诺索夫海岭的海底地质勘探数据与地球物理数据。但鉴于俄罗斯外大陆架主张涉及北冰洋中央海域，尤其是两大海岭区域复杂的地质地理状况，为了提高划界主张得到大陆架界限委员会认可的概率，俄罗斯并未急于马上向大陆架界限委员会提交新的申请案。而是选择在继续巩固科学证据的同时，加强俄海洋政策与北极政策的宏观设计。

普京于 2012 年二度回归后，凭借强大的政治魄力开始系统规划自己治下的北极蓝图，北极与海洋在俄国家战略中的地位更加突出，外大陆架的申请

---

① 《普京为赴北极深海插旗的高官授勋》，央视网，http://news.cctv.com/world/20080111/106525.shtml，最后访问日期：2020 年 5 月 21 日。

② 《俄报：俄罗斯插旗引爆北极争夺战》，人民网，http://world.people.com.cn/GB/1029/42356/6075871.html，最后访问日期：2020 年 5 月 21 日。

③ "Основы государственной политики Российской Федерации в Арктике на период до 2020 года и дальнейшую перспективу," https://rg.ru/2009/03/30/arktika – osnovy – dok.html，最后访问日期：2020 年 5 月 21 日。

④ 《俄总统称：北极应成为俄罗斯战略资源基地》，中国新闻网，http://www.chinanews.com/gj/ywdd/news/2008/09 – 17/1385338.shtml，最后访问日期：2020 年 5 月 21 日。

案与北极油气资源开发得到迅速推进。2013 年 9 月，俄罗斯颁布了《2020 年前俄联邦北极地区发展和国家安全保障战略》，明确了经济发展与政治、军事安全并重的新北极发展理念。该战略文件发布 6 个月前，俄罗斯刚向大陆架界限委员会提交了关于鄂霍次克海北部的修订申请案。2014 年 5 月，普京签署了《关于俄罗斯联邦北极地区陆地领土总统令》，明确了俄罗斯"北极地区"的地理范围并重新确定了行政区划，行政区划设置是否科学合理直接关系俄罗斯的北极经济开发与资源配置效率，该法令为俄罗斯大规模开发利用北极破除了体制机制上的弊端。2015 年 7 月 26 日，普京批准了新版的《俄罗斯联邦海洋学说》，这是继 2001 年 6 月俄罗斯颁布《2020 年前俄罗斯联邦海洋学说》15 年后再次出台的国家海洋战略纲领性文件。[1] 该文件中北极的战略地位再度提高，并明确了俄罗斯海军活动、海上交通、海洋科学和资源开采 4 大海洋战略的发展方向，全与北极大陆架的开发密切相关。2015 年版海洋学说发布仅 10 天后，俄罗斯便提交了关于北冰洋的外大陆架申请案。

回顾苏联解体后俄罗斯海洋复兴的历史我们不难发现，俄罗斯在外大陆架上的重要动作与俄罗斯海洋复兴的关键节点同步。历次外大陆架申请案伴随着俄罗斯重大海洋战略或北极战略文件的出台，可以说历次申请案的提交都是俄罗斯对其北极政策或海洋政策的最优先的实践，这也反映了北极大陆架在俄罗斯海洋复兴中的重要地位。因此，我们不能孤立地看待俄罗斯 3 次申请案的提交，其背后北极政策或海洋政策的出台是我们研判北极外大陆架划界形势的重要依据。

二 北极大陆架划界纷争的缘由与200海里外大陆架划界规则的特殊性

（一）北极大陆架划界纷争的缘由

北极大陆架之所以成为俄罗斯的"心头肉"，是因为大陆架上的油气资

---

[1]　陈效卫、曲颂：《俄罗斯出台新版海洋学说》，《人民日报》2015 年 7 月 28 日，第 21 版。

源。2008 年 7 月，隶属于美国联邦政府内政部的美国地质勘探局公布了一份对北极资源的评估调查报告，该报告仍被认为是迄今为止世界范围内最权威、规模最大，也是被引用最多的一次对北极资源的勘探后统计。报告的调查历时 4 年，科研人员在做了大量基础性地质调查工作后认为参与勘测的全部 33 个区域中富含油气资源的区域有 25 个，并分区域对其油气资源开发潜力进行了全面评估。[1] 报告认为，北极是世界上最后一块拥有大规模开采潜力的油气资源处女地，其中原油储量保守估计为 900 亿桶，液化天然气储量不少于 440 亿桶，天然气储量约 47 万亿立方米，而且超过 84% 的油气资源都储存在开采深度不足 500 米的大陆架浅水区，开采难度与开采成本相对较低。[2] 能源是一国经济的命脉，一个国家的发展前途掌握在这个国家在能源领域的布局优劣上，这对于北极国家尤其重要。北极能源资源之争表现在国际法上就是北极的大陆架之争。谁拥有了北极大陆架，谁就将坐拥全球最大的油气资源后备基地，其经济与地缘政治意义不可估量。将北极视为"21 世纪资源基地"的俄罗斯对北冰洋大陆架自然势在必得。

同时，北极的地理状况加剧了北极大陆架之争的复杂性。北冰洋大陆架面积超过 672 万平方千米，占北冰洋总面积的 51%。[3] 而俄罗斯广袤的领土带来了复杂的海岸线，复杂的海岸线导致了复杂的大陆架划界形势。俄罗斯与 3 洋 12 海相邻，总海岸线长度达 3.8 万千米，其中接近 2/3 的部分位于北冰洋；而北冰洋海岸线总长度约 4.5 万千米，超过 1/2 的海岸线又归属于俄罗斯，超过了其他 5 个在北冰洋拥有海岸线的国家的北冰洋海岸线长度的总和。[4]

[1] "Circum-Arctic Resource Appraisal: Estimates of Undiscovered Oil and Gas North of the Arctic Circle," https://pubs.usgs.gov/fs/2008/3049/，最后访问日期：2020 年 5 月 21 日。

[2] "Circum-Arctic Resource Appraisal: Estimates of Undiscovered Oil and Gas North of the Arctic Circle," https://pubs.usgs.gov/fs/2008/3049/，最后访问日期：2020 年 5 月 21 日。

[3] "Continental Shelf," https://www.bluehabitats.org/?page_id=1660，最后访问日期：2020 年 5 月 21 日。

[4] "Russica," https://www.thearcticinstitute.org/countries/russia/，最后访问日期：2020 年 5 月 21 日。

俄罗斯与北冰洋互为对方主要部分的特殊的地理关系让俄罗斯天然地成为北极海域外大陆架划界的焦点。

（二）200海里外大陆架划界规则的特殊性

在地质学上，大陆与大洋盆地是地壳表面的两种基本形态。两者之间存在的一个过渡地带称"大陆边缘"，大陆架作为大陆边缘的一种地形单元在地质性质上是连贯统一的，并无"内外大陆架"的分别。① 但是《公约》在设计大陆架法律制度时，以200海里为界对大陆架权利的获取规则和权利内容做了区分对待。

根据《公约》第76条第1款的规定，对于200海里以内大陆架主权权利的获取，沿海国可自行划定而无须向任何机构提出申请，且从测算领海宽度的基线量起至大陆边的外缘距离不到200海里的，本国大陆架权利的范围自动扩展至200海里。200海里以外大陆架外部界限的划定规则就复杂许多，对此《公约》第76条、《公约》附件二、《大陆架界限委员会议事规则》（以下简称《议事规则》）和《大陆架界限委员会科学和技术准则》做了详尽的规定。概而言之，沿海国需要依据《公约》第76条第4~6款规定的科学规则先自行确定本国200海里外大陆架外部界限之各定点，随后向依《公约》附件二组建的大陆架界限委员会提交《大陆架界限委员会科学和技术准则》中要求的地质学、地球物理学等科学与技术数据以证明该区域确为其本国陆地领土向海洋的自然延伸，最终大陆架界限委员会将综合考虑申请案是否涉及海洋划界争议以及沿海国提交的科学证据是否可信、充分等因素后作出沿海国划定200海里外大陆架外部界限的建议，沿海国在大陆架界限委员会出具的建议的基础上划定的外大陆架界限具有终局性和拘束力②。如果大陆架界限委员会的建议不被沿海国接受，该

---

① 秦蕴珊：《大陆架划分与海洋地质学的若干进展》，《海洋科学》1979年第S1期，第6~10页。

② 《公约》联合国官方中译本为"确定性和拘束力"，笔者认为此语境下"final"应为"最终的、不可更改的"之义，故译作"终局性和拘束力"。

国必须再次提交划界案。当前，北极地区 200 海里内大陆架边界已经陆续划定，200 海里外大陆架外部界限的确定成为各沿海国争议的焦点。①

三　俄罗斯3次外大陆架申请案回顾

早在 20 世纪 90 年代俄罗斯就开始为外大陆架提案做科学上的准备工作。② 1997 年 3 月 12 日，俄罗斯批准了《公约》，并于 30 天后正式成为《公约》的成员国，这也是《公约》规定的向大陆架界限委员会提交 200 海里外大陆架划界申请的基础性条件。至今，俄罗斯共 3 次提交申请案，但只有 2001 年的是完整、独立的申请案，其随后在 2013 年与 2015 年先后两次提交的划界申请都是针对 2001 年申请案作出的部分修订（Partial Revised Submission）。

（一）2001年申请案

2001 年 12 月 20 日，俄罗斯依据《公约》第 76 条第 8 款的规定，通过时任联合国秘书长科菲·安南（Kofi Atta Annan）向大陆架界限委员会提交了关于 200 海里外大陆架的申请案，这既是俄罗斯第一次向大陆架界限委员会提交划界申请，也是大陆架界限委员会自成立以来收到的全球首份外大陆架申请案。③ 申请案涉及 2 洋 4 海，分别是位于太平洋海域的白令海和鄂霍次克海，以及位于北冰洋海域的巴伦支海与北冰洋中央海域。俄罗斯对上述海域中约 158 万平方千米的海底提出了外大陆架主张，其中位于北冰洋的部分包括了涵盖北极点在内的超过 120 万平方千米。④ 整个申请案中，

---

① 白佳玉、隋佳欣：《论北冰洋海区海洋划界形势与进展》，《上海交通大学学报》（哲学社会科学版）2018 年第 6 期，第 33～46 页。

② 匡增军：《俄罗斯的外大陆架政策评析》，《俄罗斯中亚东欧研究》2011 年第 2 期，第 73～79 页。

③ Murphy, Sean D, "U. S. Reaction to Russian Continental Shelf Claim," *American Journal of International Law*, Vol. 96, No. 4, 2002, pp. 969–970.

④ Bjørn Kunoy, "A New Arctic Conquest: The Arctic Outer Continental Margin," *Nordic Journal of International Law*, 76. 4 (2007): 465–480.

位于北冰洋中央海域的罗蒙诺索夫海岭和门捷列夫海岭为该划界案的争议焦点。作为北冰洋仅有的两大海岭，均在申请案中被划入俄罗斯大陆架范围内。

申请案提交后，大陆架界限委员会依照《议事规则》设立了一个由 7 名委员会成员组成的专门的小组委员会审议俄罗斯提交的材料。至最终建议作出前，小组委员会召开多次会议，俄罗斯也多次根据小组委员会的要求补充提交相关证据。经过半年的审议，小组委员会于 2002 年 6 月 14 日正式向大陆架界限委员会提交了关于该申请案的建议，该建议在当月召开的委员会第十一届会议上经 21 位委员一致同意正式通过。这也是委员会自 1997 年成立以来作出的首份 200 海里外大陆架申请案建议。①

建议对申请案中涉及的 4 大海域分别作出回复：② 鉴于俄罗斯在白令海、巴伦支海整体上同美国与挪威存在未解决的海洋划界争端，建议两国通过划界协议解决争端，并向大陆架界限委员会提交分界线的海图与地理坐标。③ 在鄂霍次克海，大陆架界限委员会建议俄罗斯采取部分划界案的形式，在不影响南部俄日划界争端的前提下，在补充科学证据后先就与日本不存在争端的鄂霍次克海北部海域重新提交外大陆架申请案。涉及南千岛群岛（日本称北方四岛）争端的鄂霍次克海南部海域的大陆架争端则建议俄日两国通过协议方式解决。至于争议最大的北冰洋中央海域，委员会则直截了当地指出俄罗斯对该区域的地质状况描述不清，所提供的地质学与地球物理数据无法证明门捷列夫与罗蒙诺索夫两大海岭属于《公约》第 76 条第 6 款中

---

① "Statement by the Chairman of the Commission on the Limits of the Continental Shelf on the progress of work in the Commission in the Eleventh session," https：//undocs. org/en/clcs/34，最后访问日期：2020 年 5 月 21 日。

② "Partial Revised Submission of the Russian Federation to the Commission on the Limits of the Continental Shelf in respect of the Continental Shelf of the Russian Federation in the Arctic Ocean Executive Summary 2015," https：//www. un. org/Depts/los/clcs _ new/submissions _ files/rus01 _ rev15/2015 _ 08 _ 03 _ Exec_Summary_English. pdf，最后访问日期：2020 年 5 月 21 日。

③ 《议事规则》第 54 条第 2 款规定，根据《公约》第 84 条的规定，在划定海岸相向或相邻国家间大陆架界限时，标明依照《公约》第 83 条规定划定的分界线的海图和坐标，应交存联合国秘书长。

所指之"海底高地"①，因此尚不能被认定为与俄罗斯陆地领土存在自然延伸的关系。建议俄罗斯对北冰洋中央海域的外大陆架申请案进行全面修订，并依照《大陆架界限委员会科学和技术准则》的标准与要求补充相关科学证据资料后提交，届时委员会将再次审议。事实上，该案未得到大陆架界限委员会认可也在俄罗斯的意料之内。俄罗斯北极研究所所长弗拉基米尔·帕夫连科曾表示，"2001 年的外大陆架申请被驳回是完全合理的，因为俄罗斯为此几乎没有提供任何准确的数据，我们很难期待会有其他结果"②。

此次申请案虽因科学证据不足而以失败告终，但其背后的政治宣示意义远大于实质意义。在全球外大陆架划分这块新"蛋糕"的竞争博弈中，俄罗斯主动出击，率先提交大陆架申请宣示了本国北极大陆架的政策立场。划界案引发了国际社会的强烈反响，尽管遭遇了其他北极国家的反对，但俄罗斯在北极大陆架这场激烈博弈中赢得了战略上的主动，总体上在国际政治舞台对俄罗斯是有利的。此次申请案提交后至今 20 年的北极大陆架竞争现状也证明，俄罗斯已经成为北极外大陆架争端的核心角色。

（二）2013 年关于鄂霍次克海的部分修订申请案

首次申请受挫后的俄罗斯依据大陆架界限委员会的建议，一方面同有关国家开展关于海洋划界的外交谈判；另一方面加大科研力度，为再次提交申请案做积极准备。2013 年 2 月 28 日，俄罗斯向大陆架界限委员会提交了鄂霍次克海部分的修订申请案。俄罗斯此次划界申请是根据大陆架界限委员会对于其 2001 年申请案中涉及鄂霍次克海部分给出的建议而提交的，并非独立的申请案。修订申请案在提交当年即被纳入 7～8 月召开的大陆架界限委员会第 32 届会议议程，并在随后连续两届会议上继续得到审议。

---

① 《公约》第 76 条第 6 款规定，在海底洋脊上的大陆架外部界限不应超过从测算领海宽度的基线量起 350 海里。本款规定不适用于作为大陆边自然构成部分的海台、海隆、海峰、暗滩和坡尖等海底高地。

② 《俄自信大陆架申请能获批要在北极开疆拓土》，新华网，http://www.xinhuanet.com//world/2015-12/05/c_128501119.htm，最后访问日期：2020 年 5 月 21 日。

2013 年 8 月 16 日，时任俄罗斯自然资源和生态部副部长赫拉莫夫在大陆架界限委员会第 32 届会议上作为参会的俄罗斯代表团团长就该案的相关内容向大会作陈述。他专门强调，俄罗斯此次修订申请案不涉及俄罗斯与日本在鄂霍次克海南部的海洋划界争端。① 这成为该划界案得到大陆架界限委员会建议认可的关键因素。日本政府在针对俄此次修订申请案向联合国发出的照会中也未对申请案的划界范围提出异议，只是谨慎地表示该申请案的最终审议建议不应对北方四岛（俄称南千岛群岛）的归属及其专属经济区与大陆架划界造成不利影响。②

经过长达一年多的审议，大陆架界限委员会最终根据俄罗斯修订申请案中提供的科学与技术数据，以及分别于 2013 年 10 月、11 月补充提交的测地学与测海学数据，肯定了俄罗斯提供的大陆坡脚、大陆边外缘等位置信息的科学性与准确性，并在此基础上对俄罗斯划定的 200 海里外大陆架外部界限之各定点的坐标位置表示认可。③ 至此，位于鄂霍次克海中北部 5.2 万平方千米的地块正式成为俄罗斯大陆架的一部分。

（三）2015 年关于北冰洋的部分修订申请案

俄罗斯涉及四大海域的外大陆架争端中具有战略性和全局性影响、意义最为重大的是北冰洋中央海域的外大陆架划界。在 2002 年被大陆架界限委员会"全盘否定"后，俄罗斯在处理其他海域外大陆架争端的同时，把主要力量集中在北冰洋大陆架的科学证据的获取上。俄依托多次大规模的北极

① "Progress of Work in the Commission on the Limits of the Continental Shelf—Statement by the Chair in the Thirty-fourth Session," https：//undocs. org/en/clcs/83，最后访问日期：2020 年 5 月 21 日。

② "Communications Received with regard to the Submission Made by the Russian Federation to the Commission on the Limits of the Continental Shelf from Japan," https：//www. un. org/Depts/los/clcs_new/submissions_files/rus01_rev13/2013_05_23_JPN_NV_UN_001. pdf，最后访问日期：2020 年 5 月 21 日。

③ "Progress of Work in the Commission on the Limits of the Continental Shelf—Statement by the Chair in the Thirty-fourth Session," https：//undocs. org/en/clcs/83，最后访问日期：2020 年 5 月 21 日。

海洋科考，通过十多年的海洋地质研究与地球物理研究，获得了扎实、充分的测深和地震探测数据，甚至还钻探到了年龄约为4.6亿年的坚硬岩层作为有利的科学证据。[①] 2015年8月3日，俄罗斯向大陆架界限委员会提交了关于北冰洋部分海域的200海里外大陆架修订申请案。申请案的准备工作在俄罗斯联邦政府统一部署下由外交部、自然资源和生态部、俄联邦矿产资源局、国防部、航海与海洋事务局、俄罗斯科学院6家单位协作完成。

俄罗斯此次的大陆架主张涉及的北冰洋海域面积达120万平方千米，其中核心问题便是区域范围覆盖北极点的罗蒙诺索夫海岭、门捷列夫海岭是否属于俄罗斯西伯利亚大陆架自然延伸的问题。俄罗斯在修订划界案中，利用大量的大地电磁测深数据和多道反射地震剖面数据对中北冰洋海底周边区域的地形地貌和地球物理场特征进行了分析说明。俄罗斯认为，罗蒙诺索夫海岭、门捷列夫海岭、楚科奇海台以及作为三者分界岭的楚科齐盆地和波德沃德尼科夫盆地在地貌上是连续的，它们共同构成了"中北冰洋海底高地复合体"，且表现出与亚欧大陆相同的地质特征，存在地质学上的相似性与延续性，应当被认定为《公约》第76条规定的作为大陆边缘自然延伸的海底高地，其不但属于俄罗斯西伯利亚大陆架的自然延伸，且不受《公约》规定的"在海底洋脊上的大陆架外部界限不应超过从测算领海宽度的基线量起350海里"的限制。俄罗斯还提供了北冰洋海盆的地质构造演进图、深地震反射剖面等大量的绘图数据，相关岩石实物样本，并制作了北极地壳运动物理模型以证明俄罗斯的大陆架划界主张在科学上经得起检验。申请案最后还详细列出了全部109个200海里外大陆架外部界限各定点的地理坐标。[②]

---

① "Siberian Scientists Prove Russia has Right to Huge Arctic Mineral Resources," The Siberian Times, https://siberiantimes.com/science/casestudy/news/siberian-scientists-prove-russia-has-right-to-huge-arctic-mineral-resources/, 最后访问日期: 2020年5月21日。

② "Partial Revised Submission of the Russian Federation to the Commission on the Limits of the Continental Shelf in respect of the Continental Shelf of the Russian Federation in the Arctic Ocean Executive Summary 2015," https://www.un.org/Depts/los/clcs_new/submissions_files/rus01_rev15/2015_08_03_Exec_Summary_English.pdf, 最后访问日期: 2020年5月21日。

该申请案提交后，在 2016 年召开的大陆架界限委员会第 40 届会议上，俄罗斯组建了以时任俄罗斯自然资源和生态部部长谢尔盖·东斯科伊为团长，包括多名科学顾问在内的强大代表团出席。但大陆架界限委员会拒绝了俄代表团会上提出的同针对本案成立的专门的小组委员会开展会议讨论并对该申请案开始实质审议的请求。① 此后大陆架界限委员会举行了十多次委员会会议，但由于涉及区域的广泛性、利益的复杂性以及科学上的困难性，俄罗斯的此次修订申请案的实质审议均未被列入大会议程。尽管俄罗斯副总理尤里·鲍里索夫曾于 2019 年 10 月自信地表示，在 2020 年 2 月举行的大陆架界限委员会第 52 届会议上对俄罗斯 2015 年的修订申请案的审议将获得重大突破，② 但截至 2020 年 6 月，仍未得到大陆架界限委员会关于此次审议的官方信息。

2015 年关于北冰洋的部分修订申请案是俄罗斯三次外大陆架申请案的核心，是俄罗斯对于北冰洋外大陆架野心的一次全面展示，北冰洋外大陆架的主权权利归属将对俄罗斯的政治、经济、军事产生重要影响。大陆架界限委员会对于此次申请案的审议结果将深刻影响北极的地缘政治形势。随着大陆架油气资源开采相关技术的成熟，北冰洋大陆架所蕴含的石油储量足以对未来的全球能源供应格局产生重要影响。因此，此次俄罗斯关于北冰洋大陆架的部分修订划界案的审议结果值得持续关注。

四　俄罗斯与周边国家200海里外大陆架争端的解决

俄罗斯外大陆架申请案中涉及 4 部分海域，共与 5 国存在划界争端。其中俄罗斯、挪威在巴伦支海的争端已经通过两国的划界协议得到彻底解决。俄罗斯在鄂霍次克海北部海域的外大陆架划界主张已经在大陆架界限委员会

---

① "Progress of Work in the Commission on the Limits of the Continental Shelf—Statement by the Chair in the Fortieth Session," https://undocs.org/en/clcs/93，最后访问日期：2020 年 5 月 21 日。
② 《俄罗斯获得北极大陆架属于自己的新证据》，俄罗斯卫星通讯社网，http://sputniknews. cn/russia/201910181029869003/，最后访问日期：2020 年 5 月 21 日。

作出的建议中得到肯定，日本也对此表示认可。鄂霍次克海南部海域由于涉及俄日两国南千岛群岛的领土主权争端，在两国签订和平条约以前将长期存在。俄罗斯与美国的争端最为复杂，一方面表现在两国在白令海海域存在直接的外大陆架划界争端；另一方面表现在俄罗斯、加拿大、丹麦三国博弈的北冰洋中央海域，美国作为局外人对当事三国的主张均不认可，企图将北冰洋外大陆架争端"搅浑"。

（一）2010年俄罗斯、挪威北冰洋划界条约下巴伦支海外大陆架争端的解决

俄罗斯与挪威在巴伦支海的争端是俄罗斯涉及4个海域的外大陆架争端中唯一得到彻底解决的部分。巴伦支海位于斯堪的纳维亚半岛东北方，是北冰洋陆缘海中面积最大也是地理位置最为优越的一个。[①] 巴伦支海总面积约140万平方千米，其中94%位于大陆架之上。俄挪两国争议海域达17.5万平方千米，该区域不仅是世界上最高产的浅水渔场之一，而且其海底大陆架中蕴藏着丰富的石油和天然气资源。这些海洋资源之争也成为俄挪两国巴伦支海海洋划界和大陆架划界争端背后的主要诱因。

早在1957年苏联和挪威便签订过《挪威和苏联关于划分瓦朗格尔峡湾海域边界的协定》，这是北冰洋海域第一个关于海洋划界的协定。但协议的适用范围未扩展至整个巴伦支海，同时由于当时国际法规定的国家管辖权的范围限于一国领海，协议只划定了两国的领海边界。[②] 1958年第一次联合国海洋法会议通过《大陆架公约》以后，各国开始重视本国的大陆架权利，挪威和苏联分别于1963年和1967年对毗连本国海岸的海床和底土主张主权权利。但由于巴伦支海地理宽度的原因，两国在该海域的大陆架主张发生重叠。1970年进行首次非正式谈判以后，两国于1974年开始了关于巴伦支海

① 埃尔尼：《北大西洋的宠儿——巴伦支海》，《海洋世界》2016年第2期，第24~25页。
② 匡增军：《2010年俄挪北极海洋划界条约评析》，《东北亚论坛》2011年第5期，第47~55页。

大陆架划界问题的正式谈判。[①] 1977 年，苏挪两国又相继提出了各自在巴伦支海专属经济区的主张，谈判内容便超出了最初的大陆架划界的范围，谈判难度由此升级。[②] 由于巴伦支海是苏挪两国的传统渔区，事关渔民生计，出于经济上的考量，两国在 1978 年签署了一系列的渔业合作协定，协定虽未解决该海域的法律归属争议，但两国本着搁置争议、共同开发的原则，实现了经济上的共赢。[③]

与专属经济区的渔业问题不同，大陆架问题拥有更高的政治敏感度，一方面大陆架涉及海底油气资源的开发，其背后的经济价值远非渔业捕捞可比；另一方面传统观念中对于土地的主权属性相较于海洋要更高，更难作出妥协。数十年间，两国在大陆架划界问题上互不相让，毫无实质进展，根本原因在于两国在划界原则上大相径庭。挪威主张适用 1958 年《大陆架公约》第 6 条第 2 款中规定的"等距离/中间线 + 特殊情况"规则，即以与测算两国领海宽度之基线的最近点距离相等之各点所构成的线作为分界。而苏联在谈判中坚持主张适用其 1926 年提出的扇形原则进行划界，即以苏联国界的最东与最西的两端界线为腰、以极点为圆心、以东西海岸线为底而构成的全部空间为苏联的管辖范围。[④] 两国"谈谈停停"几十年，虽然经过多轮谈判双方在争议较小的海域部分达成一致，在资源开发上也实现了很多合作，但双方在划界方法立场上的根本分歧致使两国始终无法达成彻底的划界协议，尤其是在争端最为复杂的巴伦支海南部海域更是未取得任何实质性进展。

挪威与俄罗斯分别于 1996 年和 1997 年加入了《公约》，随后两国又分别在 2006 年和 2001 年向大陆架界限委员会递交了 200 海里外大陆架的划界

① Tore Henriksen, Geir ulfstein. , "Maritime Delimitation in the Arctic: The Barents Sea Treaty," *Ocean Development and International Law* 42 (2011)。

② Øystein Jensen, "Current Legal Developments: The Barents Sea," *The International Journal of Marine and Coastal Law* 26 (2011) .

③ Irene Dahl, "Maritime Delimitation in the Arctic: Implications for Fisheries Jurisdiction and Cooperation in the Barents Sea," *The International Journal of Marine and Coastal Law* 30 (1), (2015): 120 - 147.

④ 袁雪、童凯:《俄挪巴伦支海争端协议解决模式分析及其启示》,《国际法研究》2018 年第 2 期，第 115 ~ 128 页。

申请。两国申请案中涉及巴伦支海的大陆架主张存在大面积的重叠，划界案提交后，双方以外交照会的方式迅速回应，但均未针对对方具体的划界范围提出实质意见，仅指出大陆架界限委员会不应对该海域涉及的大陆架划界案进行审议，划界将由两国通过协议的方式解决。① 事实上，俄挪两国针对巴伦支海向大陆架界限委员会提交申请案的象征意义大于实际意义，双方从未寄希望于大陆架界限委员会发挥作用。根据《议事规则》附件一第 5 款第 a 项的规定，除非当事国一致同意，大陆架界限委员会不应就已存在陆地或海洋争端区域的划界案进行审议。大陆架界限委员会对于两国的划界申请分别于 2002 年 6 月②和 2009 年 3 月③作出正式建议。两次建议在主要内容上基本一致，大陆架界限委员会原则上认同俄挪两国主张的巴伦支海及其毗邻的北冰洋的海底为大陆架，建议两国继续谈判，并在划界协定生效后提交标明 200 海里以外大陆架分界线走向的地理坐标清单和海图。

　　俄挪两国向大陆架界限委员会提交申请案并未影响两国的划界谈判进程。两国先是于 2007 年 7 月签署了《俄罗斯联邦与挪威王国政府关于瓦朗格尔峡湾海洋划界协定》，对 1957 年的协定进行了修改，并明确在跨界碳氢化合物开发上采取相互协作原则。④ 2010 年 4 月，时任俄罗斯总统梅德韦杰夫在访问挪威期间，与时任挪威首相斯托尔滕贝格共同宣布俄挪已就巴伦支海划界问题达成协议，两国议会于一年内分别批准了该条约。⑤

---

① "Norway: Notification Regarding the Submission Made by the Russian Federation to the Commission on the Limits of the Continental Shelf," https://www.un.org/Depts/los/clcs_new/submissions_files/rus01/CLCS_01_2001_LOS__NORtext.pdf，最后访问日期：2020 年 5 月 21 日。

② "Statement by the Chairman of the Commission on the Limits of the Continental Shelf on the Progress of Work in the Commission in the Eleventh Session," https://undocs.org/en/clcs/34，最后访问日期：2020 年 5 月 21 日。

③ "Statement by the Chairman of the Commission on the Limits of the Continental Shelf on the Progress of Work in the Commission in Twenty-third Session," https://undocs.org/en/clcs/62，最后访问日期：2020 年 5 月 21 日。

④ A. Moe, "Russian and Norwegian Petroleum Strategies in the Barents Sea," *Arctic Review*, Vol. 1, No. 2, Oct. 2010.

⑤ "Russia and Norway Resolve Arctic Border Dispute," https://www.theguardian.com/world/2010/sep/15/russia-norway-arctic-border-dispute，最后访问日期：2020 年 5 月 21 日。

俄挪两国划界协议的签署、生效为俄挪两国时断时续、长达 40 年的海洋划界谈判画上了圆满的句号。通过一条单一的海洋界线"一揽子解决"了两国在巴伦支海的专属经济区与大陆架划界纷争。俄挪划界协议的达成为两国在经济上开发利用这一区域的油气资源扫除了政治障碍，也体现了通过外交谈判解决外大陆架划界争端的可行性，为其他外大陆架争端的解决提供了借鉴。

（二）部分申请案方式下俄罗斯与日本关于鄂霍次克海北部海域外大陆架争端的解决

俄罗斯针对鄂霍次克海北部海域的外大陆架申请案是唯一一次得到大陆架界限委员会正面建议的申请案。俄日关于鄂霍次克海的外大陆架争端本质上是两国南千岛群岛领土主权争端的衍生品。这也决定了该海域外大陆架划界争端的高度复杂性与政治敏感性。俄日南千岛群岛争端是二战历史遗留问题，二战之前俄日曾签订条约确定南千岛群岛为日本领土。二战后根据《雅尔塔协定》由苏联占领，苏联解体后俄罗斯作为继承国实际控制了南千岛群岛。两国围绕这一问题的争端达半个世纪之久。两国虽然均表示了签订和平条约的意愿，但进展极其缓慢，俄罗斯政府多次表示双方存在根本分歧，两国争端的解决还需要长期耐心的工作。① 当前，国际社会普遍认为俄日距离最终解决领土争端还有很长的路要走，短期内不可能得到彻底解决。

2001 年俄罗斯提交的划界案中关于鄂霍次克海南部海域的部分招致日本的强烈反对。2002 年 2 月 25 日，俄罗斯提交划界案两个月后，日本小泉纯一郎政府通过其常驻联合国代表团照会时任联合国秘书长科菲·安南，转交了日方的立场文件。日本认为，俄罗斯在划界案中对作为划定 200 海里外大陆架外部界限各定点起算标准的领海基线的确定所依据的齿舞、色丹、国后、择捉四岛与日方存在领土主权争端。根据《议事规则》第 45 条以及附

---

① 《俄罗斯不急于和日本签和平条约提"绝对条件"》，新华网，http：//www. xinhuanet. com/world/2019－02/18/c_1210061271. htm，最后访问日期：2020 年 5 月 21 日。

件一第 2 款的规定,鉴于日俄两国既没有解决这四岛的主权争端,也没有就鄂霍次克海大陆架划界提交大陆架界限委员会达成一致意见,因此大陆架界限委员会在程序上不应对该案涉及鄂霍次克海的外大陆架部分进行审议,且不得在委员会的建议或者其他任何官方文件中援引俄方在划界案中提供的涉及上述事实争议的海图。① 事实上,根据《公约》以及《议事规则》的规定,存在主权争端海域的大陆架划界只能在两国达成划界协议或者两国未达成划界协议但同意将争端区域涉及的大陆架争端提交大陆架界限委员会时,委员会才能作出正式的建议。因此,大陆架界限委员会在涉及鄂霍次克海部分的建议中也基本同日本照会的意见一致。但国际社会普遍认为采取这两种方式解决争端的政治基础并不存在,鄂霍次克海南部海域涉及日俄争议的争端短期内没有达成协议的可能。

俄罗斯提交首份申请案后,在各国申请案的国际实践中,越来越多的国家开始依据《议事规则》附件一第 3 款②,采取部分申请案的方式灵活解决本国外大陆架的划界问题,目前已提交委员会的 85 个独立划界案中,部分划界案的数量达到 40 个;6 个修订划界案中,部分划界案占 5 个。③ 在部分申请案已经成为划界案趋势的背景下,俄罗斯在 2013 年的修订申请案中,未将外大陆架划界诉求扩展至全部鄂霍次克海,而是限于俄日不存在主权争议的鄂霍次克海北部海域,日本政府在针对俄此次修订划界案向联合国发出的外交照会中未对本部分修正案中具体的划界内容表示反对。④ 最终位于鄂

① "Japan: Notification Regarding the Submission Made by the Russian Federation to the Commission on the Limits of the Continental Shelf," https://www.un.org/Depts/los/clcs_new/submissions_files/rus01/CLCS_01_2001_LOS__JPNtext.pdf, 最后访问日期: 2020 年 5 月 21 日。

② 《大陆架界限委员会议事规则》附件一第 3 款: 虽有《公约》附件二第 4 条规定的 10 年期间,沿海国可以就其一部分的大陆架提出划界案,以避免妨害在大陆架其他部分划定国家间边界的问题,有关大陆架其他部分的划界案可以在以后提出。

③ 统计自 CLCS 官网, https://www.un.org/Depts/los/clcs_new/commission_submissions.htm。

④ "Communications Received with regard to the Submission Made by the Russian Federation to the Commission on the Limits of the Continental Shelf from Japan," https://www.un.org/Depts/los/clcs_new/submissions_files/rus01_rev13/2013_05_23_JPN_NV_UN_001.pdf, 最后访问日期: 2020 年 5 月 21 日。

霍次克海北部海域 5.2 万平方千米的地块得到大陆架界限委员会建议的认可，正式成为俄罗斯大陆架的一部分。

事实上，由于外大陆架主权权利的获得高度依赖科学证据，而科学证据的获得则依托于大量的科学考察，不同区域的地质地貌千差万别，整体上摊子铺得过大势必会对一国的科研、财政带来较大的压力，影响科学证据的质量。同时在大陆架界限委员会审议程序层面，部分申请案涉及的科学数据较少，审议难度较低，委员会作出建议的时间通常也较短。各国可通过部分申请案的方式，"分而击之"，从而提高申请案得到大陆架界限委员会认可的成功率，这也是委员会所鼓励的。

（三）俄美白令海外大陆架争端性质的转变

2001 年外大陆架划界申请案中关于白令海的部分，俄罗斯选择了对俄不利，但未对俄正式生效的俄美间《谢瓦尔德纳泽－贝克三角条约》为基础，美国在外交回应中对该划界方案的内容表示了欢迎，但就该协议当前仅对俄罗斯"临时适用"的问题提出了质疑，实质上向俄罗斯传达了"只要协议生效，争端自会解决"的意思。

1867 年沙皇俄国通过《割让俄国北美领地的条约》将阿拉斯加转让给美国，并正式划定了两国的陆上边界。[1] 但 20 世纪以来，随着人类对海洋利用、开发能力的提高，海洋权利的范围和内容开始发生变化。尤其是 1958~1982 年三次联合国海洋法会议的召开，通过一系列的国际条约，突破了传统国际法对海洋"领海外即公海"的二分法，逐渐确立了领海、专属经济区和大陆架等国际海洋法制度。俄美两国对因阿拉斯加而产生的海洋边界问题开始争执不下。从 1977 年开始经过双方多次谈判，时任苏联外长爱德华·谢瓦尔德纳泽与时任美国国务卿詹姆斯·贝克于 1990 年 6 月签署

① United States. Treaty Concerning the Cession of the Russian Possessions in North America by His Majesty the Emperor of All the Russias to the United States of America: Concluded March 30, 1867. Ratified by the United States May 28, 1867. Exchanged June 20, 1867. Proclaimed by the United States June 20, 1867. Yale University Press, 1867.

了关于划分白令海的《美利坚合众国与苏维埃社会主义共和国联盟之间的海洋边界协定》（又称《谢瓦尔德纳泽－贝克三角条约》）。①

1990年正值苏联解体前内外交迫的困难时期，戈尔巴乔夫开展"新思维外交"②，在对美关系上，采取前所未有的妥协退让政策，幻想得到西方对苏联的好感与经济援助，在这一背景下，该划界协议对苏联明显不利，7/10的海域划归美国。③ 协议经双方外长签订后，"占了大便宜"的美国在参议院中以压倒性多数高票通过了该协议。而"吃了大亏"的苏联直至其解体也未得到最高苏维埃的批准，苏联解体后俄罗斯国家杜马就该协议多次进行审议，但至今仍未批准。但协议签署当天，两国外长通过互换照会的方式约定：自1990年6月15日起协议以"暂时适用"的形式生效，直至条约经双方立法机关批准后正式生效，因此该条约一直以"临时适用"的性质适用至今。严格意义上讲，俄美在白令海的海洋划界争端仍然悬而未决。④

俄罗斯在2001年的申请案中使用了这一未正式生效的条约，美国在照会中表示俄方此举在满足双方稳定预期上符合两国的共同利益，但同时也指出该协议至今仍未得到俄罗斯国家杜马批准的事实。⑤ 美国在外交照会中就北冰洋大陆架的部分提出了大量的科学和技术方面的实质性问题，但在涉及白令海的部分只字未提，可见美国对于俄罗斯2001年划界案中关于白令海的大陆架界限范围是表示认可的，实质上美国通过照会向俄传达了"只要协议生效，争端自会解决"的立场。白令海域外大陆架争端的解决事实上

---

① "Agreement between the United States of America and the Union of Soviet Socialist Republics on the Maritime Boundary, 1 June 1990." United Nations, 1999.

② 王捷、杨玉文、杨玉生、王明主编《第二次世界大战大词典》，华夏出版社，2003，第55页。

③ Alex Oude Elferink, and E. Shevardnadze, "The 1990 USSR-USA Maritime Boundary Agreement," *International Journal of Estuarine and Coastal Law* 6 (1), (1991): 41–52.

④ Vlad M. Kaczynski, "US-Russian Bering Sea Marine Border Dispute: Conflict over Strategic Assets, Fisheries and Energy Resources," *Russian Analytical Digest* 20 (2007): 2–5.

⑤ "United States of America: Notification Regarding the Submission Made by the Russian Federation to the Commission on the Limits of the Continental Shelf," https: //www. un. org/Depts/los/clcs_new/submissions_files/rus01/CLCS_01_2001_LOS__USAtext. pdf, 最后访问日期：2020年5月21日。

已经取决于俄罗斯国家杜马是否会批准《谢瓦尔德纳泽－贝克三角条约》。但俄罗斯国内对该条约对俄之利弊仍未达成共识，国内关于停止履行该条约的声音一直存在。面对美国抛出的这支"带刺的玫瑰"，对俄罗斯而言，俄美白令海外大陆架争端的解决本质上已经转变为一个棘手的国内政治问题。

（四）三国激烈博弈的北冰洋中央海域前景尚不明朗

在全部涉及4个海域的外大陆架划界案中，俄罗斯最为看重，同时难度最大的是北冰洋中央海域的部分。罗蒙诺索夫海岭和门捷列夫海岭为该部分的争议焦点。作为北冰洋仅有的两大海岭，俄罗斯与加拿大、丹麦在该海域存在大面积的权利主张重叠，且三国均声称延伸至北极点的罗蒙诺索夫海岭为本国大陆架的一部分。但美国认为在地质学上罗蒙诺索夫海岭和门捷列夫海岭并非任何国家大陆的自然延伸，因此不能被认定为任何一国的大陆架。俄罗斯与加拿大、丹麦三国博弈的同时，美国作为"局外人"的参与让北冰洋中央海域的大陆架划界前景更加不明朗。

丹麦成为北极外大陆架争夺战当事人是因为作为丹麦属地的格陵兰的存在。虽然格陵兰已经成为一个内政完全独立，只有防务、外交事务暂由丹麦代管的过渡性政治实体，面积也不计算在丹麦领土范围内，但它并不是一个国际法意义上的主权国家。① 丹麦依托格陵兰作为其实施北极战略的基石，在北极外大陆架划界争夺中成为俄罗斯的重要对手。2001年俄罗斯提交划界案后，丹麦在外交照会中表示俄划界案中具体位置信息的确定及其对格陵兰所属大陆架会造成何种影响尚需进一步的科学数据支撑。② 在俄申请案的刺激下，第二年由丹麦科技创新部会同法罗群岛自治政府与格陵兰自治政府共同启动了相关海域地震测深数据的收集与分析工作，为其本国提交申请案

① 肖洋：《格陵兰：丹麦北极战略转型中的锚点？》，《太平洋学报》2018年第6期，第78～86页。

② "Denmark：Notification Regarding the Submission Made by the Russian Federation to the Commission on the Limits of the Continental Shelf," https：//www.un.org/Depts/los/clcs_new/submissions_files/rus01/CLCS_01_2001_LOS__USAtext.pdf，最后访问日期：2020年5月21日。

做准备。2004 年批准加入《公约》以后，丹麦科考进入快车道，借助破冰船多次在格陵兰周边海域开展海洋地质调查并不断取得重要科研数据。丹麦在 2009 年首先提交了其海外自治领地法罗群岛北部的外大陆架申请案后，于 2012 年、2013 年和 2014 年连续三年分别就格陵兰南部、东北部、北部外大陆架向大陆架界限委员会分别提交了三次划界申请。丹麦也因此成为北极国家中提交外大陆架申请案次数最多的国家。① 其中在 2014 年的关于格陵兰北部的申请案中对包括北极点在内的整个罗蒙诺索夫海岭，共计 89.5 万平方千米的区域提出了外大陆架权利主张，与俄罗斯在北冰洋中央海域的外大陆架申请存在大面积重叠。丹麦认为，从罗蒙诺索夫海岭获得的岩石样本以及海洋地质与地球物理数据充分表明该海岭同格陵兰地质构造相似，属于格陵兰陆地领土向北的自然延伸。②

北冰洋外大陆架争夺战的另一位主角是加拿大。加拿大是最早就俄罗斯 2001 年申请案向联合国秘书长发出外交照会的国家。③ 鉴于当时科学数据的缺乏，加拿大政府未对俄划界案发表实质性意见，但同时表示其上述态度并不代表对俄罗斯划界案的默许或认可。④ 加拿大政府 2003 年正式成为《公约》缔约国后迅即启动了大西洋和北冰洋外大陆架申请案的准备工作。2006~2016 年 10 年间，加拿大共开展了 17 次大规模的北极科考，为申请案做了大量扎实、详尽的基础科研工作，集中完成了北冰洋申请案所需要的相关区域的海底地质调查。2019 年 5 月，加拿大继 2013 年提交关于大西洋

---

① 统计自 CLCS 官网，https：//www.un.org/Depts/los/clcs_new/commission_submissions.htm，最后访问日期：2020 年 5 月 21 日。

② "Partial Submission of the Government of the Kingdom of Denmark together with the Government of Greenland to the Commission on the Limits of the Continental Shelf—The Northern Continental Shelf of Greenland—Executive Summary," https：//www.un.org/Depts/los/clcs_new/submissions_files/dnk76_14/dnk2014_es.pdf，最后访问日期：2020 年 5 月 21 日。

③ "Reaction of States to the Submission Made by the Russian Federation to the Commission on the Limits of the Continental Shelf," https：//www.un.org/Depts/los/clcs_new/submissions_files/submission_rus.htm，最后访问日期：2020 年 5 月 21 日。

④ "Canada：Notification Regarding the Submission Made by the Russian Federation to the Commission on the Limits of the Continental Shelf," https：//www.un.org/Depts/los/clcs_new/submissions_files/rus01/CLCS_01_2001_LOS__USAtext.pdf，最后访问日期：2020 年 5 月 21 日。

外大陆架申请后，再次提交了关于北冰洋中央海域的外大陆架申请。申请案的焦点是俄罗斯、丹麦、加拿大三国权利主张高度重叠的罗蒙诺索夫海岭的归属问题，与俄罗斯和丹麦不同，加拿大在申请案中未将大陆架权利延伸至整个罗蒙诺索夫海岭。尽管如此，还是涵盖了包括北极点在内的北冰洋海底120万平方千米的区域。加拿大也成为继俄罗斯和挪威后，第三个在国际法上通过200海里外大陆架划界申请案正式对北极提出主权权利主张的国家。加拿大向大陆架界限委员会提交的申请文书达2100页之巨，其中包括大量的沉积岩厚度数据、海底地质构造数据以及对北极冰川运动的监测与分析数据，来证明包括罗蒙诺索夫海岭、门捷列夫海岭在内的中北冰洋海台为加拿大陆地向北冰洋的自然延伸，申请案还提供了十分详细的位于加拿大海盆与阿蒙森海盆两处共计877个加拿大主张的外大陆架外部界限各定点的地理坐标数据。① 加拿大始终致力于成为对北极事务有重要影响的"北极超级大国"②，其在北冰洋海域同俄罗斯关于罗蒙诺索夫海岭归属的争夺将是国际社会观察北极外大陆架划界形势的风向标。

　　美国在北冰洋中央海域外大陆架争夺中身兼"局外人"与"搅局者"两种身份。事实上美国在北极的地理位置决定了其在北冰洋获得外大陆架权利没有地缘优势。但美国是北极大陆架划界争端中最为积极的参与者，在俄罗斯、加拿大、丹麦关于北冰洋中央海域提交的4份划界申请案中，美国全都发出照会，同时还是所有照会中唯一一个就实质科学与技术问题发表意见的国家。美国在2002年就俄罗斯首次申请案提交的照会中指出，俄案中涉及北冰洋的部分存在重大科学瑕疵。关于门捷列夫海岭，美国认为北冰洋海床的地质研究结果表明该海岭是北冰洋美亚海盆大洋地壳上由于火山活动而后期形成的火山洋脊。航空磁测数据和海洋测深数据均表明，该洋脊虽横穿

---

① "Partial Submission of Canada to the Commission on the Limits of the Continental Shelf Regarding Its Continental Shelf in the Arctic Ocean—Executive Summary，" https：//www. un. org/Depts/los/clcs_ new/submissions_files/can1_84_2019/CDA_ARC_ES_EN_secured. pdf，最后访问日期：2020 年 5 月 21 日。

② 《加拿大外长称加是"北极超级大国"》，人民网，http：//world. people. com. cn/GB/1029/42355/9557991. html，最后访问日期：2020 年 5 月 21 日。

整个北冰洋，但其特有的地质特征至大陆边缘便戛然而止，与亚欧大陆的地质特征不存在地质学上的相似性和延续性，不属于同一地质类型，该海底并非亚欧大陆向北冰洋的自然延伸，因此不属于包括俄罗斯在内的任何国家的大陆架。对于罗蒙诺索夫海岭，美国也指出，该海岭是北冰洋海盆独立的地质类型，并非亚欧大陆的自然延伸，也不属于俄罗斯或任何其他国家。①

通过美国对俄罗斯照会的内容我们发现，美国在北冰洋大陆架问题上并非专门打压俄罗斯而支持作为其政治盟友的、提出同样权利主张的丹麦与加拿大，美国在北冰洋中央海域外大陆架问题上不支持任何一方，因为任何一方对该海域外大陆架权利的获得都将成为美国的心头之患，会严重蚕食美国在北极的利益。因此，美国会不遗余力地通过各种手段阻碍包括俄罗斯在内的各国获得北极大陆架权利。

五　结语

北极外大陆架是俄罗斯在北极地缘政治争夺中占据有利位置的重要筹码，也是俄罗斯突破国内经济发展困境、实现国家复兴的重要突破口。纵观俄罗斯自2001年提交首份划界申请案至今外大陆架划界争端解决的历史，俄罗斯一方面依据《公约》第76条，强化科学与技术数据的收集，进而通过向大陆架界限委员会提交划界申请并得到正面建议的方法，划定了鄂霍次克海北部海域外大陆架的外部界限；另一方面，依据《公约》第83条，俄罗斯通过与存在外大陆架主张重叠的争端当事国达成海洋划界协议的方法解决了同挪威在巴伦支海的外大陆架划界问题。俄罗斯在本国的外大陆架划界实践中，灵活运用两种方式实现了本国利益最大化，取得了比较理想的划界结果。但在俄罗斯最为看重的北冰洋中央海域，各方利益交织，权利主张相

---

① "United States of America: Notification Regarding the Submission Made by the Russian Federation to the Commission on the Limits of the Continental Shelf," https://www.un.org/Depts/los/clcs_new/submissions_files/rus01/CLCS_01_2001_LOS_USAtext.pdf, 最后访问日期：2020年5月21日。

互重叠，划界形势日益复杂，前景尚不明朗。

依据大陆架界限委员会的程序性规则，除非得到争端当事国的同意，否则大陆架界限委员会不应审议涉及划界争端的申请案。① 因此，如果在一方提交划界申请案后争端当事国表示反对，大陆架界限委员会将无法开展实质审议，俄罗斯、丹麦、加拿大三国关于北冰洋外大陆架的争端就会陷入"永远在解决中，却永远无法解决"的死循环。事实上，这也是北冰洋中央海域外大陆架争端三国极力避免出现的情况，从俄罗斯、丹麦、加拿大提交申请案后各争端当事国的反应来看，在外大陆架问题上环北冰洋各国已经就互不反对对方将北冰洋海域外大陆架问题提交大陆架界限委员会并由委员会开展实质审议达成一致意见。在加拿大 2019 年提交的关于北冰洋外大陆架申请案的执行摘要中，甚至公开了部分其在申请案提交前就此次申请案分别同丹麦、俄罗斯以及美国开展多次外交协商的内容，② 这反映了北冰洋沿岸各国共同排斥区域外国家干涉的倾向，企图通过"区域化"达到"去国际化"的目的。③

在这样的背景下，各国申请案进入实质审议阶段已经不存在障碍。科学证据就成为能否获得外大陆架权利的关键。谁掌握了更加可信、充分的科学证据，谁就能在外大陆架划界之争中赢得更高的胜算。海洋地质学与地球物理学证据的获得基于大量的实地科学考察，这对于一国的科技水平与经济实力提出了很高的要求，是对一国综合国力的巨大考验。北冰洋海域的外大陆架之争实质上已经成为俄罗斯、丹麦、加拿大三国间科技实力与综合国力的竞争。虽然三国均已经提交申请案，但是大陆架界限委员会在审议过程中有

---

① 《议事规则》附件一第 5 款的规定，如果已存在陆地或海洋争端，大陆架界限委员会不应审议和认定争端任一当事国提出的划界案。但在争端所有当事国事前表示同意的情况下，大陆架界限委员会可以审议争端区域内的一项或多项划界案。

② "Partial Submission of Canada to the Commission on the Limits of the Continental Shelf regarding its Continental Shelf in the Arctic Ocean—Executive summary," https: //www. un. org/Depts/los/clcs_ new/submissions_ files/can1_84_2019/CDA_ARC_ES_EN_secured. pdf，最后访问日期：2020 年 5 月 21 日。

③ 匡增军：《俄罗斯的北极战略》，社会科学文献出版社，2017，第 141 页。

权要求各沿海国补充提交相关科学证据，^① 因此各国当前仍在继续加紧科学证据的收集。

俄、加、丹三国在北冰洋外大陆架划界问题上的"一致对外"的确会加速北极外大陆架争端的解决，但该做法也必然会对域外国家与国际社会的利益造成损害。北冰洋海域200海里外大陆架外部界限的划定不单纯是北极国家的"家事"，由于大陆架的外部界限即为国际海底区域的边界，二者是此消彼长的关系，划界结果将直接决定作为"人类共同继承财产"的国际海底区域的范围的大小，最终影响世界各国依《公约》在国际海底区域享有的包括科研、勘探开发并获取收益等在内的各项权利。与此同时，由于《公约》第246条赋予了沿海国自行决定是否允许他国在其本国专属经济区内和大陆架上开展海洋科学研究的权利，^② 一旦包括北极点在内的北冰洋海底区域被划为一国或多国的大陆架，中国在北冰洋海域开展水下科考将受到前所未有的限制。因此，北冰洋海域200海里外大陆架划界结果关乎包括中国在内的所有非北极沿岸国的切身利益，国际社会应对该问题给予足够的重视。

---

① 《议事规则》附件三第10条第1款规定，在审查的任何阶段，如果小组委员会断定需要进一步的数据、资料或澄清，小组委员会主席应请沿海国提供这种数据或资料，或作出澄清。请求应以确切技术用语表述，并通过秘书处转递。必要时，秘书处将翻译所提请求和问题。应在沿海国与小组委员会商定的时间内，根据请求提供数据、资料或澄清。

② 《公约》第246条第2款规定，在专属经济区内和大陆架上进行海洋科学研究，应经沿海国同意。

B.14
加拿大联邦大选折射其北极政策走向

朱刚毅　郭培清*

摘　要： 2019 年加拿大联邦大选前出台的《北极与北方政策框架》全方位展示了加拿大对北极地区的规划，将成为联邦政府至 2030 年的北极活动的重要指导。联邦大选最终以小特鲁多领导的自由党组成少数党政府告终，新一届内阁成员任命显示了联邦政府对北极事务重视程度的提升，但同时，政党间博弈、联邦与地方政府的博弈都将对北极政策的实施产生一定影响。此外，加拿大政府对俄罗斯北极军事活动的警惕以及对北美防空司令部的现代化建设，也成为其北极安全政策的重要内容。本文以《北极与北方政策框架》为基础，梳理此次大选后加拿大在内政和外交上围绕北极事务的重要议题，探析其北极政策走向。

关键词： 加拿大大选　北极政策　北极外交

从地理上看，加拿大是典型的北极大国。加拿大的北极地区主要包括育空地区、西北地区和努纳武特地区，三者的面积占加拿大国土面积的 39.3%。①

---

* 朱刚毅，女，中国海洋大学国际事务与公共管理学院硕士研究生；郭培清，男，中国海洋大学国际事务与公共管理学院教授、博士生导师。

① "Land and Freshwater Area, by Province and Territory," https：//web. archive. org/web/20110524063547/http：//www40. statcan. gc. ca/l01/cst01/phys01 - eng. htm，最后访问日期：2020 年 4 月 1 日。

加拿大北极地区资源丰富，但脆弱的生态环境与高昂的成本使该地区的开发程度不高，当地居民仍较为贫困，依靠加拿大联邦政府的大量补贴生活。2016 年，小特鲁多（Justin Trudeau）政府暂停了北极水域的近海油气开发，令加拿大在北极开发方面更加落后于其他北极国家。在各方的呼声中，《北极与北方政策框架》（Canada's Arctic and Northern Policy Framework）最终于小特鲁多政府两届任期之交出台，并取代 2009 年前后颁布的《北方战略文件》和《加拿大北极外交政策声明》，成为加拿大政府开发与保护北极的全新风向标。

一 加拿大新北极政策内容

2019 年 9 月 10 日，在加拿大联邦大选的前一天，小特鲁多政府在政府网站公布了新的《北极与北方政策框架》。[①] 上次联邦大选后不久，小特鲁多政府曾承诺出台新的《北极与北方政策框架》，但该文件最终历时近 4 年才出炉。从出台过程来看，《北极与北方政策框架》显示了自由党政府强调的尊重原住民以及与原住民"合作伙伴"共同制定政策的理念，由加拿大联邦政府协调了众多参与方共同编写，超过 25 个原住民组织以及努纳武特地区、西北地区、育空地区、曼尼托巴省、魁北克省和纽芬兰-拉布拉多省的政府都参与了这一过程。[②] 但其出台过程也暴露了加拿大北极治理中的不足，即联邦政府难以在涉及北极事务的诸多团体之间达成共识。这份文件是各参与方撰写自己部分的章节，然后加以拼接。正如《北极与北方政策框架》文件明确表示的："虽然北极与北方政策框架各章节是整体的一部分，但不一定反映联邦政府或其他合作伙伴的观点。"[③] 因此，剖析《北极与北

---

① "Canada's Arctic and Northern Policy Framework," https：//www. rcaanc - cirnac. gc. ca/eng/1567697304035/1567697319793，最后访问日期：2020 年 4 月 1 日。

② "Canada's Arctic and Northern Policy Framework," https：//www. rcaanc - cirnac. gc. ca/eng/1567697304035/1567697319793，最后访问日期：2020 年 4 月 1 日。

③ "Canada's Arctic and Northern Policy Framework," https：//www. rcaanc - cirnac. gc. ca/eng/1567697304035/1567697319793，最后访问日期：2020 年 4 月 1 日。

方政策框架》既有助于理解加拿大国内对北极事务的普遍共识，也有利于了解各方的意见分歧，更准确地把握加拿大北极政策走向。

整体上看，《北极与北方政策框架》列出了八个优先领域。这八个优先领域分别为：培育健康家庭与社区；加大在能源、交通和通信基础设施建设等北极和北方地区居民需要的领域的投资；创造就业机会，推动创新以及发展北极和北方地区经济；支持有益于社区居民和政策制定的科学研究和知识获取；正视气候变化的影响，支持建立健康的北极和北方生态系统；确保北方和北极居民的安全；恢复加拿大北极事务全球领导者的地位；推进和加强与原住民民族和非原住民民族的关系。

（一）促进北极地区经济

长期以来，加拿大北极原住民面临着住房短缺、贫困饥饿等社会问题，并由此引发教育差距和健康问题。促进北极地区经济发展正是解决这些社会问题的重要途径。在《北极与北方政策框架》中，呼声较大的开放北极油气资源开发未被提及，加拿大联邦政府聚焦于发展清洁行业，如渔业、旅游业、文化产业等，以及促进北极地区的基础设施建设，从而为人员流动和货运、对外联络等提供保障。

在基础设施方面，加拿大联邦政府正在通过"国家贸易走廊基金"，投入 7170 万加元用于 4 个努纳武特的运输项目，包括 Grays Bay 公路和港口项目以及 Rankin Inlet 机场航站楼扩建。在西北地区，2019 年加拿大联邦预算将西北部 Taltson 水电站扩建确定为优先基础设施项目，计划开始筹资。在这一政策指导下，北极基础设施正在不断增加。尽管《北极与北方政策框架》本身没有设立专项资金，但 2020 年 2 月 12 日，加拿大新任北方事务部部长 Dan Vandal 访问努纳武特时，对人们担忧的资金问题作出了回应："北极与北方政策框架的实施可能意味着渥太华将必须为努纳武特地区投入更多的资金。"他强调自由党政府曾于 2017 年发布国家住房战略，承诺 10 年共支付 2.4 亿加元用于社会保障性住房。此外，加拿大联邦政府承诺将向努纳武特创伤康复中心投资至少 4750 万加元，并在 5 年内每年支付 950 万加元的运营成本。① 2020 年 3 月 12 日，努纳武特的北极湾新电厂已获批，其将集成可再生能源，在 2023 年前进行建设。②

除了住房和电力等基本需求，互联网在北极的紧急通信中也十分重要。《北极与北方政策框架》承诺将致力于为偏远社区联通高速互联网，这也促进了加拿大各界切实地讨论投资北极。2020 年 1 月，加拿大互联网注册管理局（Canadian Internet Registration Authority）开始为"改善加拿大互联网的健康和质量"项目募集资金，资金将优先用于有利于学生、北方地区、农村和原住民社区的项目。③ 2020 年 2 月 5 日，加拿大基础设施银行与努纳武特 Kivalliq 地区签署了一份谅解备忘录，该项目旨在将水力发电和宽带光缆引入努纳武特。同一时间，有政治家、银行家、商人和原住民等各界广泛参与的 Arctic360 会议在多伦多举行，集中讨论了北方地区的经济发展潜力以及吸引大量投资者的需求。④

在促进北极地区经济发展的过程中，加拿大政府重视资金多元化，一直以来，联邦政府被认为是加拿大北极发展的重要资金支撑。《北极与北方政策框架》表示，国际贸易和外国投资也是促进经济增长的重要因素，强调充分利用现有的和新的自由贸易协定所带来的出口机会，吸引外国直接投资的同时，要确保加拿大的国家安全利益，同时还强调要就资源和基础设施项目与原住民进行有意义的协商。这显示了加拿大在未来将开展更多以原住民为核心的国际贸易。2020 年 2 月 13 日，北美因纽特商业代表组成了一个国

---

① Jim Bell, "Northern Affairs Minister Hints at More Housing Money for Nunavut," https：//nunatsiaq. com/stories/article/northern－affairs－minister－hints－at－more－housing－money－for－nunavut/，最后访问日期：2020 年 4 月 1 日。

② Emily Blake, "New Power Plant Approved for Arctic Bay," https：//www. cbc. ca/news/canada/north/new－power－plant－approved－arctic－bay－1. 5494763，最后访问日期：2020 年 4 月 1 日。

③ Emma Tranter, "To Improve Internet in Northern Canada, ＄1 Million is up for Grabs," https：//www. arctictoday. com/to－improve－internet－in－northern－canada－1－million－is－up－for－grabs/，最后访问日期：2020 年 4 月 1 日。

④ Meagan Deuling, "Toronto's Arctic360 Conference Aims to Bring the Big Money North," https：//nunatsiaq. com/stories/article/torontos－arctic360－conference－aims－to－bring－the－big－money－north/，最后访问日期：2020 年 4 月 1 日。

际因纽特商业联盟，该机构将代理横跨阿拉斯加、加拿大和格陵兰的因纽特商业事务，魁北克省因纽特人代表 Charlie Watt 表示："世界上 4 个因纽特地区：阿拉斯加、加拿大、俄罗斯楚科奇和格陵兰之间的航空网络是经济发展的关键点。"①

（二）加强北极自然和文化保护

加拿大北极地区的温度上升速度是全球平均速度的 2～3 倍，这给北极地区生态系统带来了巨大压力。因此，加拿大十分注重气候变化问题。《北极与北方政策框架》表示，北极居民将在北极研究和其他议程中起领导作用，加大对社会科学和人文研究的支持力度，加强国际极地科学和研究合作，减少原住民和组织获得研究资金的障碍。这一政策显示了加拿大在未来进一步加大对北极自然环境的保护力度。2019 年 9 月，加拿大联邦政府宣布投资 470 万加元在努纳武特建立新的公园——Agguttinni 领土公园，它将成为努纳武特辖区内最大的公园。② 2020 年 3 月，加拿大联邦政府宣布向加拿大自然基金会注资 200 万加元，以帮助保护西北地区 Tlicho 地方的原住民土地与文化遗产区。这些举措正呼应此前加拿大联邦政府表示的与北极伙伴们合作，在 2020 年底之前保护 17% 的土地和内陆水，并希望到 2025 年保护加拿大 25% 的土地和 25% 的海洋。③在 2020 年 1 月召开的驯鹿管理听证会上，西北地区环境与自然资源部的官员听取了一位原住民长者的讲话，野生动植物当局希望将越来越多的原住民知识纳入其保护

① Eilís Quinn, "Inuit in Canada, Alaska and Greenland Found International Business Association," https：//www. rcinet. ca/eye – on – the – arctic/2020/02/13/inuit – in – canada – alaska – and – greenland – found – international – business – association/，最后访问日期：2020 年 4 月 1 日。

② Emma Tranter, "Canada and Nunavut Announce the Creation of a New Territorial Park," https：// www. arctictoday. com/canada – and – nunavut – announce – the – creation – of – a – new – territorial – park/，最后访问日期：2020 年 4 月 1 日。

③ "Tlicho Government Secures ＄2M from Canada to Conserve Traditional Lands in N. W. T.，" https：//www. cbc. ca/news/canada/north/t% C5% 82% C4% B1 – ch% C7% AB – government – land – conservation – 1. 5488646，最后访问日期：2020 年 4 月 1 日。

方法。① 这种联邦政府与当地合作保护北极的方式，得到原住民的欢迎，有助于加强双方的关系并建立和解。

在国内强调发挥北极原住民的作用的同时，《北极与北方政策框架》表示，加拿大将在倡导国际行动以应对北极环境挑战方面发挥领导作用，在北极相关论坛谈判中加大代表权和提升参与度。在前总理哈珀任期内，加拿大正式退出了《京都议定书》，此后小特鲁多政府以积极应对气候变化为口号，签署《巴黎协定》并设立"到 2030 年将排放量减少到 2005 年水平的 30%"的目标。然而，2019 年 4 月的排放报告显示，2017 年加拿大生产了7.16 亿吨温室气体，比 2016 年增加了 800 万吨。② 在此次加拿大联邦大选中，应对气候变化不力成为其他党派攻击自由党的重要论点。自由党在大选中承诺，如果再次当选，不仅将实现 2030 年的目标，还将到 2050 年使加拿大的碳排放量降至零。③ 小特鲁多表示："已经听到了大声而清晰的呼吁，加拿大人希望政府对气候变化的行动更大胆。"④ 因此，未来加拿大将有望在北极气候变化的国际行动中作出更多努力。2020 年 2 月，在国际海事组织的污染预防和应对小组委员会会议上，加拿大宣布支持在北极水域禁止使用重燃油，成为支持此项禁令的第 7 个北极国家。⑤ 加拿大运输部部长 Marc Garneau 表示："加拿大为支持该禁令而在国际海事组织中发挥领导作用感

① John Last, "Across the North, Indigenous Communities are Redefining Conservation," https://www.cbc.ca/news/canada/north/redefining - conservation - in - the - north - 1.5467599, 最后访问日期：2020 年 4 月 1 日。

② Maham Abedi, "Canada Positioned Itself as a World Leader on Climate Change—Is It?," https://globalnews.ca/news/5948969/canada - climate - change - record - un/, 最后访问日期：2020 年 4 月 1 日。

③ Amanda Connolly, "Liberals Pledge Canada will Have Net-zero Emissions by 2050—but Details are Scarce," https://globalnews.ca/news/5943543/canada - net - zero - emissions - 2050/, 最后访问日期：2020 年 4 月 1 日。

④ Mia Rabson, "Pressure for Climate Action Mounts on Liberals as Activists Organize," https://www.nationalobserver.com/2019/10/29/news/pressure - climate - action - mounts - liberals - activists - organize, 最后访问日期：2020 年 4 月 1 日。

⑤ Levon Sevunts, "Canada Plans to Support Ban on Heavy Fuel Oil in Arctic Shipping," https://www.rcinet.ca/en/2020/02/13/canada - plans - to - support - ban - on - heavy - fuel - oil - in - arctic - shipping/, 最后访问日期：2020 年 4 月 1 日。

到自豪，并将致力于继续与其他国家、北部居民和海洋利益相关方合作，以帮助减少对北部社区的经济影响。"在未来，加拿大将寻求分阶段实施重燃油禁令。①

（三）加强北极安全

北极安全是地区经济发展的基石，随着北极地缘政治环境的变化，加拿大逐渐利用国际规则和加强自身能力来保障本国的北极利益。《北极与北方政策框架》中写道："北极正处于快速变化的时期，包括气候变化和地缘政治变化。因此，国际规则和机构将需要发展，以应对该地区面临的新挑战和机遇。加拿大将更加明确地定义在北极的海洋区域和边界。北方地区的科学研究已获得资金，用于推进加拿大对北极和大西洋大陆架的主张。"② 2019年5月23日，加拿大向联合国大陆架界限委员会提交了北冰洋外大陆架划界申请。在解决与其他北极国家的边界争端和北极大陆架重叠问题方面，加拿大更加重视国际规则和机构的作用。与此同时，加强自身北极能力建设对维护加拿大北极安全至关重要。《北极与北方政策框架》强调："西北航道是加拿大内水，其运输量正不断增加，因此将采取多重措施保护在该地区的广泛利益。"③ 这些措施包括如下方面。

第一，加强与国内外伙伴在安全、保安和国防问题上的合作与协作。加拿大在加强国内各部门、联邦和地方政府共同管理北极和北极地区航运的同时，还在国际上积极参与《北极海空搜救合作协定》下的合作、北极海岸警卫队论坛以及北美防空司令部等合作，此外加拿大还将与北约成员国丹麦合作，并探索与挪威合作的机会，以加强对整个北极地区的监视和监测。

① "Canada Supports Ban on Heavy Fuel Oil in the Arctic," https://www.maritime-executive.com/article/canada-supports-ban-on-heavy-fuel-oil-in-the-arctic，访问时间：2020年4月1日。

② "Canada's Arctic and Northern Policy Framework," https://www.rcaanc-cirnac.gc.ca/eng/1567697304035/1567697319793，访问时间：2020年4月1日。

③ "Arctic and Northern Policy Framework: Safety, security, and defence chapter," https://www.rcaanc-cirnac.gc.ca/eng/1562939617400/1562939658000，访问时间：2020年4月1日。

第二，加强军事力量，预防和应对北极和北方地区的安全事件。在搜救方面，根据早在 2016 年开始的总耗资 15 亿加元的"海洋保护计划"，加拿大海岸警卫队将延长在北极的破冰季节，并购买 3 艘中型破冰船，将在 2020~2021 年度投入运营，同时还将根据"国家造船战略"建造更多船只，以保障北极海上运输。此外，加拿大海岸警卫队还正在进行原住民船上志愿者计划，使其成为海岸警卫队的辅助人员并参加搜救工作。在努纳武特的兰今湾，加拿大将建立第一个北极近海救援船站。加拿大运输部致力于遥控飞机系统（RPAS）项目，以增强其海上监视和其他能力。截至 2020 年 1 月，加拿大政府为海军向哈利法克斯和欧文造船厂订购了 6 艘北极和近海巡逻舰（AOPS），但由于生产延迟，预计到 2020 年底只能交付 2 艘。① 加拿大海岸警卫队在哈珀政府时期未被列为优先事项，但小特鲁多政府在此次联邦大选前宣布为海岸警卫队订购 6 艘新的破冰船。加拿大渔业、海洋和海岸警卫队部长 Jonathan Wilkinson 称："加拿大将通过邀请参加资格竞赛来启动竞争程序，以增加第三家造船厂来为海岸警卫队建造新宣布的破冰船。"②

第三，加强加拿大在北极和北方地区的领土意识，提高监视和控制能力。加拿大国防部和加拿大武装部队、海岸警卫队、运输部、皇家骑警、边境服务局、自然资源局等都将共同努力监测北极地区的活动，并采取措施，提高加拿大北极主权领空内空中交通的识别，扩大加拿大防空识别区（CADIZ）的覆盖范围。在此次联邦大选前，2019 年 5 月，加拿大联邦政府与 10 个原住民组织开启了耗资 6250 万加元的"增强海事态势感知"（EMSA）计划试点。这一计划通过改进信息系统，提供有关北极水域正在

---

① Rachel Emmanuel, "Here are the Feds' Ship-building Contracts and How They Could Help Bolster Arctic Sovereignty," https：//ipolitics. ca/2020/01/20/here－are－the－feds－ship－building－contracts－and－how－they－could－help－bolster－arctic－sovereignty/，最后访问日期：2020 年 4 月 1 日。

② Nunatsiaq News, "Canada Plans Six New Icebreakers for Aging Coast Guard Fleet," https：//www. arctictoday. com/canada－plans－six－new－icebreakers－for－aging－coast－guard－fleet/，最后访问日期：2020 年 4 月 1 日。

发生的事情的实时信息。① 加拿大运输部发言人 Frédérica Dupuis 表示:"加拿大政府的卫星采购正在进行,这将提高加拿大海上交通的现有卫星覆盖率。"② 试点已在努纳武特的 Tuktoyaktuk 和剑桥湾(Cambridge Bay)社区展开,并有望向东西两侧拓展。③ 这将成为加拿大保护西北航道的重要举措。此外,在 2019 年 8 月中下旬举行的加拿大武装部队计划的演习中,Nanook 19 行动特遣队对通过西北航道的船只进行了观察和上报,指挥官 Martin Benoit 称这是为了确保能够了解北方地区的局势。④

第四,加强立法和监管。这条措施是用来管理加拿大北极和北方地区的运输以及保证边界完整性,同时,加拿大对外来投资的安全性也十分重视。《北极与北方政策框架》指出:"当我们寻求在北极开发急需的基础设施时,将需要认真考虑和平衡外国活动在具有战略意义的领域中带来的风险和机遇。"而在管理运输方面,《北极与北方政策框架》将确保加拿大的立法和监管能够适应北极交通量不断增长的现实,并重申了作为运输规范的《海上安全运输法》、《海事责任法》、《北极水域污染预防法》、《北极航运安全和防止污染条例》和《加拿大北方船舶交通服务区规章》(NORDREG),并要求各单位加强合作,确保这些法规的实施。随着加拿大加强对北极运输的立法和监管,进行中的"低影响航运走廊"计划(low impact shipping corridors)有望继续推进。在与时任美国总统奥巴马达成相关协议后,2016 年 12 月加拿大运输部、海洋警卫队和水文局牵头并启动该计划,旨在创建

① Nunatsiaq News, " Western Nunavut Slated for New Marine Surveillance System," https://nunatsiaq. com/stories/article/65674western_nunavut_slated_for_new_marine_surveillance_syst/,最后访问日期:2020 年 4 月 1 日。

② Elaine Anselmi, "Canadian Arctic to See Improved Marine Monitoring," https://nunatsiaq. com/stories/article/canadian – arctic – to – see – improved – marine – monitoring/,最后访问日期:2020 年 4 月 1 日。

③ Elaine Anselmi, "Canadian Arctic to See Improved Marine Monitoring," https://nunatsiaq. com/stories/article/canadian – arctic – to – see – improved – marine – monitoring/,最后访问日期:2020 年 4 月 1 日。

④ Jane George, "Canadian Forces Plan Surveillance of Northwest Passage during Nunavut Operation," https://nunatsiaq. com/stories/article/canadian – forces – plan – surveillance – of – northwest – passage – during – nunavut – operation/,最后访问日期:2020 年 4 月 1 日。

一条用于海上运输的指定北极路线。① 2019 年 12 月，渥太华大学 Dawson 副教授提交了来自加拿大 14 个北部社区对这项计划的建议报告，进一步推动了原住民意见的纳入和计划的实施。②

总体来看，《北极与北方政策框架》基本囊括了加拿大重要的北极事务，全文以小特鲁多政府上一任期的北极活动为基础，设置未来目标。文件在大选前一天才发布，且没有正式出版物，仅有网页版，媒体质疑其是自由党竞争北方地区选票的工具。尽管《北极与北方政策框架》内容广泛，但没有带来全新的倡议，没有设置新的北极部门、机制、人员，也没有硬性目标，给政策的落实带来不确定性。统观全文，发展经济和安全问题所占篇幅最多。尽管加拿大是个发达国家，但对于北方地区来说，"消除饥饿"仍然是个严肃的课题，落实联合国 2025 年目标也被写进了该文件，加拿大北方地区迫切需要发展经济。然而，在目前西北航道通航量有限、新的油气开发被暂停的情况下，清洁产业的继续发展需要强大的基础设施支撑，政府资金补助以及吸引的投资能否落实，成为实现加拿大北极政策目标的关键。如何在环境保护、原住民权利和资源开发利用之间取得平衡，对管理者也是重大考验。

随着北极地缘政治环境的变化，加拿大将在注重保护北极安全的同时，进一步加强自身主权权利的行使。《北极与北方政策框架》重申加拿大对西北航道主权和管理的一贯主张，以及加强与传统盟友联系的决心，加强对北约的承诺。此次大选之后的 12 月，小特鲁多致国防部部长哈吉特的授权书中将加拿大在北极地区的监视、防御和快速反应能力列为优先事项。授权书中要求国防部部长通过《北极与北方政策框架》与外交部部长、北方事务部部长以及合作伙伴合作，发展监视能力（包括北极预警系

---

① "United States-Canada Joint Arctic Leaders'Statement," https：//pm. gc. ca/en/news/statements/2016/12/20/united – states – canada – joint – arctic – leaders – statement，最后访问日期：2020 年 4 月 1 日。

② Jim Bell, "Research Team Injects Inuit Views into Ottawa's Plan for Safe Arctic Shipping," https：//nunatsiaq. com/stories/article/research – team – injects – inuit – views – into – ottawas – plan – for – safe – arctic – shipping/，最后访问日期：2020 年 4 月 1 日。

统）、北方及海上防御和快速反应能力，以加强大陆防御，保护加拿大的权利和主权，并在北极水域航行方面展现国际领导地位。① "领导地位"的表述从《北极与北方政策框架》走向《授权书》中，显示了加拿大不仅对北极能力建设感兴趣，还对提高自身在区域内的国际地位、塑造地区规则秩序十分重视。

二 联邦大选对新北极政策的影响

《北极与北方政策框架》发布后，加拿大联邦大选正式拉开帷幕。最终的选举结果虽以自由党的胜利告终，但自由党势力相对下降，仅组成少数党政府。保守党的势力进一步上升，魁人政团作为支持魁北克自决的民族主义政党成为新秀。② 自由党继续执政在一定程度上保证了《北极与北方政策框架》的落实，但新的政党形势以及加拿大联邦与北方地区政府的关系都将深刻影响未来加拿大的北极政策走向。2019 年 11 月，小特鲁多宣布了新内阁成员，北方事务部部长的首次任命以及十多年来的第一任副总理的任命，为加拿大联邦政府和北方地区的联系注入新的活力，对新北极政策的实施具有积极作用。③

首先，自由党席位减少，只能组成少数党政府。这意味着在未来颁布法令或推行政策时，特鲁多需要至少获得一个其他党派的支持，才能在议会中获得多数支持，从而顺利执行其政策。保守党历来与自由党政见分歧较大，魁人政团是典型的民族主义政党，致力于魁北克拥有主权直至独立，倡导环

---

① Levon Sevunts, "Arctic Features Prominently in New Canadian Defence Marching Orders," https://www.rcinet.ca/en/2019/12/13/arctic – features – prominently – in – new – canadian – defence – marching –orders/，最后访问日期：2020 年 4 月 1 日。

② 此次大选，自由党失去 20 个席位，从此前的 177 个席位降为 157 个席位；主要反对派保守党增加 26 个席位，上升至 121 个席位；魁人政团增加 22 个席位后，席位上升至 32 个，成为仅次于自由党、保守党的第三大党。"Elections in Canada," https://en.wikipedia.org/wiki/Elections_in_Canada，最后访问日期：2019 年 11 月 16 日。

③ "Meet the New Cabinet," https://www.theglobeandmail.com/politics/article – trudeau – cabinet – full – list/，最后访问日期：2020 年 4 月 1 日。

保主义，并反对位于纽芬兰省的 Muskrat Falls 水电项目。① 与自由党同为中左翼的新民主党则倡导国际和平和环保等议题，但在小特鲁多政府致力的跨山输油管道（Trans Mountain）的扩建问题上持反对态度。② 这意味着加拿大未来的北极政策更易受到环保观念的极大影响，而在具体项目的开发问题上可能在议会中遭到其他党派的掣肘。

其次，加拿大联邦政府与北方地区政府的放权协议将影响北极开发与保护的进程。2016 年起加拿大联邦政府禁止在北极海域进行所有新的油气活动，原定禁令为期 5 年。在加拿大联邦政府开启放权谈判之前，地方政府与联邦政府就此禁令没有产生明显分歧。2019 年 8 月初，努纳武特影响审查委员会建议加拿大联邦政府延长对巴芬湾和戴维斯海峡油气开发禁令，并发布报告称：当地经济可以选择旅游业和北极渔业，替代石油和天然气的开发。在听证会上，野生动物委员会代表和捕猎者组织，要求将禁令延长到 10 年，直到 2026 年。③ 而同月 15 日，皇家－原住民关系部部长 Carolyn Bennett 和努纳武特总理 Joe Savikataaq 签署了关于权力下放的《原则协议》（Nunavut Devolution AIP），开始了一个为期 5 年的权力下放进程，最终将把努纳武特的土地、水资源等资源的责任从加拿大联邦政府移交给努纳武特政府。尽管协议不具有法律强制执行力，但仍被视为权力下放的里程碑。加拿大育空地区和西北地区已经分别于 2003 年、2014 年获得权力移交，管理着自己的土地和自然资源。权力下放进程的开启促使努纳武特政府在北极油气禁令议题上产生更独立的见解。据勘测，努纳武特近海地区占有加拿大油气储量的 20%。2020 年 3 月 9 日，努纳武特经济发展和运输部部长 David Akeeagok 表示，关于努纳武特水域油气开发的任何决定均应由努纳武特政

---

① "Bloc Québécois," https：//en. wikipedia. org/wiki/Bloc_ Qu% C3% A9b% C3% A9cois，最后访问日期：2020 年 4 月 1 日。

② "New Democratic Party," https：//en. wikipedia. org/wiki/New_ Democratic_ Party，最后访问日期：2020 年 4 月 1 日。

③ Elaine Anselmi, "Extend Offshore Oil and Gas Moratorium, Says Nunavut Review Board," https：//www. arctictoday. com/extend－offshore－oil－and－gas－moratorium－says－nunavut－review－board/，最后访问日期：2020 年 4 月 1 日。

府而不是联邦政府做出。联邦政府应该等到与努纳武特政府达成权力下放协议后,再宣布对北极油气的任何暂停生产。[①] 尽管这不等于加拿大北极水域立即开放油气活动,但在放权过程中,就油气问题的谈判可能引发诸多变数。

再次,油气资源开发受挫令投资商对加拿大油气市场失去信心,北极能力建设资金缺口更大。加拿大油气和电力的产出值约占 GDP 的 10%,然而在北极海上油气开发禁令发布的同时,南部油气管道建设进程受阻。加拿大石油服务协会(PSAC)预测,加拿大到 2020 年的钻井量将下降 10%。加拿大北方省份的油气资源开发遥遥无期,与此同时,南方的已有输油管道的扩建也面临困境。长期以来,加拿大西南部省份的丰富油气资源在保证了供给北部的同时,还大量出口和创造经济价值。2018 年小特鲁多政府在阿尔伯塔省购买了跨山输油管道进行扩建,为不列颠哥伦比亚省的液化天然气出口提供支持。此举旨在通过推动新管道建设来吸引投资,但一年以来,管道的扩建停滞不前。此次联邦大选后,小特鲁多政府更是成为少数党政府,需要依靠较小的政党(例如反对管道扩建的新民主党)推行政策。这令市场对新管道开发再次失去信心,西方石油工业公司已被迫削减产量,Encana 这家传统的加拿大油气公司已计划下一年将总部搬到美国。阿尔伯塔省能源部部长 Sonya Savage 表示:"这家公司发出的关于加拿大在石油和天然气中的重要性的信号令人震惊。对投资者来说,要对加拿大有信心非常困难。"[②]

与此同时,加拿大海军更新近海巡逻舰的计划进展并不顺利。早在2015 年 1 月,加拿大政府与欧文造船厂签订了价值 23 亿加元的北极近海巡

---

① Jim Bell, "No More Oil and Gas Moratoriums Until after Devolution, Says Nunavut Minister," https://nunatsiaq.com/stories/article/no-more-oil-and-gas-moratoriums-until-after-devolution-says-nunavut-minister/, 最后访问日期:2020 年 4 月 1 日。

② Rod Nickel, Shariq Khan, "Slumping Canadian Oil Province Alberta Loses Producer Encana, Moves to Boost Rail Shipping," https://www.reuters.com/article/us-canada-crude/slumping-canadian-oil-province-alberta-loses-producer-encana-moves-to-boost-rail-shipping-idUSKBN1XA1V2, 最后访问日期:2020 年 4 月 1 日。

逻舰建造合同。欧文造船厂承担了为加拿大皇家海军建造 6 艘北极近海巡逻舰和 15 架水面战斗机，为加拿大海岸警卫队建造 2 艘北极近海巡逻舰的任务。然而，因不断上涨的更新费用以及欧文造船厂自身产业链、劳动力问题的影响，欧文造船厂的第一艘北极近海巡逻舰 Harry DeWolf 号的交货日期一再推迟，原定交付时间由 2018 年推迟至 2020 年，这距离建造工作开始已经近 5 年。① 而第二艘 Margaret Brooke 号和第三艘 Max Bernays 号近海巡逻舰的建造工作仅开始一年。② 不景气的油气市场和进展缓慢的北极能力建设给加拿大北极政策的实施增添了更大难度。

最后，小特鲁多首次任命北方事务部部长为加强联邦与北方地区的联系提供了保证。北方事务部部长 Dan Vandal 是加拿大联邦政府中第一个负责北方事务而不担负其他职责的人。小特鲁多总理发布的北方事务部部长授权书中说明这一职位的任务包括："加强与领土政府的关系，并推进支持北方人的政策和计划；必要时与外交部部长和其他部长合作，实施《北极与北方政策框架》；支持皇家—原住民关系部部长的工作，以共同制定和实施因纽特人努南加特政策，并全面执行因纽特人土地索偿协议；与负责加拿大北方地区经济发展部部长，发展经济和基础设施；致力于努纳武特移交权力的最终协议；在自然资源部部长的支持下进行工作，以监测和确定北极大陆架计划可能需要的任何其他帮助。"③ 自上任以来，Dan Vandal 接连访问北方各地区，会见各地的政府官员，和他们一起确定地区的优先事项，并在联邦政府各部门间为北极事务进行协调。Dan Vandal 表示："北方事务部是一个独立的部门，这表明加拿大更加重视北方问题，并愿意以更加集中的方式审

---

① Michael MacDonald, "Delivery of Arctic Naval Vessel Being Built in Halifax Delayed until 2020," https：//www. thestar. com/halifax/2019/11/12/delivery – arctic – naval – vessel – built – in – halifax – delayed – until –2020. html, 最后访问日期：2020 年 4 月 1 日。

② "Ottawa to Purchase a Sixth Arctic and Offshore Patrol Vessel：Sajjan," https：// www. thestar. com/halifax/2018/11/02/ottawa – to – purchase – a – sixth – arctic – and – offshore – patrol – vessel – sajjan. html, 最后访问日期：2020 年 4 月 1 日。

③ "Minister of Northern Affairs Mandate Letter," https：//pm. gc. ca/en/mandate – letters/2019/ 12/13/minister – northern – affairs – mandate – letter, 最后访问日期：2020 年 4 月 1 日。

视它们。我的职责是与其他部门合作解决北方最重要的问题。"① 他与原住民部部长 Marc Miller、皇家 – 原住民关系部部长 Carolyn Bennett 共同保证了加拿大联邦政府和北方地区间的密切沟通，为北极政策的落实提供了便利。自联邦大选后，西北地区的国会议员 Michael McLeod 一直主张在内阁内部建立一个北方委员会，以便引起加拿大联邦政府对北方问题的更多关注，如果成功，3 位与北极事务相关的部长将成为该委员会的成员。②

整体来看，加拿大联邦大选使北极事务中已经存在的问题浮上水面，党派分歧和联邦政府与地方政府的权力转移都将继续对北极事务产生影响。受多重因素影响，加拿大在北极建设所需的资金上依然存在缺口，这都为未来北极政策的实施增添了不利因素。然而，小特鲁多总理任命专门负责北极事务的部长为协调各方、密切沟通提供了保证，随着加拿大联邦政府内部对北极问题重视程度的提升，新北极政策有望得到更好的推行。

三　加拿大的北极外交对其新北极政策的影响

加拿大在北极的外交政策和安全政策深受其盟友体系的影响，而诸多北极国家中，美国和俄罗斯作为两个北极大国，对加拿大北极政策的影响最为重要。

加拿大北极安全战略的制定，通常是对其北极邻国行动的反应。这里所说的邻国，主要是指加拿大传统的地缘对手俄罗斯。③ 俄罗斯在北极逐渐增加军事活动，被认为对加拿大的稳定与安全构成了威胁。2020 年 3 月，加

---

① Simon Whitehouse，" New Northern Affairs Minister Dan Vandal Visits NWT，" https：// nnsl. com/yellowknifer/new – northern – affairs – minister – dan – vandal – visits – nwt/，最后访问日期：2020 年 4 月 1 日。

② Simon Whitehouse，" New Northern Affairs Minister Dan Vandal Visits NWT，" https：// nnsl. com/yellowknifer/new – northern – affairs – minister – dan – vandal – visits – nwt/，最后访问日期：2020 年 4 月 1 日。

③ 郭培清、李晓伟：《加拿大小特鲁多政府北极安全战略新动向研究——基于加拿大 2017 年新国防政策》，《中国海洋大学学报》2018 年第 3 期，第 9 页。

拿大国防部高级官员和军方高层参加了在渥太华举行的以"如何在强国的世界中定位加拿大"为主题的国防协会学会（CDAI）会议。会议上，加拿大国防参谋长乔纳森·万斯（Jonathan Vance）称在冷战期间使用的雷达系统已经无法升级，以应对来自俄罗斯的威胁。早在2017年小特鲁多政府提出新国防政策时，就大大加强了加拿大应对大国冲突的准备，并计划到2026年军费增加73%。国防部副部长Jody Thomas却认为2017年的国防政策已过时，并说："世界变化的速度比我们提出国防政策时的预期要快。对北极的重新重视意味着加拿大需要担当更大的角色，焦点越集中于北极，加拿大就越重要。"① 在军事上对俄罗斯保持警惕的同时，加拿大也认为俄罗斯在舆论上具有危险。2020年3月，加拿大国会情报监督委员会发布报告称，俄罗斯参与整个加拿大政治体系的活动，以干预政府并影响公众舆论。干预采取多种形式，包括针对选举过程、政府决策、学术和媒体自由。因此，该委员会还研究应如何与其他盟国处理这一问题。② 尽管如此，加拿大官方仍保持对俄罗斯的接触和了解。2019年10月底，在外交事务方面拥有30多年经验的Alison LeClaire被任命为加拿大驻俄罗斯的新大使。她担任过加拿大北极高级官员和加拿大全球事务部的欧亚事务和欧洲事务、北极地区总干事，在北极事务上有丰富经验。这在一定程度上显示了加拿大在共同关心的问题上与俄罗斯进行合作的意愿。

对俄罗斯军事活动更加警惕的同时，加拿大转向与美国进行更务实的北极安全合作，特别是推进北美防空司令部（NORAD）的现代化建设。2019年加拿大联邦大选之后这一议题被写入国防部部长授权书："应继续加拿大对北约的重大贡献，并与美国合作，确保北美防空司令部的现代化，以应对2017年新国防政策中概述的现有和未来挑战。"③ 2019年11月，美国空军

① Roger Jordan, "Canada 'at War' with Russia, High-level Ottawa Conference Told," https://www.wsws.org/en/articles/2020/03/09/omsc-m09.html, 最后访问日期：2020年4月1日。
② Gordon Corera, "Canada Faces 'Danger' from China and Russia, Intelligence Chief Warns," https://www.bbc.com/news/world-us-canada-51877023, 最后访问日期：2020年4月1日。
③ "Minister of National Defence Mandate Letter," https://pm.gc.ca/en/mandate-letters/2019/12/13/minister-national-defence-mandate-letter, 最后访问日期：2020年4月1日。

的两名高级官员访问了曼彻斯特，举办了北美防空司令部加拿大空军分部首届北极空中力量研讨会。加拿大空军分部副司令 Vaughan 认为，北极对北美的安全与防御至关重要，在北极地区和盟军之间建立伙伴关系是成功的前提。① 加拿大与美国共同加强 NORAD 的矛头已经指向俄罗斯。2020 年 1 月下旬关于 NORAD 未来的会议上，其战略副主任 Jamie Clarke 强调说，与俄罗斯进行战争的计划已经到了非常先进的阶段。加拿大国防参谋长乔纳森·万斯也认为确保北极安全，要加强机构间和跨国伙伴关系，增强监视和军事能力，提高加拿大在北方部署、投射和维持部队的能力。② NORAD 主要通过使用雷达、卫星和战斗机巡逻天空并监视进入美国或加拿大领空的飞机。2020 年 1 月北美防空司令部称，识别了两架俄罗斯 Tu－160 战略轰炸机进入加拿大皇家空军巡逻的地区。但俄罗斯轰炸机仅进入防空识别区，而未进入领空，双方未发生冲突。③

加拿大内部在与美国共同推进 NORAD 现代化议题上已经基本达成一致，然而，尽管自由党政府 2017 年的新国防政策就包括升级 NORAD 的计划，但没有为预计耗资数十亿美元的计划预留资金，而仅更换北部预警系统的雷达站就要花费约 110 亿美元。④ 这将给本就受困于北极能力建设资金的加拿大政府带来更大挑战。在特朗普长期以来抱怨美国盟国没有为北约支付必要费用的情况下，美加两国就花销的分摊谈判也将更加艰难。

尽管美国和加拿大在维护北美安全方面有着共同利益，但加拿大对西北

① "Canadian NORAD Region Hosts First Arctic Airpower Seminar," https：//www. skiesmag. com/press－releases/canadian－norad－region－hosts－first－arctic－airpower－seminar/，最后访问日期：2020 年 4 月 1 日。
② Roger Jordan, "Canada 'at War' with Russia, High-level Ottawa Conference Told," https：//www. wsws. org/en/articles/2020/03/09/omsc－m09. html，最后访问日期：2020 年 4 月 1 日。
③ "Canadian Jets Intercept 2 Russian Bombers Near North American Coastline：NORAD," https：//globalnews. ca/news/4894339/norad－russian－bombers－canada/，最后访问日期：2020 年 4 月 1 日。
④ Murray Brewster, "Canadian, U. S. Military Leaders Agree on Framework to Retool NORAD," https：//www. cbc. ca/news/politics/norad－canada－us－military－1. 5240855，最后访问日期：2020 年 4 月 1 日。

航道的主权面临美国的质疑，鉴于目前加拿大对北极地区的经济或军事基础设施投资较少，而美国特朗普政府在北极问题上较为激进，这可能引发更多关于西北航道的争论。2019 年 5 月，北极理事会部长级会议期间，美国国务卿蓬佩奥（Mike Pompeo）在演讲中称加拿大对西北通道的主张是"非法的"，引发时任加拿大外交部部长方慧兰（Chrystia Freeland）的驳斥："西北通道属于加拿大，与加拿大有着非常牢固的地理联系。"[1] 与此同时，美国海军部部长斯宾塞称，美国正在探索在西北航道航行的可能性，以此为航行的一部分，主张其通过国际水域的权利。这一说法在加拿大引起强烈的反弹。加拿大官方在重申"西北航道是加拿大内水的一部分"的同时，还补充说在国防与安全方面，加拿大与美国之间的关系"长期，根深蒂固，非常成功"。[2] 因此，尽管美加在西北航道问题上的分歧有所凸显，但双方根据 1988 年的《北极合作协议》，通过破冰船护航、申请同意等方式，可以将分歧控制在可控范围内。

总体来看，在加拿大对俄罗斯的外交中，对俄加强防御的声音日益高涨，同时加拿大政府依然谨慎保持对俄的接触。加拿大在北极外交中需要维持与美国的盟友联系，通过 NORAD 维护北极地区安全，但庞大的资金有待双方进一步协商。美加双方就西北航道的主权存在分歧，但整体可控。

四　结语

在 2019 年联邦大选前，加拿大公布了《北极与北方政策框架》，与原住民一起制定北极政策，将重心放在发展北极地区经济、应对气候环境问题和加强北极安全上。加拿大新的北极政策强调发展北极的清洁行业而非油气

---

① "Mike Pompeo Rejects Canada's Claims to Northwest Passage as 'Illegitimate'," https://www.theguardian.com/us-news/2019/may/07/mike-pompeo-canada-northwest-passage-illegitimate，最后访问日期：2020 年 4 月 1 日。

② Levon Sevunts，"Washington Plans to Send U.S.Navy through Northwest Passage," https://www.rcinet.ca/en/2019/05/07/u-s-navy-arctic-freedom-of-navigation-operation-northwest-passage/，最后访问日期：2020 年 4 月 1 日。

资源。尽管框架本身未涵盖执行的资金和机构支持，但此后的联邦大选中，小特鲁多的连任以及新的北方事务部部长的任命都为落实该政策提供了基本保障。联邦大选后，加拿大的政党力量对比发生了变化，加之正在进行的联邦政府向北方地区放权进程，都在政策制定层面上引发了不确定性。加拿大未来的北极政策仍将以国内北极事务为重点，联邦的资金支持仍然是发展北极经济，加强北极能力建设的基本保证。随着加拿大加强北极建设的进程，外来投资将更受欢迎，但同时加拿大对资金安全的重视也意味着投资者面临更加严格的资金审查。而在北极外交方面，加拿大将更加警惕俄罗斯在军事上的威胁，并向盟友靠拢，通过北美防空司令部的现代化建设，与美国合作，加强北极防御能力。此外，加拿大将进一步发挥西北航道的独特优势，塑造自身在北极水域航行方面的国际领导地位。

随着 2020 年初新冠肺炎疫情在全世界蔓延开来，加拿大北极地区也受到了冲击。努纳武特因寒冷气候全年可采矿期本就只有几个月，受到疫情影响，采矿业更面临订单减少、支付停工薪资等困境。[1] 加拿大联邦政府正计划通过经济复苏计划向努纳武特的民众提供直接经济援助，并借此机会投资清洁能源行业，为社会创造就业机会和增强经济流动性。[2] 此举能否在加拿大北极地区适用，仍有待时间的检验。

---

[1] Jane George, "COVID - 19 could Have Big Implications for Nunavut's Mining Industry," https: // nunatsiaq. com/stories/article/covid - 19 - pandemic - knocks - nunavuts - mining - industry - to - its - knees/, 最后访问日期: 2020 年 4 月 1 日。

[2] Mia Rabson, "Investing in Climate Goals could Play Key Role in Coronavirus Economic Recovery," https: //globalnews. ca/news/6802214/environment - investment - coronavirus - recovery/, 最后访问日期: 2020 年 4 月 1 日。

B.15
新奥尔松研究战略与挪威北极
科考政策发展*

李浩梅**

摘　要： 为适应国内外形势的变化，2016 年挪威发布了最新版的斯瓦
尔巴政策白皮书，科学研究和高等教育是挪威斯瓦尔巴政策
的重点领域，白皮书提出将新奥尔松发展为世界一流的国际
北极科学研究合作平台，并明确挪威作为东道国和协调者的
角色。2018 年挪威发布《新奥尔松研究站研究战略》，对科
学考察活动提出一系列管控措施，涉及确定科学优先领域、
加强科学研究活动的协调与合作、加强基础设施的分享与建
设，制定数据开放获取政策等。新奥尔松研究战略的出台是
近年来挪威加强斯匹次卑尔根群岛科学考察管控的重要举措，
具有强化挪威斯匹次卑尔根群岛主权的战略意义。面对挪威
收紧斯匹次卑尔根群岛科学考察政策的态势，中国应采取应
对措施，推进北极科学考察和研究。

关键词： 《新奥尔松研究站研究战略》　斯瓦尔巴政策白皮书　北极
科学考察　主权与管辖权

---

* 本文是国家自然科学基金项目"海上划界和北极航线专用海图及其法理应用研究"（项目编
号 41971416）和科技部国家重点研发计划"新时期我国极地活动的国际法保障和立法研究"
（项目编号 2019YFC1408204）、国家海洋局北海海洋技术保障中心"新时期海洋科技发展对
海洋维权的挑战与应对"项目的阶段性成果之一。

** 李浩梅，女，山东科技大学文法学院讲师。

北极蓝皮书

一　挪威对斯匹次卑尔根群岛的政策发展

斯匹次卑尔根群岛是挪威最北端的领土，由西斯匹次卑尔根岛、东北地岛、埃季岛、巴伦支岛等岛屿组成，其中，西斯匹次卑尔根岛是该群岛中最大的岛屿。挪威享有对斯匹次卑尔根群岛的主权，1925 年挪威将其改称为斯瓦尔巴群岛。挪威重视实施和维护其在斯匹次卑尔根群岛的主权，自 20 世纪 70 年代起加强在斯匹次卑尔根群岛的管辖，并连续发布斯瓦尔巴政策白皮书指导斯匹次卑尔根群岛的发展。

（一）斯匹次卑尔根群岛的主权归属

1920 年《斯匹次卑尔根群岛条约》（以下简称《斯约》）是斯匹次卑尔根群岛法律秩序的基石，《斯约》在赋予挪威对斯匹次卑尔根群岛主权的同时，也规定了其他缔约国在该地区享有的权利义务。由于挪威对斯匹次卑尔根群岛的主权是相关国家通过国际谈判协商确定的，因而不同于国际法中一般意义上的国家主权，其主权受到该条约的约束和限制。缔约国在条约规定的条件下承认挪威对斯匹次卑尔根群岛"全面和绝对的主权"（第 1 条），但同时《斯约》赋予各缔约国船舶和国民在斯匹次卑尔根群岛陆地及其领水中平等的捕鱼和打猎权利（第 2 条），自由进出的权利，从事海洋、工业、矿业和商业活动的权利（第 3 条），以及开展科学考察的权利（第 5 条），其他缔约国享有同等的上述权利正是对挪威主权的限制与制衡。正如《斯约》序言所述，缔约国希望在条约划定的领土上提供一套公平机制（equitable regime），以保证该地区的发展与和平利用。

（二）斯瓦尔巴政策白皮书

挪威对斯匹次卑尔根群岛的政策具有长期性和连续性。挪威对斯匹次卑尔根群岛政策的首要目标包括以下几个方面：一贯和坚决实施主权，正确遵守《斯约》以及实施管制以确保条约得到遵守，维持该地区的和平与稳定，

300

保护该地区独特的天然荒野，维持群岛上的挪威社区。① 上述政策目标植根于挪威的国家利益和立场，获得了广泛的政治支持，自 20 世纪 80 年代确定后一直延续至今。为了实现对斯匹次卑尔根群岛的长期稳定管理，挪威政府通过定期发布斯瓦尔巴政策白皮书的形式对新出现的机遇和挑战进行综合性评估，提出相应的管理措施。

面对国际国内两方面的形势变化，2016 年挪威通过了目前最新的斯瓦尔巴政策白皮书②，在挪威关于斯瓦尔巴一贯政策目标的框架下评估了斯匹次卑尔根群岛地区发展面临的新挑战并提出应对措施。挪威国内因素方面，斯匹次卑尔根群岛地区的活动发生了重要变化，煤矿作业曾经是斯匹次卑尔根群岛朗伊尔城许多就业岗位的来源，但是近年来煤炭业市场不佳导致当地采矿业的运营规模缩减，从业人员大量减少，目前主要业务已转移至斯维亚地区。国际因素方面，北极气候变暖以及环境变化显著，北极环境监测和科学研究在北极治理中的重要性日益提升，近年来斯匹次卑尔根群岛地区的研究和高等教育、旅游以及与空间有关的活动有所增长。上述形势变化给挪威维持在斯匹次卑尔根群岛地区的社区和经济活动带来了挑战，在此背景下，挪威政府批准了预算拨款，鼓励在朗伊尔城进行更多短期和长期活动，同时制定多项措施为多种活动提供空间，计划通过旅游业和其他商业和工业活动提供新的就业机会，促进朗伊尔城社区的进一步发展，使朗伊尔城继续成为一个有活力的社区，吸引更多家庭和人员长久居住在这里，以保证挪威在斯匹次卑尔根群岛上的强大而有效的存在。

科学研究和高等教育是是挪威斯瓦尔巴政策的重点领域。独特的自然环境和地理位置，悠久的极地传统和良好的现代基础设施，使斯匹次卑尔根群岛成为挪威和国际北极研究的一个有吸引力的平台。在斯匹次卑尔根群岛地区的 4 个定居点中，新奥尔松的发展模式具有鲜明的特色。新奥尔松除了后

---

① Norwegian Ministry of Justice and the Police，Meld. St. 22 （2008 – 2009）Report to the Storting：Svalbard.

② Norwegian Ministry of Justice and the Police，Meld. St. 32 （2015 – 2016）Report to the Storting（white paper）：Svalbard.

勤和各国科研人员外，没有常住居民，自然环境较少受到人类活动的干扰，是北极地区天然的科学实验室，也是世界上最北端的全年研究站。目前，挪威、德国、法国、英国、意大利、日本、韩国、中国等国家已在新奥尔松建立了科学考察站，有 20 多个研究机构在这里开展长期研究和观测活动，站上配有科考人员工作和生活的公共服务设施，新奥尔松已逐步发展成为专门的国际科学研究基地。据统计，新奥尔松地区的研究活动目前占到斯匹次卑尔根群岛科研活动的 25%。[①] 新奥尔松是许多国家级观测计划和全球观测计划的重要地点，许多重要的国际协定和公约依赖这些观测计划提供数据。

斯匹次卑尔根群岛地区科学研究和高等教育的范围在过去 10 年间增长了 1 倍，斯匹次卑尔根群岛已经成为国际研究、高等教育和环境监测的核心平台；挪威研究活动水平大幅度提升并居首位，但是由于国际研究机构总体的活动水平提升更快，挪威所占比例相对下降。挪威政府在斯瓦尔巴政策白皮书中提出了四个方面的政策措施：第一，进一步发展斯瓦尔巴大学中心（UNIS），保持其作为一个独特的大学级别的学习和研究机构；第二，提升挪威在斯瓦尔巴地区的研究质量以及科学领导力；第三，明确挪威作为东道主的角色，制定斯瓦尔巴群岛研究和高等教育的总体战略；第四，考虑到新奥尔松集中了多个国家科考站的特殊地位，提出加强挪威作为新奥尔松研究活动的东道主和协调者的作用，将本国打造成世界一流的国际科研合作平台。[②]

白皮书中对新奥尔松的发展提出了专门的规划，挪威政府对新奥尔松的政策有两方面的目标，一是将新奥尔松发展为世界一流的国际北极科学研究合作平台，二是在这个过程中提升挪威作为东道主和协调者的影响，具体措施包括界定科学研究的战略优先领域、加强协调和更加系统化地开发管理相关基础设施，希望将新奥尔松的科学研究模式逐步从各国单独的科考站工作

---

① Nordic Institute for Studies in Innovation, Research and Education (NIFU) report 2015, p. 37.

② Norwegian Ministry of Justice and the Police, Meld. St. 32 (2015 – 2016) Report to the Storting: Svalbard, pp. 75 – 82.

模式转换为主题式分布、共享使用的研究中心。① 为落实白皮书的部署，挪威政府于 2018 年 5 月发布了《斯瓦尔巴研究与高等教育战略》，为斯匹次卑尔根群岛的研究活动制定了指导方针和原则。② 2019 年挪威发布了《新奥尔松研究站研究战略》，这一战略由挪威政府负责科研总体方针政策的战略部门——挪威研究理事会（RCN）研究制定。

二 挪威出台《新奥尔松研究站研究战略》

新奥尔松设有多个国家的北极科学考察站，目前已经发展成为国际北极科学观测和研究的平台，挪威在新的斯瓦尔巴政策白皮书中进一步明确新奥尔松的发展方向，进而出台专门的《新奥尔松研究站研究战略》③（以下简称《研究战略》），制定具体的发展战略措施，促进科学发展并提高相互协调的水平，推动新奥尔松发展成为高质量的国际研究、高等教育和环境监测合作平台。

（一）总体目标

挪威政府希望将新奥尔松发展成为具有全球意义的高质量国际研究、高等教育和环境监测的挪威平台，因此通过专门的研究战略，致力于进一步推动新奥尔松发展为世界领先的自然科学研究国际合作平台。挪威政府对新奥尔松研究站的基本政策框架包括以下几个方面：研究的目的是开发利用该区域作为天然的自然科学实验室的独特特征，在未来发展过程中，应尽量保持环境的原始状态，在新奥尔松优先开展科学研究活动，在新奥尔松及周边区域开展其他活动必须尽可能减少对研究活动的影响，新奥尔松地区保持无线电静默，防止相关观测仪器受到无线电发射设备的干扰，科学研究应朝着基

① Norwegian Ministry of Justice and the Police, Meld. St. 32 (2015 – 2016) Report to the Storting (white paper): Svalbard, p. 79.
② Strategy for Research and Higher Education in Svalbard.
③ The Research Council of Norway, Ny-Ålesund Research Station Research Strategy Applicable from 2019.

于主题的结构和基础设施共享使用的方向发展，以实现最佳利用。①

《研究战略》对新奥尔松的发展提出了总体愿景，新奥尔松是世界上最北端的全年研究站，能够承载和便利长期观测和研究活动，基于良好的国际合作、先进的研究基础设施和出色的科学基础，挪威将推动新奥尔松的进一步发展，使其成为世界领先的自然科学观测和研究平台。挪威提出了一系列具体的指标，包括易于进入、协调协作和信息交换的效率和卓越表现，与国际网络紧密相连的高质量的观测系统，先进的研究设备和基础设施，数据和研究基础设施的开放访问，拥有高质量的科学家和研究活动的社区等。概括起来，可确定为三个目标，世界一流的科学、可持续的研究成果和开放数据访问。② 围绕上述愿景，《研究战略》在三个目标之下提出了具体措施，同时梳理了参与新奥尔松科学研究活动管理和运营的主要机构和论坛。

（二）与新奥尔松地区科学考察有关的机构和平台

为便利新奥尔松科学研究的开展，挪威建立了相关管理、服务、协调机构和平台，主要包括挪威极地研究所、王湾公司、新奥尔松科学管理者委员会、斯瓦尔巴科学论坛和斯瓦尔巴群岛北极综合地球观测系统，这些机构和平台是新奥尔松研究战略推行和实施的主要力量和工具。

挪威极地研究所（NPI）是负责极地环境监测、测绘和科学研究的政府机构，归属挪威气候与环境部主管，向斯瓦尔巴总督和挪威政府提供有关极地事务的科学和战略建议。NPI 长期在新奥尔松开展业务，作为新奥尔松科学研究和相关活动的联络点，NPI 通过与新奥尔松所有主要参与者的代表举行每周会议来促进日常活动的协调。NPI 在新奥尔松承担挪威东道主的角色，在总体上负责确保研究站的所有活动均符合《研究战略》，并拥有批准访问的最终权力。

---

① The Research Council of Norway, Ny-Ålesund Research Station Research Strategy Applicable from 2019, p. 10.
② The Research Council of Norway, Ny-Ålesund Research Station Research Strategy Applicable from 2019, p. 7.

王湾公司（Kings Bay AS）目前是挪威的一家国有公司，该公司在新奥尔松地区拥有土地，对该地区的安全和土地使用计划负责。王湾公司负责运营、维护和发展新奥尔松地区的研究基础设施，此外，还负责新奥尔松地区的港口和机场运营，并提供食宿和其他后勤服务。早先王湾公司归属挪威贸易、工业和渔业部，为便利挪威极地研究所负责协调研究战略的有效实施，加强协调新奥尔松的运营和发展，新的斯瓦尔巴政策白皮书对新奥尔松地区的管理和运营职能分工做了相应调整。自 2019 年 1 月起，王湾公司从挪威贸易、工业和渔业部移交给挪威气候和环境部。

新奥尔松科学管理者委员会（NySMAC）是新奥尔松地区不同研究机构之间加强协调与合作的重要平台。任何在新奥尔松开展长期项目或有重大研究活动的科学机构都有资格加入委员会成为成员，委员会经协商一致决定接受新成员，该委员会目前有 18 个成员机构和 4 个观察员。委员会设主席和联席主席，任期两年，由成员机构轮流担任。NySMAC 在协调研究和基础设施以及信息共享方面发挥了重要作用，为促进国际合作设立了 4 个旗舰计划，分别聚焦大气研究、陆地生态系统、孔斯峡湾（Kongsfjorden）系统和冰川学研究。

斯瓦尔巴科学论坛（SSF）旨在加强斯匹次卑尔根群岛多个研究点之间的合作、协调和信息共享，减少群岛研究活动对环境的影响。朗伊尔城、新奥尔松、巴伦支堡和霍恩松德的研究社区在论坛中均有代表，其中 NySMAC 在论坛中代表新奥尔松研究社区。挪威研究理事会担任论坛的主席，负责管理位于朗伊尔城的常设秘书处，SSF 代表挪威研究理事会管理斯瓦尔巴战略资助（SSG），其目标是促进研究者之间的协调、协作与数据分享。

斯瓦尔巴群岛北极综合地球观测系统（SIOS）是挪威发起的一项国际合作倡议，旨在充分利用斯匹次卑尔根群岛的研究基础设施提升对全球气候和环境变化的了解。该系统要求参与者互相便利现有设备和数据的使用和访问，SIOS 还制定了符合国际原则的数据政策。挪威希望提升这一观测系统的参与水平，利用这一观测系统加强斯匹次卑尔根群岛科研机构在数据、基础设施和成果方面的共享。

（三）挪威对新奥尔松科学研究活动的管控措施

挪威在《研究战略》中提出了一系列针对新奥尔松研究活动的管理举措，主要包括确定科学优先领域、加强科学研究活动的协调与合作、加强基础设施的分享与建设，以及制定数据开放获取政策等方面，明确规定了关于质量、合作、开放、数据和成果共享的要求，加强了北极科学考察的管理与协调。

首先，限定新奥尔松科学研究和观测活动的优先领域。挪威要求在新奥尔松开展的研究和观测活动属于自然科学的范畴，斯匹次卑尔根群岛的文化遗产研究除外；并且要求研究利用该区域的独特性，原则上会优先考虑能够在新奥尔松显著受益的研究。① 在限定研究领域的同时，挪威还通过旗舰计划组织和统筹新奥尔松地区的研究和观测活动，旗舰计划面向在该区域开展工作的科研人员开放，定期举行会议开展广泛的跨学科和跨领域合作。挪威鼓励科研人员熟悉并参加旗舰计划，尽可能避免干扰其他科研活动或与之重叠，推动旗舰计划成为加强科学联系、协调与合作的平台。

其次，加强科学研究活动的协调与合作。挪威重视利用现有多种论坛和机制进一步加强对新奥尔松科学研究的协调，在进一步发展斯瓦尔巴战略资助的基础上，挪威还计划建立斯瓦尔巴科学会议，为斯匹次卑尔根群岛的研究合作和成果传播提供一个重要平台。② 信息公开和分享是加强交流与协作的重要内容，挪威开发了一个关于斯瓦尔巴科学研究的网站（RiS）③，要求所有在斯匹次卑尔根群岛地区开展研究的人员和机构必须通过 RiS 网站注册其计划进行的研究项目并保持信息更新，用户可以在这一网站上了解关于项目以及参与研究的人员和机构的信息，并预订王湾公司提供的斯匹次卑尔根

---

① The Research Council of Norway，Ny-Ålesund Research Station Research Strategy Applicable from 2019，4.1，pp. 17 – 18.

② The Research Council of Norway，Ny-Ålesund Research Station Research Strategy Applicable from 2019，p. 26.

③ https：//researchinsvalbard. no，最后访问日期：2020 年 7 月 28 日。

群岛当地的旅行、住宿以及基础设施的使用等服务，在这个一站式平台上还可以申请斯瓦尔巴总督的许可证并提交报告。目前这一网站归属挪威研究理事会，由 SSF 秘书处运营。挪威希望将这一网站打造成为吸引科研人员使用的提供科研信息、科研合作机会以及协调野外考察和后勤服务的信息网站。此外，挪威还计划专门为新奥尔松研究站开发一个综合性的网站，以更好地传播在新奥尔松从事活动的研究人员的信息。[①]

再次，加强研究基础设施的分享与建设。新奥尔松地区能够建立新建筑物的区域有限，海洋实验室、齐柏林天文台、气候变化塔、光敏小屋等实验室和设施由王湾公司、挪威极地研究所、挪威研究理事会等拥有和管理，面向新奥尔松地区的科研人员共同使用，挪威致力于在新奥尔松开发共享主题式实验室，提高建筑物的利用率。[②]《研究战略》鼓励研究者协调其与其他机构在新奥尔松的活动，优化研究基础设施和后勤服务的利用率，使基础设施可供他人使用。考虑到斯瓦尔巴群岛北极综合地球观测系统（SIOS）能够提供访问其他成员基础设施和数据的机会，挪威鼓励在新奥尔松进行地球系统研究的科学家加入这一观测系统，通过这一系统扩大新奥尔松地区各科研机构之间共享和协作使用研究基础设施的范围。

最后，制定观测研究数据的开放获取政策。《研究战略》提出在新奥尔松的研究人员和机构应制订一个与所有研究项目相关的数据管理计划；按照 FAIR 原则（包括可查找、可访问、相互操作性以及可重复使用）准备研究数据并将其存储于各自机构的数据库或国际数据库中；在保留单个研究者在有限时间内对数据的专有使用权的基础上，尽快并以尽可能低的成本提供其获得的研究数据及原数据；在 RiS 网站上发布关于其在新奥尔松正在开展和已经完成的项目的科普介绍；鼓励研究机构制定自己的策略和指南，安全地

---

① The Research Council of Norway, Ny-Ålesund Research Station Research Strategy Applicable from 2019，p. 29.

② The Research Council of Norway, Ny-Ålesund Research Station Research Strategy Applicable from 2019，p. 28.

存储和管理研究数据并增强研究数据的可访问性。① 挪威计划为新奥尔松科学考察活动制定通用的数据管理规范，涉及元数据通用标准以及有限时间内数据专有使用权等内容。

除了上述重点领域的管控措施外，《研究战略》中还对在新奥尔松开展科学研究活动提出了一些条件和要求，已有的强制性规定包括所有研究人员必须保持无线电静默，优先考虑不干扰无线电静默的研究，研究活动遵守《斯瓦尔巴环境保护法》和《新奥尔松土地使用计划》。一些新的政策性要求包括：研究项目应在启动前有质量保证，科研活动的开展应保持较高的专业水准，开展国际合作提高科学质量，研究成果以英文发表在开放访问、国际同行评议的期刊上。②

三 挪威加强斯匹次卑尔根群岛科学考察 管控的趋势及影响

自 20 世纪 70 年代以来，挪威逐步加强对斯匹次卑尔根群岛的管辖，强化其在斯匹次卑尔根群岛的主权。由于国内国际形势的变化，科学研究和教育在挪威斯瓦尔巴政策中的作用将越来越重要，《研究战略》正是落实挪威新的斯瓦尔巴政策白皮书的重要举措，挪威加强对斯匹次卑尔根群岛科学研究活动的管控具有多重影响。

（一）挪威逐步加强对斯匹次卑尔根群岛的管辖

挪威对斯匹次卑尔根群岛的政策大致经过了三个阶段。1925 年《斯约》生效后的 20 年时间，挪威对斯匹次卑尔根群岛的政策主要是自由放任；1950~1965 年，挪威政府积极宣传挪威的主权和利益；1965 年以后进入行

---

① The Research Council of Norway, Ny-Ålesund Research Station Research Strategy Applicable from 2019, p. 32.

② The Research Council of Norway, Ny-Ålesund Research Station Research Strategy Applicable from 2019, p. 19.

动阶段，特别是 1975 年以后，挪威采取了多项措施加强对斯匹次卑尔根群岛的管辖。① 挪威的斯瓦尔巴政策及其变化受国内政治经济以及国际地缘政治两方面的影响。长期以来斯匹次卑尔根群岛一直处于挪威国内辩论和政策议程的外围，20 世纪 60 年代末 70 年代初，石油资源的发现、对生态环境的担忧以及政府相关部门的利益等因素推动了挪威加强在斯匹次卑尔根群岛地区的管辖和规制。同时，国际关系的变化对挪威政策的转变有重要影响，斯匹次卑尔根群岛位于美苏之间，地理位置具有战略意义，在《斯约》生效早期，挪威尽量回避采取管辖行动以免引发大国的不满，到 20 世纪 70 年代冷战形势有所缓和，特别是冷战结束后国际关系的走向为挪威提供了良好的外部条件。②

《斯约》是国际力量博弈的结果，虽然确定了挪威对斯匹次卑尔根群岛地区的主权，但同时也给挪威主权施加了一定的限制。挪威希望通过加强对斯匹次卑尔根群岛的管辖强化其主权，因此长期以来，挪威都将实施对斯匹次卑尔根群岛地区的主权管辖作为斯瓦尔巴政策的重要目标。1975 年挪威出台了第一份关于斯瓦尔巴政策的白皮书，呼吁进一步采取加强挪威对斯匹次卑尔根群岛管辖权的措施。1986 年挪威发布关于斯匹次卑尔根群岛地区的第二份白皮书，将坚定地行使主权确定为对斯匹次卑尔根群岛地区总体政策目标的组成部分。挪威通过加强基础设施建设、加大财政支持、扶持和调控产业发展等措施，增强其在斯匹次卑尔根群岛地区的实际存在，增强了挪威实际管控该地区的能力。1971 年挪威政府决定在朗伊尔城建设机场，为斯瓦尔巴总督配备了直升机，1975 年挪威政府收购了采矿公司 Store Norske 的所有股份，通过国家所有权的建立实现对朗伊尔城的控制。与之相适应，挪威大幅增加斯匹次卑尔根群岛的财政预算，从 1960 年的 70 万克朗飙升到

---

① Bjørn P. Kaltenborn, Willy Østreng & Grete K. Hovelsrud, "Change will be the Constant-future Environmental Policy and Governance Challenges in Svalbard," *Polar Geography*, Vol. 43, No. 1, 2020, p. 27.
② Torbjørn Pedersen, "Norway's Rule on Svalbard: Tightening the Grip on the Arctic Islands," *Polar Record*, 45 (233), 2009, pp. 149 – 152.

1980 年的 3720 万克朗。① 挪威在斯匹次卑尔根群岛的管辖逐步增强。

为实施对斯匹次卑尔根群岛地区的主权和管辖权，挪威陆续颁布了多项专门针对斯匹次卑尔根群岛地区的管理法规，加强对斯匹次卑尔根群岛地区相关活动的管控，涵盖采矿、环境保护、旅游、航运管理、文化遗产保护等多个领域。② 其中，生态环境保护是挪威在斯匹次卑尔根群岛地区实施管控的重要领域，围绕保护斯匹次卑尔根群岛地区脆弱的自然和文化遗产，挪威在斯匹次卑尔根群岛地区建立了严格的生态环境保护制度，以 2001 年《斯瓦尔巴环境保护法》为核心并包括一系列执行规章，内容包括有害物质处理与管理、要求游客缴纳环境费、强制要求用皮带拴狗、管制露营活动、规范机动车辆和飞机的使用、限制对动物物种的采集和捕获，制定土地使用规划以及环境影响评价规则。③ 这些环保规定具有广泛的影响，对其他国家在斯匹次卑尔根群岛地区开展经济、旅游、科研活动提出了限制措施。以科学考察活动为例，其他国家在斯匹次卑尔根群岛地区开展科学考察活动需要遵守挪威的法律法规，部分研究活动需要获得挪威主管机构的许可，遵守划定的鸟类保护区、自然保护区等区域的限制性规定，在新奥尔松地区还要将电磁辐射活动保持在最低水平。

（二）挪威强化北极科学考察管控的影响

科学研究与高等教育是挪威在斯匹次卑尔根群岛地区的主要活动之一，挪威利用其自然条件和地理位置优势将斯匹次卑尔根群岛发展为国际北极观测和科学研究的重要阵地，十多个国家已在新奥尔松建立了科考站。随着近年来斯匹次卑尔根群岛地区采矿业的衰落以及北极环境监测的紧迫性和重要

---

① Torbjørn Pedersen, "Norway's Rule on Svalbard: Tightening the Grip on the Arctic Islands," *Polar Record*, 45 (233), 2009, p. 148.

② Governor of Svalbard, "Laws and Regulations," https://www.sysselmannen.no/en/laws – and – regulations/, 最后访问日期: 2020 年 7 月 28 日。

③ Svalbard Environmental Protection Act, "Related Regulations," https://www.regjeringen.no/en/dokumenter/svalbard – environmental – protection – act/id173945/, 最后访问日期: 2020 年 7 月 28 日。

性的提升，北极科学考察在挪威斯瓦尔巴政策中的地位更加重要，挪威出台专门的《研究战略》，加强对新奥尔松北极科学考察活动的管理和协调，具有强化挪威斯匹次卑尔根群岛主权的战略意义。

挪威始终将建立定居点、保持在斯匹次卑尔根群岛的实质性存在作为其在斯匹次卑尔根群岛的政策目标，挪威在斯匹次卑尔根群岛的经济活动、科学考察活动以及政策转向均具有地缘政治的考量，意在强化其对斯匹次卑尔根群岛的主权。早期挪威、苏联主要依赖煤炭开采在斯匹次卑尔根群岛上建立定居点，维持其在斯匹次卑尔根群岛的实际存在，历史上斯匹次卑尔根群岛经营的煤炭开采业并不盈利，挪威和苏联公司在斯匹次卑尔根群岛经营的煤矿开采业务也是依赖国家补贴。[①] 20 世纪 80 年代末，煤炭开采产业出现危机，挪威不得不探索斯匹次卑尔根群岛经济多元化的策略，挪威将发展高等教育、扩展科学研究活动作为发展斯匹次卑尔根群岛的新政策。[②] 1993 年斯瓦尔巴大学中心在朗伊尔城建立，同年挪威教育部发布的挪威极地研究白皮书中也重申新奥尔松的首要功能是作为国际北极研究的基地。挪威利用新奥尔松的自然条件以及基础设施建设、集聚效应等优势吸引其他国家在此处设立科学考察站，新奥尔松逐渐转型为北极地区的国际北极科学观测和研究基地。

挪威在斯匹次卑尔根群岛积极拓展科学研究活动，特别是近期致力于将新奥尔松发展为世界领先的自然科学研究国际合作的挪威平台，体现了挪威加强对斯匹次卑尔根群岛科学考察的管理、强化斯匹次卑尔根群岛主权的新的战略动向。随着斯匹次卑尔根群岛地区旅游、研究和高等教育等其他活动的稳步增长，挪威希望通过教育和研究、旅游产业以及海产品加工业的发展，弥补煤矿产业流失的就业与人口，确保挪威在斯匹次卑尔根群岛地区的实际存在。自 20 世纪 60 年代起，挪威极地研究所就开始在斯匹次卑尔根群

---

① Adam Grydehøj, "Svalbard: International Relations in an Exceptionally International Territory," in Ken S. Coates and Carin Holroyd (eds.), *The Palgrave Handbook of Arctic Policy and Politics*, Palgrave Macmillan, 2020, p. 271.

② Dad W. Aksnes, Hanne H. Christiansen and Thor B. Arlov, "A Norwegian Pillar in Svalbard: The Development of the University Centre in Svalbard," *Polar Record*, Vol. 53, Issue 3, 2017, p. 234.

岛开展田野调查研究，展示挪威的主权存在，此后当地天然的自然环境、良好的基础设施以及通信和食宿服务等条件吸引了外国的科学考察站聚集于新奥尔松和朗伊尔城。与此同时，挪威自 20 世纪 70 年代开始通过多项环境立法和保护区建设措施加强对斯匹次卑尔根群岛地区的管控，斯匹次卑尔根群岛上的科学考察活动也需要遵守相关生态环境保护法规的管制。通过发展北极科学考察活动以及加强环境规制，挪威不仅建立了在斯匹次卑尔根群岛地区的实际存在，而且强化了挪威对外国活动的主权管辖。此外，挪威在新奥尔松和朗伊尔城发展北极科学考察还具有地缘政治意义，从衰落的采矿业转向北极科学考察研究，挪威在保持和扩展斯匹次卑尔根群岛的定居点和经济活动、加强主权管辖的同时，还有利于削弱俄罗斯在斯匹次卑尔根群岛享有的特权地位，制衡苏联/俄罗斯在斯匹次卑尔根群岛上的实际存在。

在全球气候变暖以及北极环境持续变化的背景下，北极环境监测和研究的重要性与迫切性日益受到国际社会的重视，挪威在法律地位较为特殊、各缔约国有权开展多种活动的斯匹次卑尔根群岛推动北极科学考察及合作，减少令气候变暖的经济活动，不仅有助于实现其实施主权、维持挪威社区在群岛上的存在以及保护斯匹次卑尔根群岛原始荒野的政策目标，而且其政策的正当性因契合国际社会应对气候变化、促进国际极地科学合作的发展趋势而得以增强。然而面向国际社会增加科学考察活动、发展旅游等多样化活动和产业必然会增加外国人在斯匹次卑尔根群岛地区的相关活动，在一定程度上可能对挪威在斯匹次卑尔根群岛地区的实际存在和影响产生冲击和稀释作用。[1] 为避免国际化因素对挪威主权和管辖权的负面影响，挪威政府重视提升挪威在斯匹次卑尔根群岛科学考察中的地位，例如，《斯瓦尔巴研究与高等教育战略》中提出要将挪威学生在 UNIS 中的比例提升至 50%，新奥尔松科学研究旗舰计划、研究设备共享、数据开放分享等措施也使挪威从国际北极科学观测和研究中获益，有助于提升挪威北极科学研究的水平和领先地位。在加强

---

① Torbjørn Pedersen, "The Politics of Presence the Longyearbyen Dilemma," *Arctic Review on Law and Politics*, Vol. 8, 2017, p. 102.

总体规划、协调和提升国际合作的过程中，挪威强化其作为东道主和协调者的身份，加强对新奥尔松北极科学考察活动的管控，弱化新奥尔松作为多个国家平等并相对独立开展北极环境监测和科学研究的自主性，致力于将新奥尔松打造为国际北极科学合作的挪威平台。

四　中国开展北极科考面临的挑战及应对

北极具有重要的科研价值，探索和认知北极是中国北极活动的优先方向和重点领域。[①] 北极陆地领土归属 8 个北极国家，中国在北极不享有领土主权，中国在北极地区开展科学考察须尊重北极国家依据国际法享有的主权、主权权利和管辖权，同时中国依据《联合国海洋法公约》《斯约》等国际条约和一般国际法享有相应的科学考察权利。近年来挪威强化对斯匹次卑尔根群岛地区的管控，域外国家开展国际北极科考面临更多约束和限制，中国应采取应对策略。

（一）中国在斯匹次卑尔根群岛开展科学考察面临的挑战

斯匹次卑尔根群岛是目前中国在北极地区唯一可以自由建立科学考察站的陆地区域，进入其他北极陆地区域均须经所属国家的同意，斯匹次卑尔根群岛对中国开展北极科学考察具有重要的战略意义。然而目前挪威政府不断加紧对斯匹次卑尔根群岛科学研究活动的管控与协调，中国开展北极科学考察面临新的挑战。

挪威依据《斯约》赋予的主权对斯匹次卑尔根群岛实施管辖，但《斯约》对挪威主权施加了相应限制，力求在挪威主权和其他缔约国的权利之间保持一种平衡，这导致许多规定使用"在完全平等的基础上"等原则性表述，这为挪威可以依从自己的利益解释《斯约》规定、扩展管辖权提供了空间。在挪威的管辖权方面，《斯约》第 2 条第 2 款规定："挪威应自由

---

① 《中国的北极政策》白皮书。

地维持、采取或颁布适当措施，以确保对斯匹次卑尔根群岛地区及其领水的动植物进行保护和必要时的修复，但这些措施应始终平等适用于所有缔约方的国民，不得直接或间接地给予任何一方有利的豁免、特权或优惠。"对于科学考察，《斯约》虽然未明确规定缔约国进行科学研究活动的权利，但在第5条肯定了建立国际气象站的作用，并要求各缔约方通过公约对其如何组织科学考察进行安排，还要求通过缔结公约对进行科学考察的条件进行规定。

近年来挪威采取多项措施强化对斯匹次卑尔根群岛的管辖权，一方面是依据对斯匹次卑尔根群岛的主权主张新的管辖海域、拓展管辖范围，如在斯匹次卑尔根群岛建立200海里渔业保护区并申请大陆架；① 另一方面挪威对斯匹次卑尔根群岛上的活动加强管辖，如2017年挪威政府宣布将斯瓦尔巴机场由"国际级"降为"国内级"。② 在科学考察方面，挪威近期通过专门的《研究战略》对研究领域、科研信息及科学数据的公开分享，科研设备的使用等方面都提出了新的管控要求，各国在新奥尔松开展科学考察的自主性受到更大限制，中方对挪威将新奥尔松的优先研究领域限定为自然科学的规定表达过担忧。从挪威发布的最新斯瓦尔巴政策白皮书来看，挪威更加重视发展斯匹次卑尔根群岛的科学研究活动并对其加强管控，以此维持挪威在该区域的社区存在和管辖活动，接下来一段时间加强对科学研究活动的管控将会是挪威在新奥尔松乃至整个斯匹次卑尔根群岛的政策趋势，从而压缩中国在斯匹次卑尔根群岛开展北极考察活动的空间。

（二）中国应对挪威科学考察管控的策略

面对挪威强化斯匹次卑尔根群岛科学考察管控的趋势，中国可以从多个

---

① 俄罗斯、美国、欧盟、冰岛、瑞典等国家对挪威在斯匹次卑尔根群岛周围划定渔业保护区的做法提出了异议。卢芳华：《挪威对斯瓦尔巴德群岛管辖权的性质辨析——以〈斯匹次卑尔根群岛条约〉为视角》，《中国海洋大学学报》（社会科学版）2014年第6期，第9~11页；董利民：《北极地区斯瓦尔巴群岛渔业保护区争端分析》，《国际政治研究》2019年第1期，第76~85页。
② 这一做法被指责有悖于《斯约》关于缔约国自由进入和无歧视原则。参见郭培清《挪威斯瓦尔巴机场降级事件探讨》，《学术前沿》2018年6月上期，第44~46页。

层面采取应对措施。首先，中国尊重挪威对斯匹次卑尔根群岛的主权和管辖权，在此基础上积极推动在斯匹次卑尔根群岛地区的北极科学考察和研究，参与现有的新奥尔松科学研究协调与合作、实现互利共赢。其次，要积极利用中国在新奥尔松科学管理者委员会、斯瓦尔巴科学论坛等斯匹次卑尔根群岛科学研究平台和机制中的身份，参与新奥尔松和斯匹次卑尔根群岛科学考察政策的制定，表达中国科学考察的合理诉求，推动挪威科学研究管理措施不损害缔约国依据《斯约》及其他国际法享有的合法权利。再次，《斯约》对开展科学考察问题持开放态度，要求缔约国通过缔结专门的条约加以规定，中国可以寻求适当时机与其他国家一起推动国际条约的谈判，为斯匹次卑尔根群岛的科学研究建立公平公正的秩序。最后，在斯匹次卑尔根群岛以外积极扩展北极科学考察的地域范围，使开展科学考察的方式多样化，充分利用中国冰岛北极科学考察站、中国瑞典遥感卫星北极站开展工作，并推进中国－芬兰北极空间观测联合研究中心等的建设和运行，推进与北极国家的双边合作，积极参与国际极地科学合作计划，减小挪威政策缩紧给中国北极科学考察带来的不利影响。

附　　录

Appendix

B.16
2019年度北极地区发展大事记

1月

2019 年 1 月 1 日　俄罗斯国防部发布的一份声明称，2018 年，俄罗斯的 Tu－142 Bear 和 Il－38 May 海上巡逻机和反潜战飞机以及 Su－24MR Fencer 战术侦察机在北极圈上空共飞行超过 100 架次，这些飞行是在俄罗斯国境内和国际空域内进行的。俄罗斯军队，特别是其北方舰队已经大大拓展了其在北极地区的实际存在。

2019 年 1 月 9 日　俄罗斯的诺瓦泰克公司（Novatek）表示将考虑把北极地区生产的液化天然气储存在日本南部的九州岛上，以便更好地满足中国的现货需求并降低运输成本。

2019 年 1 月 14 日　英国巴莱克银行宣布不再对包括北极石油在内有争议的项目进行投资。该政策是巴莱克银行 2018 年 5 月发布的政策的延续，政策指出，巴克莱银行要避免与联合国世界遗产地附近的客户做生意。巴克莱银行成为第 12 家以某种方式限制北极石油和天然气勘探资金的银行。

2019 年 1 月 16 ~ 17 日　北极理事会黑碳和甲烷问题专家组（EGBCM）在芬兰赫尔辛基举行了第六次会议。会议讨论了将在第十一届北极理事会部长级会议上提交的《2019 年进展和建议报告》的摘要内容，并制订了 EGBCM 2009 ~ 2021 年的工作计划。

2月

2019 年 2 月 11 日　挪威在奥斯陆发布年度军情报告。该报告从挪威的角度对北极地区进行了风险和安全评估分析。挪威军事情报处处长、海军中将 Morten Haga Lunde 在这份军情报告中突出强调了中俄两国在北极地区的合作。

2019 年 2 月 13 日　韩国和俄罗斯签署了一项涉及多个领域的行动计划。这是两国政府为加强双边合作而采取的最新举措。2017 年韩国总统文在寅提出的"九桥"战略计划是两国合作的关键部分，包括造船、天然气、铁路、电力、农业、北极航运和渔业。

2019 年 2 月 14 日　英国皇家海军陆战队上将、苏塞克斯公爵哈里王子首次访问在挪威皇家空军基地杜福斯参与"时钟"演习的英国突击队直升机部队。英国皇家海军陆战队是一支两栖精英部队，通常被派往世界各地执行一些危险任务。

2019 年 2 月 15 日　美国国务卿蓬佩奥访问北约盟友冰岛，与冰岛外交部部长索尔达松讨论了安全关系以及中国和俄罗斯在北极地区日益增加的影响力等问题。美国国务卿蓬佩奥在访问期间说，冰岛居"世界战略位置"。冰岛外交部部长索尔达松强调，对北极而言，保持作为一个"和平、低压的地区"是非常重要的。

2019 年 2 月 26 日　俄罗斯总统普京签署了《关于改善俄罗斯联邦北极地区公共行政管理的法令》。该文件特别规定将俄联邦远东发展部改名为远

东和北极发展部，授权其为俄罗斯在北极地区的发展制定国家政策和相关法律规定等。

3月

2019年3月6日 俄罗斯宣布拒绝遵守航行新法规的船只（包括非俄罗斯船只）将会面临被击沉或逮捕，还有可能被禁止通航北方海航道。这项新法规要求通过俄罗斯北极水域的船只提前45天向俄罗斯备案航程，并且船上需配备1名俄罗斯领航员。

2019年3月13~14日 在芬兰担任北极理事会轮值主席国期间，第四次北极高官（SAO）全体会议在芬兰的鲁卡举行。这次会议将是芬兰轮值主席国任期结束之前最后一次的SAO全体会议。

2019年3月19日 第六届北极渔业国际会议在俄罗斯摩尔曼斯克召开。来自俄罗斯、挪威、冰岛和波兰不同地区的相关代表提交了关于国际合作可能性、行业最新技术进步、船舶改造和现代化经验的报告，以期提高捕鱼效率和产品质量。

2019年3月26日 英国外交大臣杰里米·亨特和冰岛外交部部长索尔达松在伦敦签署了谅解备忘录。此备忘录涵盖了警务、反恐、搜救、风险和危机管理以及网络安全等领域，进一步强调了在冰岛与英国之间建立积极双边关系的重要性。

4月

2019年4月4日 联合国大陆架界限委员会工作小组审查了俄罗斯北极外大陆架的申请，并确认了包括在大陆架延伸边界内的领土与陆架和俄罗斯大陆延续结构的地质联系。

2019年4月8~12日 第五届国际北极论坛在俄罗斯圣彼得堡开幕，来自芬兰、冰岛、挪威、瑞典、俄罗斯、中国等世界多国的2000多名代表参会。会议着重讨论北极合作、北极开发、自然资源、生态安全、交通运输、保护北极地区原住民权利以及北极地区可持续发展等问题。

2019年4月22日 美国海岸警卫队发布新版《北极战略展望》。这是美国海岸警卫队自2013年5月以来发布的第二版文件。文件指出，北极在地缘战略竞争中的作用正在增强。但是美国未能保持必要的投资以跟上对手的步伐，需要增加对该地区舰艇、飞机和通信网络的投资。

5月

2019年5月7日 第十一届北极理事会部长级会议在芬兰北部城市罗瓦涅米闭会。冰岛接替芬兰成为新一任轮值主席国。同时，由于美国的反对，本次会议未能发表共同宣言，在北极理事会23年的历史上首次出现这种情况。本次部长级会议还宣布增加国际海事组织为北极理事会观察员。

2019年5月10~11日 由中国自然资源部和北极圈论坛共同主办的北极圈论坛中国分论坛在上海举行。论坛以"中国与北极"为主题，围绕"冰上丝绸之路"、科学与创新、运输与投资、可持续发展、海洋、能源、治理等议题展开深入探讨与交流。来自中国、冰岛、美国、加拿大、欧盟、挪威、瑞典、波兰、日本、韩国、印度等北极国家和域外国家的北极大使、驻华外交官、国内外专家学者、企业家和北极原住民组织代表约500人参加了此次论坛。

2019年5月16日 庆祝中挪建交65周年经贸座谈会在挪威首都奥斯陆举行，与会两国企业家纷纷表示希望进一步扩大和深化双边经贸合作。

2019年5月25日 俄罗斯"乌拉尔"号核动力破冰船在圣彼得堡下水。"乌拉尔"号是俄罗斯建造的第三艘22220型破冰船，其余两艘破冰船"北极"号和"西伯利亚"号分别于2016年和2017年下水。

2019年5月22~28日 2019年北极科学峰会周在俄罗斯阿肯赫茨克举行。国际北极科学委员会发布2019年报告，介绍了大气层、冰冻圈、海洋、社会和人类、陆地5个领域的研究成果。报告指出，由于气候变化、全球变暖、生态系统等重大变化，全球北极科学界的跨部门合作变得非常重要，必

须更深入地了解生态系统现在和未来的变化趋势及后果。

2019 年 5 月 29 日 加拿大渔业、海洋和海岸警卫队部的国会秘书肖恩·凯西代表国会宣布加拿大批准《预防中北冰洋不管制公海渔业协定》，称该协定的生效实施可以防止北冰洋中部公海出现不受管制的渔业捕捞行为。

6月

2019 年 6 月 5 ~ 7 日 中俄两国国家元首出席第二十三届圣彼得堡国际经济论坛。中俄双方共同签署《中华人民共和国和俄罗斯联邦关于发展新时代全面战略协作伙伴关系的联合声明》。该声明旨在推动中俄北极可持续发展合作，在尊重沿岸国家权益的基础上扩大两国在北极航道开发利用以及北极地区基础设施、资源开发、旅游、生态环保等领域的合作。

2019 年 6 月 6 日 美国国防部发布《北极战略》，在报告中美国不再重视北极地区的气候变化，视中国为北极地区的一个"战略竞争者"，并给出了北极地区已进入"战略竞争时代"的结论。

2019 年 6 月 18 日 美俄军方在北极举行联合演习。俄罗斯联邦安全局（FSB）巡逻船 Sakhalin 号和美国海岸警卫队破冰船 Alex Haley 号在白令海峡冰封的海域进行联合巡逻，此次活动旨在加强双方沟通，密切关注海上非法活动。

2019 年 6 月 25 ~ 26 日 第四轮中日韩北极事务高级别对话在釜山召开，三国代表表示认识到目前在各自北极事务上面临的挑战，并分享最近各自的北极政策以及在国际舞台上活动的经验，再次表达将积极支持北极理事会活动的决心，重申在北极事务上面临的共同挑战以及应对的重要性。

7月

2019 年 7 月 4 日 中国南海 8 号钻井平台第三次抵达俄罗斯摩尔曼斯克在北极水域开展钻探活动。该钻井平台将在俄罗斯西北部的港口城市摩尔曼斯克安置 10 天，之后它将前往北极水域的钻探区。

2019 年 7 月 12 日　正在建设 Tallinn-Helsinki 海底隧道项目的 FinEst Bay 开发公司宣布，将与 3 家中国公司合作完成这条 100 千米长的隧道的最终设计和施工。这条隧道是中国"一带一路"倡议的一部分。该隧道项目将芬兰铁路网与挪威的北冰洋海岸连接起来，将北方海航道上的北极航运与欧洲中心连接起来。

8月

2019 年 8 月 8 日　加拿大总理贾斯廷·特鲁多宣布，加拿大将在北极地区建立海洋保护区，海洋保护区的建立是加拿大政府促进环境保护和促进与原住民之间合作行动的组成部分。

2019 年 8 月 21 日　位于加拿大努纳武特地区剑桥湾西部的高北研究站正式开放。该研究站将与加拿大原住民合作，全年在加拿大的北极地区进行最前沿的北极研究。

2019 年 8 月 21 日　德国发布新北极政策指南，该指南以"维持和保护"为主旨，侧重环境保护和气候变化领域，呼吁在北极地区实施更多限制。德国在新北极政策中声明德国联邦政府正在"以为了未来而塑造北极地区为目标"在北极地区承担更大的责任，对此作出承诺并探讨自身将如何助力全球问题的解决。

2019 年 8 月 27 日　美国政府发言人办公室宣布美国成为继俄罗斯联邦、加拿大和欧盟之后第 4 个批准《预防中北冰洋不管制公海渔业协定》的缔约方。（事实上美国的批准时间晚于日本，是第 5 个批准该协定的缔约方。）

9月

2019 年 9 月 9 日　印度总理莫迪（Narendra Modi）访问俄罗斯远东地区，并与俄罗斯总统普京在符拉迪沃斯托克举行的俄印首脑会议上签署了联

合声明。该文件涉及的项目多达 81 个，包括广泛的共同利益问题。能源合作问题是其中的优先事项。

2019 年 9 月 10 日 加拿大皇家 – 原住民关系部部长卡洛琳·班奈特（Carolyn Bennett）宣布加拿大的《北极与北方政策框架》（Arctic and Northern Policy Framework）正式发布。该框架将指导加拿大政府到 2030 年及以后在北极的活动和投资，并将进一步促使加拿大国家政策与原住民和北方居民的优先事项保持一致。

2019 年 9 月 10 日 日本国立极地研究所在北极新奥尔松举行新的科学考察站开站仪式暨研讨会。研讨会上，在新奥尔松进行科考活动的日本、挪威、英国、德国的极地考察机构的代表围绕各国考察合作的经验、最新北极研究的活动及数据共享的意义发表讲话，在北极考察中各国合作的重要性方面达成了共识。新建的北极科考站作为日本国立极地研究所的公共设施，可供日本及海外研究者共同使用。

2019 年 9 月 17 日 中远海运特种运输股份有限公司"天禧轮"在山东港口集团青岛港西联公司南港区泊位上将从芬兰赫尔辛基运回的近 3 万吨纸浆开始卸船作业，标志着中远海运特运—山东省港口集团北极航线成功实现 2019 年首航。

2019 年 9 月 23 日 苏格兰发布《北极政策框架》。该政策称苏格兰为"近北极重要的海上运输和物流合作伙伴"。

2019 年 9 月 26 日 由中国海洋大学与俄罗斯圣彼得堡国立大学联合主办的"第八届中俄北极论坛"在俄罗斯萨哈（雅库特）共和国举办。本届论坛以"21 世纪的北极政策"为主题，在国际组织"北方论坛"主办的"北方可持续发展论坛"框架下举办。

10月

2019 年 10 月 2 日 芬兰总统绍利·尼尼斯托（Sauli Niinisto）与美国总统唐纳德·特朗普（Donald Trump）在白宫就北极问题进行了探讨并达成

共识，其中包括北极安全与环境相关议题。特朗普强调了芬兰作为北约伙伴的重要作用，并重申了美国对北极理事会的支持。

2019 年 10 月 9 日　北极理事会和北极经济理事会在雷克雅未克举行了首次联席会议。会议汇集了 8 个北极国家的政府代表、企业代表、原住民常驻代表以及理事会各自的工作组。

2019 年 10 月 10 ~ 13 日　第七届北极圈大会（Arctic Circle Assembly）在冰岛首都雷克雅未克召开。此次大会围绕北极资源、环境、经济、科技创新、全球治理等主题，共设 100 多个分论坛，吸引了来自 60 个国家的 2000 多人参会。

2019 年 10 月 22 日　韩国外交部完成了批准《预防中北冰洋不管制公海渔业协定》以及递交批准文书给作为保管者的加拿大的流程。韩国是继加拿大、欧盟、美国、日本和俄罗斯之后第 6 个完成上述程序的缔约方。

11月

2019 年 11 月 14 日　爱沙尼亚宣布将在 2021 年申请成为北极理事会观察员。考虑到来自北极的挑战日益增加，爱沙尼亚希望可以借助北极理事会这个平台，更多地参与和北极有关的国际议题。

2019 年 11 月 18 ~ 22 日　联合国第五十一届大陆架界限委员会会议期间，俄罗斯代表团提交了俄罗斯国防部 2019 年 8 ~ 9 月在北冰洋地区伽克略海岭南部完成的"北极 - 2019"的科考结果，旨在为将该领土列入俄罗斯联邦在北冰洋扩展的大陆架提供依据。

12月

2019 年 12 月 9 日　韩国海洋水产部与外交部共同举办"2019 北极合作周"。会议针对今后韩国与挪威、瑞典等北欧国家的北极合作方案进行讨论，寻求科学技术与政策间融合方案的可能性。

2019 年 12 月 23 日　俄罗斯联邦政府批准了由俄罗斯联邦原子能公司制定的《2035 年前发展北方海航道（NSR）基础设施发展规划》。此规划涉及基础设施和大型投资项目的开发问题、从北方海航道进行过境运输的条件、北极地区的医疗和航行保障问题，以及由紧急情况部和国防部负责的紧急救援准备的问题。

2019 年 12 月 30 日　俄罗斯国家石油公司与挪威国家石油集团就开发北极西伯利亚陆上油田的细节达成协议。这是自 2012 年两家公司达成战略伙伴关系以来展开的首次联合投资。俄罗斯方拥有 66.67% 的股份，挪威方持有剩余股份，同时拥有石油开采许可证。

2019 年 12 月 31 日　美国海军宣布海军第二舰队已达成全面作战能力。该舰队主要目的是通过与北约盟国和伙伴的密切合作，来支持美国在大西洋的西侧、东侧甚至更北的北冰洋部署兵力。

Abstract

Since 2019, the strategic competition in the Arctic has been volatile. Since the United States is at odds with other Arctic countries on the issue of climate change, it is difficult to coordinate. The Arctic Council failed to issue a joint declaration at the high-level official meeting in 2019 for the first time since its establishment, which has brought more uncertainties to international cooperation in Arctic affairs.

The General Report of this volume provides the latest development and evaluation of the dynamics of Arctic States in the Arctic region. The Trump administration of the United States continues to uphold the concept of "America First" and is relatively conservative in international cooperation in Arctic affairs. As a competitor in the Arctic region, this "Arctic view" of the United States has brought more geopolitical dimension to Arctic affairs, which has intensified the competitive situation in Arctic affairs. As the prospects for the opening of the Arctic passage are getting better, Russia also pays more attention to the Northern Sea Route. Canada has issued a new Arctic policy document, and Norway has issued a document on scientific investigation activities in the Ny-Ålesund region of the Svalbard Islands. As the rotating Chairman of the Arctic Council, Iceland seeks to promote international cooperation in the sustainable development of the Arctic through the Arctic Council. In this context, China should pay close attention to the development of the Arctic region and continue to strengthen its participation in Arctic affairs.

2020 is the Centennial anniversary of the "Spitsbergen Treaty". This report studies the issues related to the treaty. With the development of modern ocean law, the "Spitsbergen Treaty" has also undergone a century of change. Over the past hundred years, there have been endless disputes over the content and application of the Spitsbergen Treaty. Behind the continuous generation of legal disputes in

Spitsbergen is competition and compromise under the political game among Spitsbergen stakeholders. As a party to the Spitsbergen Treaty and Arctic stakeholders, China needs to apply the rights granted by the treaty to carry out various activities in the Spitsbergen Islands and strengthen its participation in Arctic affairs through the application of the Spitsbergen Treaty. Strive to achieve win-win cooperation in the Arctic region. In 2018, Norway released the Ny-Ålesund Research Station Research Strategy, which proposed a series of control measures for scientific investigation activities. In the face of Norway's tightening of the Svalbard scientific investigation policy, China should take countermeasures to promote Arctic scientific investigations and the study.

As the Arctic enters the "development era", the issues involved in the development of the Arctic region require our in-depth study. Arctic shipping and its governance are increasingly becoming a major issue of concern to the international community; the United States, Canada, and Russia are three major Arctic States, their Arctic policy deserves our attention. The governance of Arctic affairs is a multi-actor participation model. China should engage with existing platforms, and to deeply participate in the governance of Arctic affairs and contribute to the Arctic governance.

Keywords: Arctic Law; Arctic Governance; Arctic Strategy; Arctic Policy

Contents

I General Report

Abstract: The United States under Trump administration upholds the idea of "America first", is relatively conservative in international cooperation in Arctic affairs, and regards Russia and China as competitors in the Arctic region. In the Arctic affairs, the competitive situation in Arctic affairs is intensified. As the prospects for the opening of the Arctic Passages are getting better, Russia also pays more attention to the Northern Sea Route and further strengthens the control of the Northern Sea Route. Canada has issued a new Arctic policy document, and Norway has issued a document on scientific investigations in the Ny-Ålesund region of the Svalbard Islands. As the rotating Chairman of the Arctic Council, Iceland seeks to promote international cooperation in the sustainable development of the Arctic through the Arctic Council. Against this background, China should pay close attention to the development of the Arctic region, continue to strengthen its participation in Arctic affairs, and contribute to the good governance of the Arctic affairs.

Keywords: Arctic Strategy; Arctic Governance; China and the Arctic

II Governance Reports

B. 2 The International Actors and Their Operations in the

Arctic Governance Processes *Liu Huirong, Liang Yisong* / 014

Abstract: As the climate becomes warm and sea ice melts, it brings more potential business opportunities to develop Arctic natural resources and open up new Arctic sea routes. Therefore, both Arctic and non-Arctic countries now hope to participate in the Arctic governance processes. However, in the current Arctic governance, there is no unified legal system similar to the Antarctic Treaty system. In addition to several relatively fragmented treaties, the Arctic governance mechanism mainly presents a multi-layer governance structure dominated by the Arctic Council. In the Arctic governance mechanism, on the one side, the Arctic Council is exclusive in the mechanism's actual operation; on the other side, the Arctic countries dominate the Arctic Council and have absolute voice over substantial Arctic affairs. In order to cope with the above complex conditions in the governance of the Arctic region and further improve the Arctic governance mechanism, we should strengthen cooperation and communication between the Arctic Council and other international forums such as the Arctic Circle Assembly, broaden the channels for non-Arctic countries to participate, and establish mutual trust and cooperation among international actors.

Keywords: Arctic Governance; Arctic Council; Arctic Circle Assembly; International Actors

B. 3 Retrospect and Prospect of the Centennial Formulation of

the Spitsbergen Treaty: Legal Disputes, Changes in Political

Situation and China's Response *Bai Jiayu, Zhang Lu* / 042

Abstract: The Spitsbergen Treaty has a history of nearly 100 years since it was formulated in 1920. The formation of the Spitsbergen Treaty ended the long-standing sovereignty dispute over Spitsbergen, clarified the issue of sovereignty over Spitsbergen, and established a "fair system" for the peaceful use of Spitsbergen among the contracting parties. However, with the continuous development of the modern international law of the sea and the emergence of new problems and new situations, legal disputes about the content and application of the Spitsbergen Treaty have emerged one after another in the past hundred years. However, behind the constant legal disputes in Spitsbergen is the compromise and competition under the political game between Spitsbergen stakeholders. Since entering the new century, the Arctic has become the focus of competition for the interests of all countries. However, the geopolitics of the Arctic region is very complicated, and the interests of various countries are sophisticated as well. The recognition and participation of "Arctic identity" are becoming more and more important during the governance of Arctic affairs. As a contracting party to the Spitsbergen Treaty and an Arctic stakeholder, it is necessary for China to apply the rights conferred by the Spitsbergen Treaty to carry out various activities in Spitsbergen, strengthen its participation in Arctic affairs with Spitsbergen as a bridge, and seek win-win cooperation in the Arctic region.

Keywords: Spitsbergen Treaty; Arctic Geopolitics; Governance of Arctic Affairs

B. 4   Comparative Analysis of the Arctic Council Observer Countries
        Participating in the Protection of Arctic Marine Environment
        Working Group   *Geng Jiahui, Sun Kai* / 070

Abstract: The Arctic Council is the most important cooperation platform in the Arctic governance mechanism. The six working groups under the Arctic Council are the actual implementers of the relevant resolutions and work plans of the Arctic Council, and an important platform for countries outside the region to

北极蓝皮书

participate in Arctic governance. This article takes the Protection of Arctic Marine Environment Working Group as an example to analyze the history and characteristics of China's participation in the working group, and compare it with the participation and characteristics of other relevant observer states' participation in the working group. And then trying to find out how to further enhance China's participation in the Arctic Council.

Keywords: Arctic Council; PAME Working Group; Observer State; Arctic Policy

B. 5   Strategic Planning and Current Progress of Icelandic Arctic
        Council Chairmanship (2019 −2021)

Shen Peng , Sun Kai / 090

Abstract: Iceland is one of the members of the Arctic Council and serves as the rotating chairman of the Arctic Council for the second time in 2019. Since taking office in 2019, Iceland and the Arctic Council have responded to new challenges and opportunities. By studying and observing Iceland's plans and actions already announced in the Arctic Council's work, we can build a certain understanding of the current characteristics and future direction of the Chairmanship Strategy. By grasping the new situation of the Arctic Council, it can also provide a new perspective for China to better participate in Arctic affairs.

Keywords: Arctic Council; Rotating Chairmanship; Iceland

III Development Reports

Abstract: Climate, ecology, and social-economic changes have had a significant impact on the fishery legal order in the Arctic. "Agreement to Prevent Unregulated High Seas Fisheries in the Central Arctic Ocean" was passed in 2017, and signed in 2018. In the year of 2019, Russia, the European Union, Canada, Japan, the United States, and South Korea have ratified the agreement one after another. After making empirical and normative research on the new developments of the agreement, the results shows that the agreement is likely to be ratified by all parties in 2020, which will officially enter into force and ban commercial fishing activities in the high seas of the central Arctic Ocean. Besides, of the six parties that have ratified the agreement, the decisions approved by each party are consistent with the current trends in the Arctic policy of their own countries or organizations and are also consistent with their positions in participating in the governance of Arctic fisheries. In response to the positive and negative effects of the six parties' new development, China can actively participate in the implementation of the Agreement, strengthen cooperation with Arctic countries and stakeholders on the issue of Arctic fisheries, emphasize the relevant rights and obligations enjoyed by China in accordance with international law, promote the establishment of Arctic Ocean high seas fisheries management organizations process, and continue to strengthen China's policy support and capacity building to participate in the governance of Arctic fisheries.

Keywords: Agreement to Prevent Unregulated High Seas Fisheries in the Central Arctic Ocean; Governance of Arctic Fisheries; International Cooperation

北极蓝皮书

B. 7   Research on International Preferential Tax Issues in the
        Construction of "Polar Silk Road"

Dong Yue, Yang Liming and Qi Peng / 135

Abstract: Making full use of preferential tax system which is consisted of domestic tax laws and tax agreements in the "Polar Silk Road" region will help eliminate double taxation, reduce the enterprises' tax burden, and encourage companies to participate in the "Polar Silk Road" constructions. Currently, the "Polar Silk Road" constructions are focusing on the Northeast Passage developments and related regions, this paper analyzes the incentive taxation regimes in these six countries along the Northeast Passage and articles in the bilateral tax conventions with China. Then it summarizes the inadequacies of the international preferential tax system to promote the constructions of the "Polar Silk Road" and puts forward a series of solutions on improving the international tax preferential system.

Keywords: "Polar Silk Road"; Preferential Tax Regimes; Arctic Passage

B. 8   Development of Marine Industries in Arctic Region and Its
        Implications for China

Ma Chen, Tang Honghao, Yu Jing, Li Xuefeng and Yue Qi / 148

Abstract: The reduction of sea ice due to global warming has increased the development potentials of arctic. Arctic countries are seizing the opportunity to develop strategies and plans in sectors such as oil and gas, mining, fisheries and tourism in terms of natural resources and infrastructures. Oil, gas and mining in Russia, the United States and Canada are among the top priorities, especially the traditional resource-rich arctic power, Russia, which is the hope of its economic recovery. The Nordic countries' strategy, by contrast, is to balance their industries, with fishing and tourism playing an important role in most countries' economies at a time when oil, gas and mining are immature. Climate change is not only an opportunity for the eight arctic countries, but also an opportunity for China to participate in arctic affairs, which China should seize to grow into an indispensable arctic power.

Keywords: Arctic Countries; Marine Industries; Oil, Gas and Mining

B. 9 Legal Risks and Countermeasures of China's Promotion of the "Polar Silk Road"　　　　　　　　*Wang Chenguang* / 179

Abstract: The "Polar Silk Road" is an important part of "Belt and Road" Initiative and a major strategic move for China's participation in Arctic governance in the new era. However, as a non-Arctic, China is in an inferior position in promoting the "Polar Silk Road". It needs to fully consider the legal environment of the Arctic region and use relevant legal mechanisms. At present, the Arctic legal mechanism is in a state of "fragmentation" and presents issues of ambiguity, exclusivity, conflict and weakness, making China face some risk in promoting "Polar Silk Road" construction, such as the Arctic rights are difficult to be effectively guaranteed, Arctic identity is not fully recognized, and Arctic activities lack legal norms. In this regard, China should take measures from the aspects of improving global legal mechanisms, participating in regional legal mechanisms, innovating multilateral or bilateral legal mechanisms, and advancing domestic Arctic legislative activities, so as to promote the construction of an "community of shared future for Arctic".

Keywords: "Polar Silk Road"; Legal Risk; Arctic Governance

北极蓝皮书

IV   Shipping Reports

B. 10   Arctic Route Application Prospect and Impact on World
Economy and Geopolitical   *Li Zhenfu , Deng Zhao* / 192

Abstract: Affected by the accelerated melting of the Arctic Ocean, the application prospects of the Arctic route are more optimistic, which means that the formation of a new maritime channel connecting Asia with Europe and North America will change the existing shipping pattern and global economic and trade pattern to a certain extent, and brand new geopolitical and economic prospects. Based on a combination of qualitative and quantitative analysis methods, the impact of the Arctic route on the world economy and geopolitics is discussed from the perspective of the Arctic route application prospects. The results show that: ①Compared with traditional routes, the Arctic route has shortened 2554n mile and 1998n mile respectively, and the sailing time has been shortened by 1.6 – 6.6 days. The countries or regions along the Arctic route have closer economic ties. ② With Shipping distance and time are shortened, the cost of voyages on the Arctic route is reduced by 27.8% and 5.3% compared with the traditional route; fuel consumption and the emission of polluted gases such as CO_2, So_x, No_x, etc. are reduced. ③The freight demand of the Arctic route is increasing year by year and the trend is soaring later. It is expected that by 2024 and 2030, the freight volume will reach 105 million tons and 370 million tons; The northeast route is mainly liquid bulk cargo, the dry bulk cargo growth is slow, and the northwest route is mainly liquid bulk cargo and dry bulk. ④The Arctic route will promote the continuous movement of international industry, technology and routes to the regions along the route, push the global geopolitical and economic center of gravity to the north, and change the existing geopolitical and economic pattern.

Keywords: Arctic; Arctic Route; World Economy; Geopolitical

B. 11   The New Trend after the Polar Code Taking Effect and Its
Implications to the Arctic Shipping Governance

Abstract: The entry into force of the polar code provides mandatory regulations and advisory measures that can be implemented for the governance of Arctic shipping, which is helpful to reduce environmental and safety risks in Arctic waters. However, the weakness of environmental protection has been still criticized, which is manifested in the fact that the use of heavy fuel oil has not been officially banned, the emission of black carbon and discharge of grey water has not been strictly controlled, and the invasion of alien species and ballast water from shipping have not been taken into account. The Protection of the Arctic Marine Environment Group under the Arctic Council has successively issued the Arctic Shipping Report and the report of "Underwater Noise in the Arctic: A State of Knowledge" after the polar code came into effect. The Black Carbon and Methane Expert Group under the Arctic Council has made fruitful and pioneering work on black carbon governance in the Arctic. Russia and Canada have made different responses to the new trends of IMO after the polar code. IMO has recently launched the work plan for the next phase of implementing polar code and continuing to improve environmental protection measures, in order to take further measures to remedy the loopholes and deficiencies of polar code. IMO should cooperate with the Arctic Council in the future to jointly realize good governance of Arctic shipping.

Keywords: Polar Code; International Maritime Organization; Arctic Shipping

B. 12　The Disputes on the Arctic Passage and China's Strategy:
From the Perspective of UNCLOS　　　　　*Dong Limin* / 234

Abstract: As the international community pays more attention to the North Sea Route and the Northwest Passage, the disputes concerning the interpretation or application of passage regime and article 234 of the UNCLOS become much more prominent. There are different opinions on the interpretation and application of the those clauses, which is an important cause of the disputes. Although the focus of the problems are on legal issues, the reality of international politics is far more complicated than the law itself. The rational use of the Convention and the establishment of the bottom line of thinking about the Arctic passage disputes, and then to make flexible adjustments on this basis, should be China's overall policy for formulating relevant policies. China may claim that the Northern Sea Route and the Northwest Passage are international straits and interpret Article 234 of the Convention from the perspective of protecting the rights and interests of navigation. At the same time, China also needs to make appropriate policy adjustments based on the international situation without breaking through the bottom line.

Keywords: UNCLOS; Northern Sea Route; Northwest Passage; Arctic Passage

V　Country Reports

B. 13　A Retrospective Analysis on Russia's Submission Concerning
Continental Shelf beyond 200NM
Liu Huirong, Zhang Zhijun / 254

Abstract: The global battle for the oceans has turned into a battle for the marine resources. The richest reserves of marine resources, especially marine energy resources are located on the continental shelf. As a result, the arctic continental shelf has become the focus of competition among Arctic countries due to its relatively mature resource exploitation conditions and special geographical location. The continental shelf in the Arctic Ocean is central to Russia's national maritime strategy. Russia has disputes with five countries over the delimitation of the outer continental shelf in four sea areas, the most important of which is in the Arctic Ocean, a dispute complicated by Canada's submission of an outer continental shelf delimitation submission in 2019. The results of the delimitation of the outer continental shelf in the Arctic Ocean will have a significant impact on the world geopolitical situation, which involves multiple interests of China as a Near-Arctic state in the Arctic region. The review of the key information before, during and after Russia's outer continental shelf submission is of great significance to judge the current trend of the outer continental shelf delimitation in the Arctic. Meanwhile, the practice of Russia in the settlement of the disputes on the outer continental shelf also provides valuable experience for China's own submission.

Keywords: North Pole; Continental Shelf Beyond 200NM; Maritime Delimitation; Commission on the Limits of the Continental Shelf; Russia

Abstract: Government of Canada released Canada's Arctic and Northern Policy Framework before 2019 Canadian federal election, which presents a comprehensive planning map about the arctic, and will be an important guidance for the federal government's arctic activities until 2030. The 2019 Canadian federal election ended with Liberal minority government of PM Trudeau. The appointment of new cabinet members shows that the federal government attaches more importance to the arctic affairs. In the meantime, the game between different political parties and the game between the federal government and provincial governments will have impact on the implementation of the arctic policy. In addition, the Canadian government's vigilance against Russia's military activities in

北极蓝皮书

the arctic and the modernization of NORAD have also become important elements of its arctic security policy. Based on Canada's Arctic and Northern Policy Framework, this paper sorts out the important arctic issues in Canada's domestic and foreign affairs after the election, and explores the direction of Canada's arctic policy.

Keywords: Canadian Federal Election; Arctic Policy; Arctic Diplomacy

B. 15　Ny-Ålesund Research Station Research Strategy and the Development of Norwegian Policy on Arctic Scientific Investigation　　*Li Haomei* / 299

Abstract: In order to adapt to the change of the situation at home and abroad, Norway launched the latest version of the white paper on Svalbard policy, with research and higher education being one of the strategic priority areas. It is proposed that Ny-Ålesund shall be a platform for world-class international scientific research cooperation, with Norway in a clear role as host and with leadership in relevant areas in the white paper. In 2018, Norway issued the research strategy for the Ny-Ålesund research station, which proposed a series of regulation measures for scientific investigation activities, including determining scientific priority areas, strengthening coordination and cooperation of scientific research, strengthening the sharing and construction of infrastructure, and formulating open access policies for data. This strategy was introduced by Norway to strengthen its control of the scientific investigation in Svalbard, with strategic significance of strengthening Norway's sovereignty over Svalbard. Facing with Norway's tightening its policy on scientific investigations on Svalbard, we should take relevant measures to promote scientific investigation and research in the Arctic.

Keywords: Ny-Ålesund Research Station Research Strategy; White Paper on Svalbard Policy; Arctic Scientific Investigations; Sovereign and Jurisdiction

社会科学文献出版社

皮 书

智库报告的主要形式
同一主题智库报告的聚合

❧ 皮书定义 ❧

皮书是对中国与世界发展状况和热点问题进行年度监测，以专业的角度、专家的视野和实证研究方法，针对某一领域或区域现状与发展态势展开分析和预测，具备前沿性、原创性、实证性、连续性、时效性等特点的公开出版物，由一系列权威研究报告组成。

❧ 皮书作者 ❧

皮书系列报告作者以国内外一流研究机构、知名高校等重点智库的研究人员为主，多为相关领域一流专家学者，他们的观点代表了当下学界对中国与世界的现实和未来最高水平的解读与分析。截至 2020 年，皮书研创机构有近千家，报告作者累计超过 7 万人。

❧ 皮书荣誉 ❧

皮书系列已成为社会科学文献出版社的著名图书品牌和中国社会科学院的知名学术品牌。2016 年皮书系列正式列入"十三五"国家重点出版规划项目；2013~2020 年，重点皮书列入中国社会科学院承担的国家哲学社会科学创新工程项目。

中国皮书网

（网址：www.pishu.cn）

发布皮书研创资讯，传播皮书精彩内容
引领皮书出版潮流，打造皮书服务平台

栏目设置

◆ **关于皮书**
何谓皮书、皮书分类、皮书大事记、
皮书荣誉、皮书出版第一人、皮书编辑部

◆ **最新资讯**
通知公告、新闻动态、媒体聚焦、
网站专题、视频直播、下载专区

◆ **皮书研创**
皮书规范、皮书选题、皮书出版、
皮书研究、研创团队

◆ **皮书评奖评价**
指标体系、皮书评价、皮书评奖

◆ **互动专区**
皮书说、社科数托邦、皮书微博、留言板

所获荣誉

◆ 2008 年、2011 年、2014 年，中国皮书
网均在全国新闻出版业网站荣誉评选中
获得"最具商业价值网站"称号；
◆ 2012 年，获得"出版业网站百强"称号。

网库合一

2014 年，中国皮书网与皮书数据库端口
合一，实现资源共享。

权威报告·一手数据·特色资源

皮书数据库
ANNUAL REPORT(YEARBOOK)
DATABASE

分析解读当下中国发展变迁的高端智库平台

所获荣誉

- 2019年，入围国家新闻出版署数字出版精品遴选推荐计划项目
- 2016年，入选"'十三五'国家重点电子出版物出版规划骨干工程"
- 2015年，荣获"搜索中国正能量 点赞2015""创新中国科技创新奖"
- 2013年，荣获"中国出版政府奖·网络出版物奖"提名奖
- 连续多年荣获中国数字出版博览会"数字出版·优秀品牌"奖

成为会员

通过网址www.pishu.com.cn访问皮书数据库网站或下载皮书数据库APP，进行手机号码验证或邮箱验证即可成为皮书数据库会员。

会员福利

- 已注册用户购书后可免费获赠100元皮书数据库充值卡。刮开充值卡涂层获取充值密码，登录并进入"会员中心"—"在线充值"—"充值卡充值"，充值成功即可购买和查看数据库内容。
- 会员福利最终解释权归社会科学文献出版社所有。

数据库服务热线：400-008-6695
数据库服务QQ：2475522410
数据库服务邮箱：database@ssap.cn
图书销售热线：010-59367070/7028
图书服务QQ：1265056568
图书服务邮箱：duzhe@ssap.cn

社会科学文献出版社 皮书系列
SOCIAL SCIENCES ACADEMIC PRESS (CHINA)

卡号：769863392995

密码：

基本子库
SUB DATABASE

中国社会发展数据库（下设 12 个子库）

整合国内外中国社会发展研究成果，汇聚独家统计数据、深度分析报告，涉及社会、人口、政治、教育、法律等 12 个领域，为了解中国社会发展动态、跟踪社会核心热点、分析社会发展趋势提供一站式资源搜索和数据服务。

中国经济发展数据库（下设 12 个子库）

围绕国内外中国经济发展主题研究报告、学术资讯、基础数据等资料构建，内容涵盖宏观经济、农业经济、工业经济、产业经济等 12 个重点经济领域，为实时掌控经济运行态势、把握经济发展规律、洞察经济形势、进行经济决策提供参考和依据。

中国行业发展数据库（下设 17 个子库）

以中国国民经济行业分类为依据，覆盖金融业、旅游、医疗卫生、交通运输、能源矿产等 100 多个行业，跟踪分析国民经济相关行业市场运行状况和政策导向，汇集行业发展前沿资讯，为投资、从业及各种经济决策提供理论基础和实践指导。

中国区域发展数据库（下设 6 个子库）

对中国特定区域内的经济、社会、文化等领域现状与发展情况进行深度分析和预测，研究层级至县及县以下行政区，涉及地区、区域经济体、城市、农村等不同维度，为地方经济社会宏观态势研究、发展经验研究、案例分析提供数据服务。

中国文化传媒数据库（下设 18 个子库）

汇聚文化传媒领域专家观点、热点资讯，梳理国内外中国文化发展相关学术研究成果、一手统计数据，涵盖文化产业、新闻传播、电影娱乐、文学艺术、群众文化等 18 个重点研究领域。为文化传媒研究提供相关数据、研究报告和综合分析服务。

世界经济与国际关系数据库（下设 6 个子库）

立足"皮书系列"世界经济、国际关系相关学术资源，整合世界经济、国际政治、世界文化与科技、全球性问题、国际组织与国际法、区域研究 6 大领域研究成果，为世界经济与国际关系研究提供全方位数据分析，为决策和形势研判提供参考。

法律声明

"皮书系列"（含蓝皮书、绿皮书、黄皮书）之品牌由社会科学文献出版社最早使用并持续至今，现已被中国图书市场所熟知。"皮书系列"的相关商标已在中华人民共和国国家工商行政管理总局商标局注册，如LOGO（▨）、皮书、Pishu、经济蓝皮书、社会蓝皮书等。"皮书系列"图书的注册商标专用权及封面设计、版式设计的著作权均为社会科学文献出版社所有。未经社会科学文献出版社书面授权许可，任何使用与"皮书系列"图书注册商标、封面设计、版式设计相同或者近似的文字、图形或其组合的行为均系侵权行为。

经作者授权，本书的专有出版权及信息网络传播权等为社会科学文献出版社享有。未经社会科学文献出版社书面授权许可，任何就本书内容的复制、发行或以数字形式进行网络传播的行为均系侵权行为。

社会科学文献出版社将通过法律途径追究上述侵权行为的法律责任，维护自身合法权益。

欢迎社会各界人士对侵犯社会科学文献出版社上述权利的侵权行为进行举报。电话：010-59367121，电子邮箱：fawubu@ssap.cn。

社会科学文献出版社